Scratch 3.0 少儿编程与算法一本通

快学习教育 编著

机械工业出版社
China Machine Press

图书在版编目（CIP）数据

Scratch 3.0 少儿编程与算法一本通 / 快学习教育编著．—北京：机械工业出版社，2020.5

ISBN 978-7-111-65438-4

Ⅰ．①S…　Ⅱ．①快…　Ⅲ．①程序设计－少儿读物　Ⅳ．① TP311.1-49

中国版本图书馆 CIP 数据核字（2020）第 068370 号

本书将多种经典算法融入一个个设计精美的 Scratch 案例当中，帮助孩子培养编程的核心能力，为将来学习其他程序设计语言打好基础。

全书共 11 章。第 1 章讲解算法的基础知识，主要内容包括算法的概念、特征、描述方法、基本结构、质量评定等，并对常见的算法做了简单介绍。第 2 ~ 11 章通过 10 个案例来展现各种算法的具体应用，带领孩子在实践中理解和领悟算法的原理，这 10 个案例包括求累加和、判定质数、判断闰年和平年、求最大公约数、找出水仙花数、进制转换、信息加密、成绩排名、计算车费、绘制二叉树。

本书案例设计生动有趣，步骤讲解直观详尽，适合作为已经掌握 Scratch 入门知识的中小学生深入学习编程或参加信息学竞赛的教程，也可作为少儿编程培训机构的教学用书或课程设计的参考资料。

Scratch 3.0 少儿编程与算法一本通

出版发行：机械工业出版社（北京市西城区百万庄大街 22 号　邮政编码：100037）

责任编辑：李华君　　责任校对：庄　瑜

印　　刷：北京天颖印刷有限公司　　版　　次：2020 年 6 月第 1 版第 1 次印刷

开　　本：170mm × 242mm　1/16　　印　　张：12.5

书　　号：ISBN 978-7-111-65438-4　　定　　价：79.80 元

客服电话：（010）88361066　88379833　68326294　　投稿热线：（010）88379604

华章网站：www.hzbook.com　　读者信箱：hzit@hzbook.com

PREFACE 前言

算法是程序的思想和灵魂。本书将多种经典算法融入一个个设计精美的 Scratch 案例当中，帮助孩子培养编程的核心能力，为将来学习其他程序设计语言打好基础。

◎内容结构

全书共 11 章。第 1 章讲解算法的基础知识，主要内容包括算法的概念、特征、描述方法、基本结构、质量评定等，并对常见的算法做了简单介绍。第 2 ～ 11 章通过 10 个案例来展现各种算法的具体应用，带领孩子在实践中理解和领悟算法的原理，这 10 个案例包括求累加和、判定质数、判断闰年和平年、求最大公约数、找出水仙花数、进制转换、信息加密、成绩排名、计算车费、绘制二叉树。

◎编写特色

★循序渐进，更易掌握：本书根据“先易后难”的原则，从孩子最熟悉和最容易理解的数学问题入手，讲解相关的基础算法，再过渡到更复杂的进制转换、信息加密等问题，有助于孩子快速建立起学习的信心。

★案例精美，讲解详尽：书中的案例针对孩子的喜好和认知特点进行精心设计，能有效激发孩子的学习热情。案例的每个步骤都配有清晰直观的图文说明，孩子只需根据讲解一步步操作，就能轻松完成编程。

◎读者对象

本书适合作为已掌握 Scratch 入门知识的中小学生深入学习编程或参加信息学竞赛的教程，也可作为少儿编程培训机构的教学用书或课程设计的参考资料。

由于编者水平有限，本书难免有不足之处，恳请广大读者批评指正，除了扫描封面上的二维码关注公众号获取资讯以外，也可加入 QQ 群 165941480 与我们交流。

编者

2020 年 3 月

如何获取学习资源

步骤 1：扫描关注微信公众号

在手机微信的“发现”页面中点击“扫一扫”功能，进入“二维码 / 条码”界面，将手机摄像头对准右图中的二维码，扫描识别后进入“详细资料”页面，点击“关注公众号”按钮，关注我们的微信公众号。

步骤 2：获取学习资源下载地址和提取密码

点击公众号主页面左下角的小键盘图标，进入输入状态，在输入框中输入关键词“算法”，点击“发送”按钮，即可获取本书学习资源的下载地址和提取密码，如右图所示。

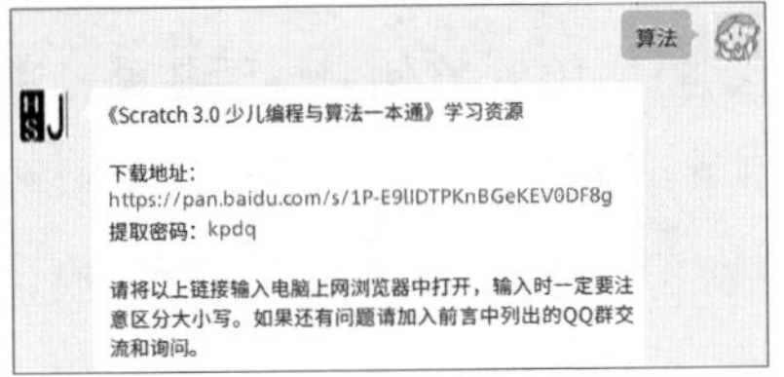

步骤 3：打开学习资源下载页面

在计算机的网页浏览器地址栏中输入前面获取的下载地址（输入时注意区分大小写），如右图所示，按【Enter】键即可打开学习资源下载页面。

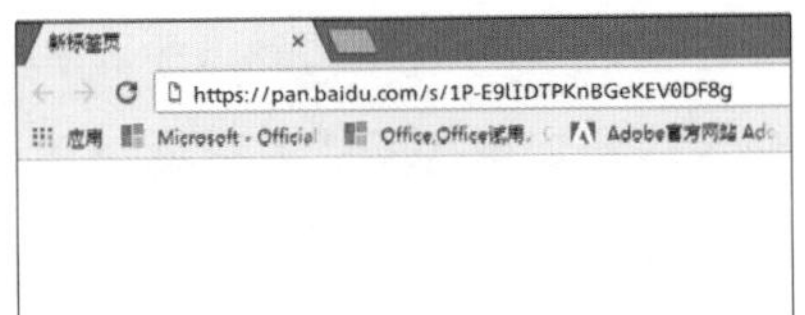

步骤 4：输入密码并下载文件

在学习资源下载页面的“请输入提取密码”文本框中输入前面获取的提取密码（输入时注意区分大小写），再单击“提取文件”按钮。在新页面中单击打开资源文件夹，在要下载的文件名后单击“下载”按钮，即可将其下载到计算机中。如果页面中提示选择“高速下载”或“普通下载”，请选择“普通下载”。下载的文件如果为压缩包，可使用 7-Zip、WinRAR 等软件解压。

提示

读者在下载和使用学习资源的过程中如果遇到自己解决不了的问题，请加入 QQ 群 165941480，下载群文件中的详细说明，或者向群管理员寻求帮助。

CONTENTS

目 录

第2章 求累加和

第3章 判定质数

第4章 闰年和平年

第 5 章 最大公约数

第 6 章 水仙花数

第7章 进制转换

第8章 信息加密

第9章 成绩排名

第10章 计算车费

第11章 绘制二叉树

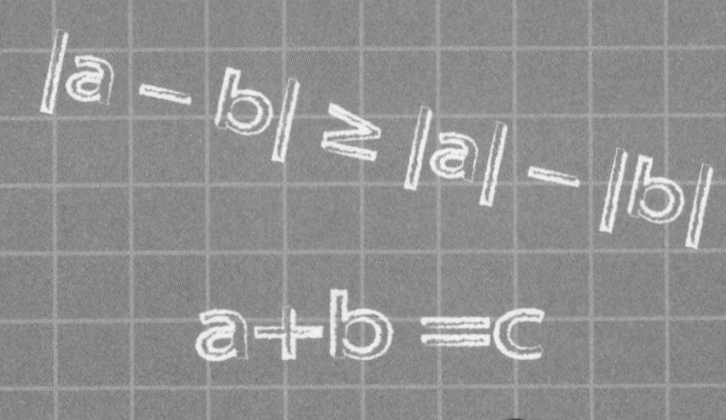

第1章 算法的基础知识

本章将从少儿编程入门的角度讲解算法的一些基础知识，主要内容包括算法的概念、特征、描述方法、基本结构、质量评定等，并对常见的算法做了简单介绍，为后续进一步理解和掌握算法打好基础。

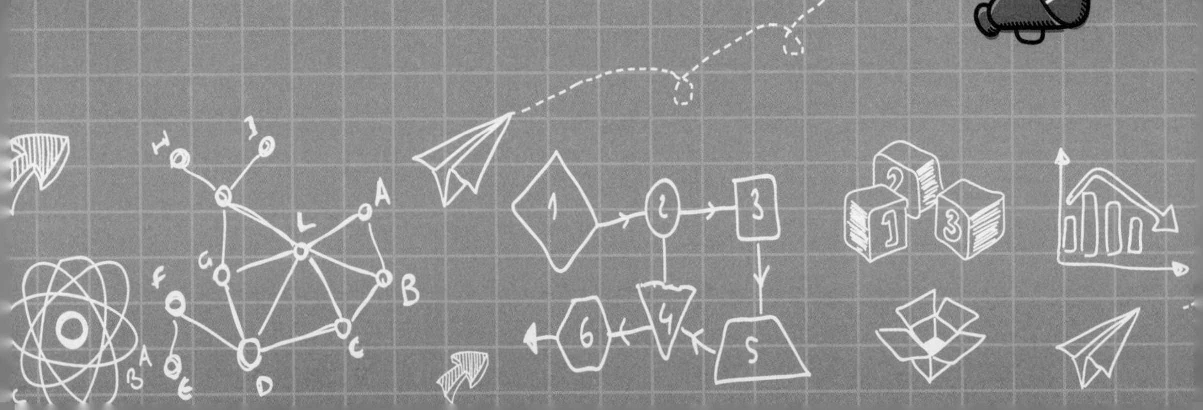

为什么要学算法

近几十年来，许多技术创新和成果都依赖算法思想，这些创新和成果广泛应用在科学、医学、地产、交通、通信、娱乐等领域。算法可以将计算速度提高几个数量级，可以更有效地处理数据，可以使信息的交换更安全，可以让复杂的问题处理起来更简单。对于青少年来说，了解和学习算法主要有以下益处。

有益于锻炼逻辑思维

编程是一项注重逻辑的工作，青少年刚开始学习编程时容易因为逻辑思维不强、考虑问题不周全，编出不能运行或得不到正确结果的程序。而算法是最能考验逻辑思维的，在学习算法的过程中，青少年的逻辑思维能得到很好的锻炼。

让青少年更深入地理解计算机系统

计算机系统非常庞大而复杂，无论是操作系统、数据库，还是中间框架、网络等，都离不开高效的算法与合适的数据结构。

一个程序能否快速而有效地完成指定的任务取决于是否选对数据结构，而程序能否清楚而正确地解决问题则取决于算法。简单来说，就是算法会告诉计算机如何处理信息，如何执行任务。通过算法组织数据，我们才能有效地在计算机中完成数据的查找、处理、判断等复杂的工作。

更有效地解决问题

一个普通算法与一个最优算法之间的差距是非常大的。假设一个书架上的书已经根据书名的首字母进行了排序，现在要从中找到某本书。如果采用顺序查找的方式，一本一本地依次查找，会非常耗费时间，如下图一所示；而如果采用二分查找的方式，从书架中间开始，每查找一次就会排除一半，这样就能节省很多时间，如下图二所示。

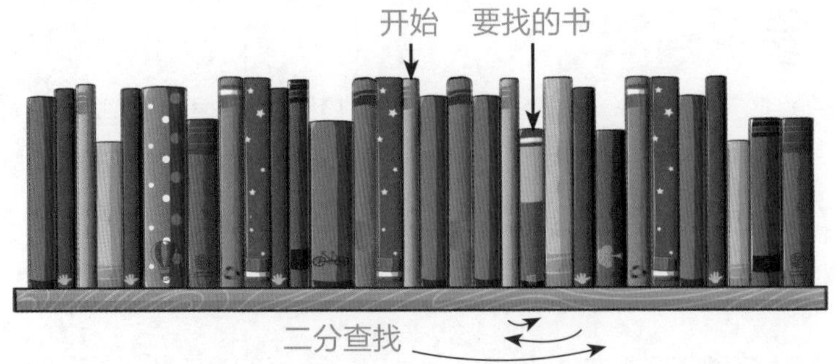

在当今这个人工智能和大数据的时代，算法思维显得尤为重要。让青少年掌握算法思维不仅对培养编程能力有很大帮助，而且能提高他们在日常学习和生活中解决问题的能力。

算法的概念和特征

算法是用于解决某个问题的一系列步骤。在计算机领域，算法的定义为：为了完成某项工作或解决某个问题，经过明确定义的有限数量的指令与计算步骤，其将一个或一组值作为输入内容，经过处理后产生一个或一组值作为输出结果。在用计算机解决实际问题时，常常要先设计算法，再用某种程序设计语言来实现算法（即编程）。因此，算法设计的好坏会直接影响程序执行效率的高低，可以说算法是程序的思想和灵魂。

从算法的定义可以看出，一个算法具有输入、输出、有穷性、确切性和可行性 5 个重要的特征，具体如下。

▶ 输入（Input）

一个算法通常有一个或多个输入数据，以刻画运算对象的初始情况（如果算法本身给出了初始条件，也可以没有输入数据）。

▶ 输出（Output）

一个算法至少要有一个输出数据，以反映对输入数据进行加工处理的结果，否则这个算法便毫无意义。

▶ 有穷性（Finiteness）

一个算法必须能在执行有限个步骤之后终止。

▶ 确切性（Definiteness）

一个算法的每个步骤都必须有确切的定义，可以严格地、无歧义地执行。

▶ **可行性（Effectiveness）**

又称为有效性，是指一个算法的任何步骤都可以被分解为可实现的基本操作和基本计算，并在有限时间内完成。

算法的描述方法

算法设计者必须将自己设计的算法清楚、正确地记录下来，这个过程称为算法的描述。算法的描述方法有很多种，常用的方法有自然语言和流程图两种。

自然语言

自然语言就是我们在日常生活中使用的语言，可以是汉语、英语、日语等。一般采用自然语言描述一些简单问题的算法，以达到通俗易懂的效果。例如，求正整数 a 和正整数 b 的最大公约数的算法，可以用自然语言描述如下。

第 1 步：输入 a 和 b 的值；

第 2 步：求 a 除以 b 的余数 c;

第 3 步：若 c 等于 0，则 b 为最大公约数，算法结束，否则执行第 4 步；

第 4 步：将 b 的值放在 a 中，将 c 的值放在 b 中；

第 5 步：重新执行第 2 步。

流程图

流程图是一种传统的算法描述方法，它使用有特定含义的图形符号来表示算法的执行过程。流程图简单直观、易于理解，因而广泛应用于各个领域。目前较为通用的流程图图形符号是由 ANSI（美国国家标准学会）制定的，其中常用的一些图形符号见下表。

名称	图形	含义
起止符号		表示程序的开始或结束
输入 / 输出符号		表示输入的数据或输出的结果
过程符号		表示程序中的一般步骤，也是流程图中最常用的图形符号
条件判断符号		表示需要进行判断的条件

续表

名称	图形	含义
流向符号	→ ↓	符号之间的连接线，箭头的方向表示程序执行的流向
连接符号	●	表示上下流程图的连接点

绘制流程图时有三点需要注意：第一，要使用标准通用符号，符号内的文字尽量简明扼要；第二，绘制顺序应从上到下、从左到右；第三，流向符号的箭头方向要清楚，尽量避免线条太长或交叉的情况。仍然以求正整数 a 和正整数 b 的最大公约数的算法为例，用流程图描述该算法的效果如下图所示（图中的 mod 表示求余数）。

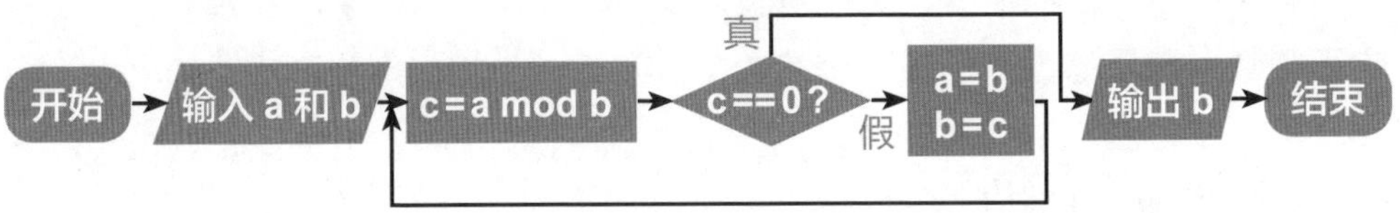

算法的基本结构

任何复杂的算法都可以由顺序结构、选择结构和循环结构这 3 种基本结构组成，它们之间既可以并列，也可以相互包含，但不允许交叉，也不能从一个结构直接跳转到另一个结构的内部。

顺序结构

顺序结构是最简单的线性结构，在顺序结构的程序中，操作是按照它们出现的先后顺序执行的。如下左图所示，只有执行完 A 框中的操作后，才会接着执行 B 框中的操作。例如，输入两个数，并分别赋给变量 m 和 n，再分别输出变量 m 和 n 的值，采用顺序结构来实现的流程图如下右图所示。

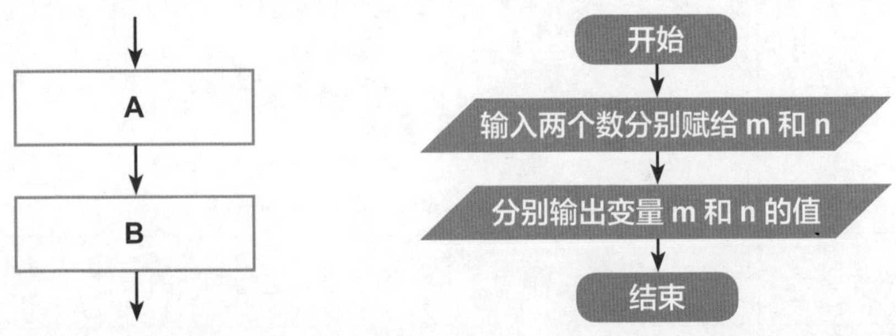

选择结构

选择结构又称分支结构，有两种形式。第一种形式如下左图所示，表示判断给定的条件 P 是否成立，若成立则执行 A 框，若不成立则执行 B 框；第二种形式如下右图所示，表示判断给定的条件 P 是否成立，若成立则执行 A 框，若不成立则不执行任何操作。

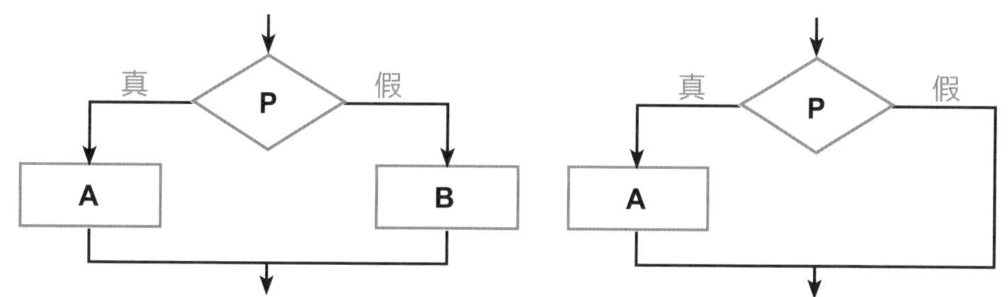

例如，输入一个数，并赋给变量 n，然后判断该数是否为偶数（能否被 2 整除），并输出判断结果，采用选择结构来实现的流程图如下图所示。

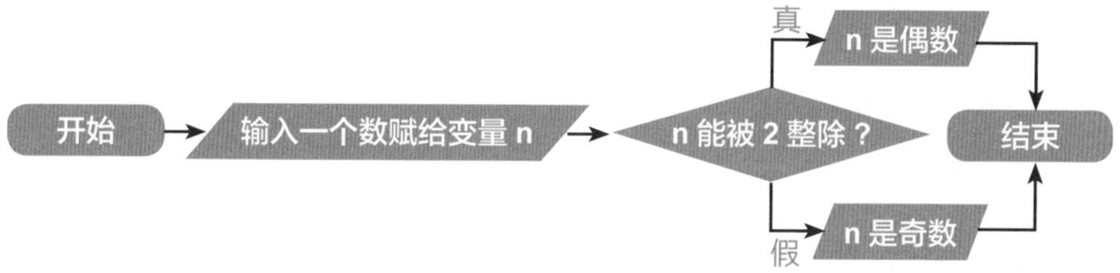

循环结构

循环结构又称重复结构，表示反复执行指定操作，直到某个条件成立或不成立时才终止。循环结构又可分为当型循环和直到型循环。

▶ 当型循环

顾名思义，当型循环是指“当”某个条件成立时反复执行指定操作，其基本形式如下左图所示。先判断条件 P 是否成立，若成立则执行 A 框，然后再次判断条件 P 是否成立，若成立则继续执行 A 框，如此反复，直到条件 P 不成立为止，此时不执行 A 框，跳出循环。如下右图所示为当型循环结构的另一种形式，它的不同点是先执行一次 A 框，再判断条件 P 是否成立。也就是说，下左图的形式是“先判断再执行”，有可能一次也不执行 A 框；而下右图的形式是“先执行再判断”，至少会执行一次 A 框。

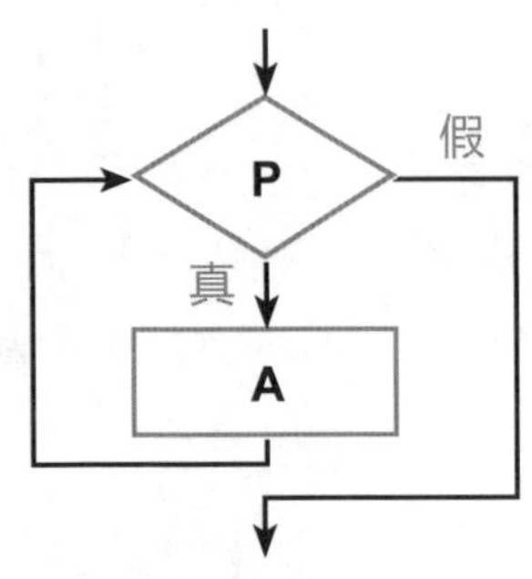

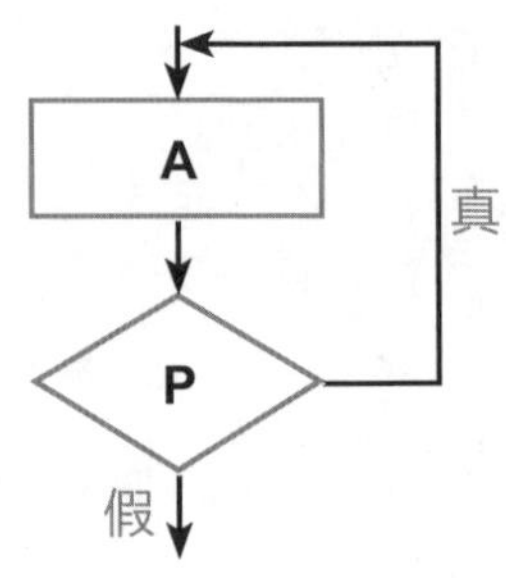

▶ 直到型循环

直到型循环是指反复执行指定操作，“直到”某个条件成立才停止，它同样也有两种形式，分别如下左图和下右图所示。可以看出，直到型循环与当型循环的关键区别在于：直到型循环是在条件 P 成立时跳出循环，当型循环则是在条件 P 不成立时跳出循环。

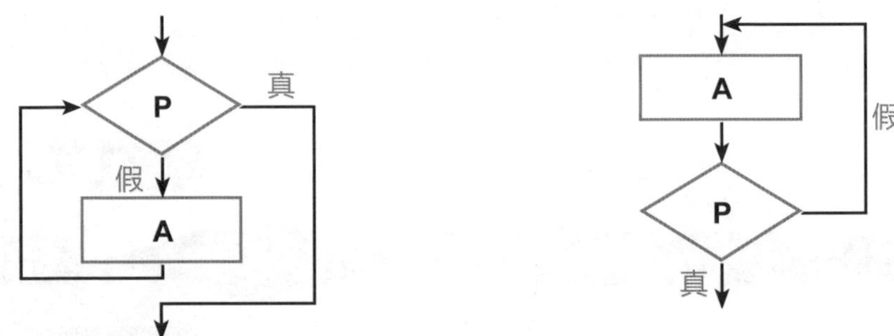

两种循环结构在大多数情况下可相互转换。例如，计算 1＋2＋3＋⋯＋50 的和。采用当型循环结构来实现时，流程图如下一图所示；采用直到型循环结构来实现时，流程图如下二图所示。具体使用哪种循环结构，要根据所使用的编程语言提供的语句而定。

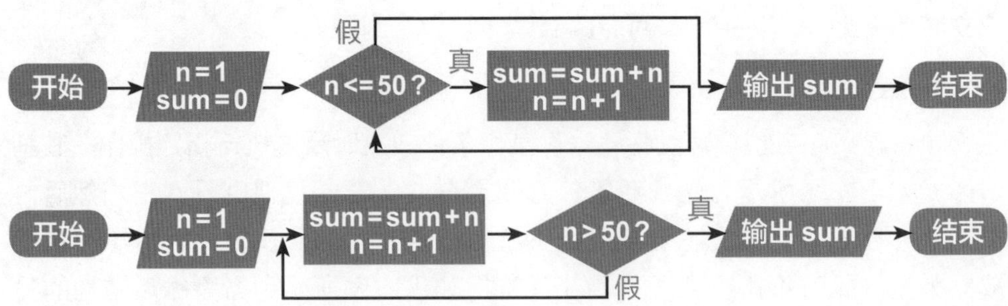

算法的质量评定

同一个问题可以用不同的算法解决。中小学生学习编程时接触到的程序都

不算复杂，可能还体会不到不同算法对编程的影响，但在大型的软件开发项目中，算法设计的合理性至关重要，因为这会影响开发效率和用户体验。下面就来简单了解算法质量好坏的评定标准。

▶ 正确性

正确性是评定算法质量最重要的一个标准。算法要能真正解决具体的问题，即对任何合理的输入，经过算法的处理，都能输出正确的结果。

▶ 可读性

可读性是指一个算法被人读懂的难易程度。一个算法被设计出来后，需要由人来阅读、理解和使用。只有通俗易懂、逻辑清晰的算法，才能得到更好的交流和推广。

▶ 健壮性

健壮性也称容错性，是指一个算法对输入的不合理数据的反应能力和处理能力。数据的形式多种多样，一个好的算法接收到不适合自己处理的数据时，应能做出适当反应，并对其进行处理，不会产生预料不到的运行结果。

▶ 时间复杂度与空间复杂度

简单来说，时间复杂度是指执行算法需要消耗的时间，空间复杂度是指执行算法需要消耗的内存空间。一个好的算法应该能在占用较少内存空间的情况下，快速得到需要的结果。

常用的计算机算法

目前已知的计算机算法有很多，如枚举法、迭代法、分治法、递归法、排序算法、树结构算法等。下面就来分别介绍这些算法。

枚举法

枚举法又称穷举法，是一种常见的数学方法，也是日常使用最多的算法之一。枚举法的核心思想是“列举出所有的可能”。具体来说就是逐一列举问题涉及的所有情形，并根据问题中规定的条件检验哪些情形符合条件，是问题的解，哪些情形不符合条件，应予以排除。枚举法的优点是比较直观、易于理解，缺点是速度太慢。

例如，著名的数学趣题“鸡兔同笼”：有若干只鸡和兔子同在一个笼子里，从上面数共有 35 个头，从下面数共有 94 只脚，求笼子中鸡和兔子各有几只。这个问题就可以使用枚举法求解，即从 0 开始逐一增加兔子的数量，并根据兔子的数量算出鸡的数量，然后判断鸡和兔子的总脚数是否等于 94，直到找到符合条件的答案为止。算法过程见下表。

兔子	0	1	2	3	4	…	12
鸡	35	34	33	32	31	…	23
总脚数	70	72	74	76	78	…	94

迭代法

迭代法也称辗转法，是一种不断用变量的旧值递推新值的过程，它利用的是计算机运算速度快、适合做重复性操作的特点，让计算机重复执行一组指令，在每次执行这组指令时，都从变量的原值推出它的一个新值，从而得到最终的结果。

例如，经典的兔子繁殖问题：饲养场引进一只刚出生的新品种兔子，这种兔子从出生的下一个月开始，每月新生一只兔子，新生的兔子也如此繁殖。假如所有的兔子都不死，求第 n 个月时，该饲养场共有多少只兔子？这个问题的求解就可以使用迭代法。假设第 1 个月时兔子的只数为 y_1，第 2 个月时兔子的只数为 y_2，第 3 个月时兔子的只数为 y_3，……，第 n 个月时兔子的只数为 y_n，根据题意，这种兔子从出生的下一个月开始，每月新生一只兔子，则有：

$$y_1 = 1$$

$$y_2 = y_1 + y_1 \times 1 = 2$$

$$y_3 = y_2 + y_2 \times 1 = 4$$

……

$$y_n = y_{n-1} \times 2 \quad (n \geqslant 2)$$

在编程时定义两个迭代变量 y 和 x，分别对应 y_n 和 y_{n-1}，就可以将上面的递推公式转换成如下迭代关系：

```
y=x*2
x=y
```

分治法

分治法是把一个复杂的问题分成两个或更多个与原问题相似的子问题，再把子问题分成更小的子问题……直到子问题简单到可以直接求解，最后将各个

子问题的解合并，就能得到原问题的答案。简单来说，分治法就是一个“分—治—合”的过程。

例如，要在给定的一组数字中找出最大值，就可以使用分治法将这组数字进行多次“一分为二”，再分别求解，算法过程如下：

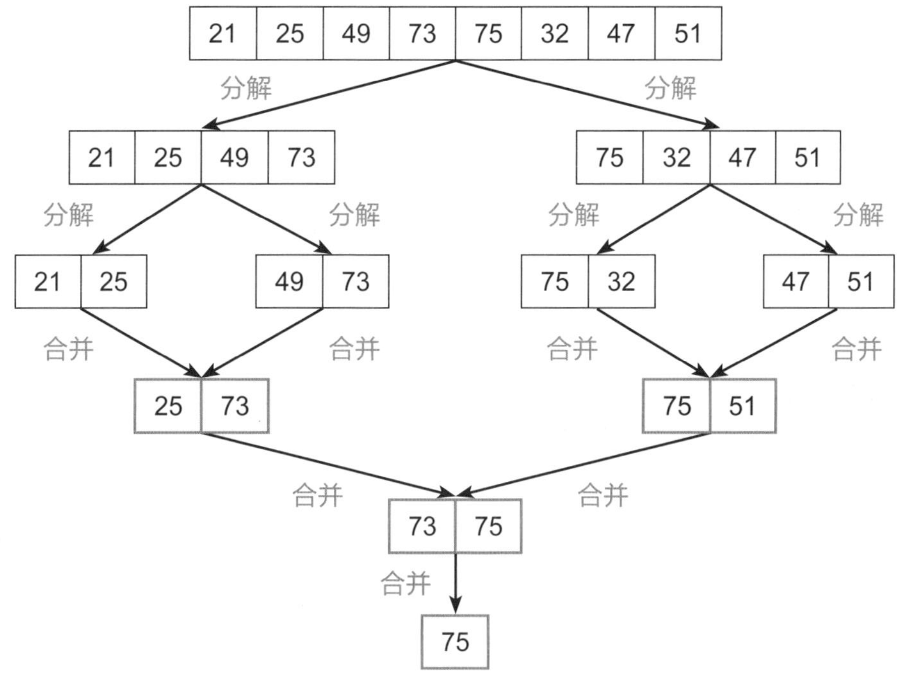

递归法

递归法与分治法有些类似，都是对一个复杂的算法问题进行分解，让其规模变得越来越小，最终使子问题容易求解。假如一个函数或过程是由其自定义或调用的，就称为递归。递归只需少量代码就可以描述出解题过程需要的多次重复计算，大大减少了程序的代码量。一般来说，递归至少要有两个要素：一个是可以反复执行的递归过程；另一个是跳出递归的出口。

例如，数学中的阶乘运算就可以看成一个比较典型的递归算法。一般以符号“!”代表阶乘运算，则 $n!$ 的计算公式如下：

$$n! = 1\times 2\times 3\times \cdots \times n$$

并且可以推导出：

$$n! = n\times (n-1)!$$

以 5! 为例逐步分解运算过程。通过仔细观察不难发现，阶乘问题非常适合用递归法来解决，它满足了递归的两大特性：一是反复执行的递归过程；二是跳出递归过程的出口。

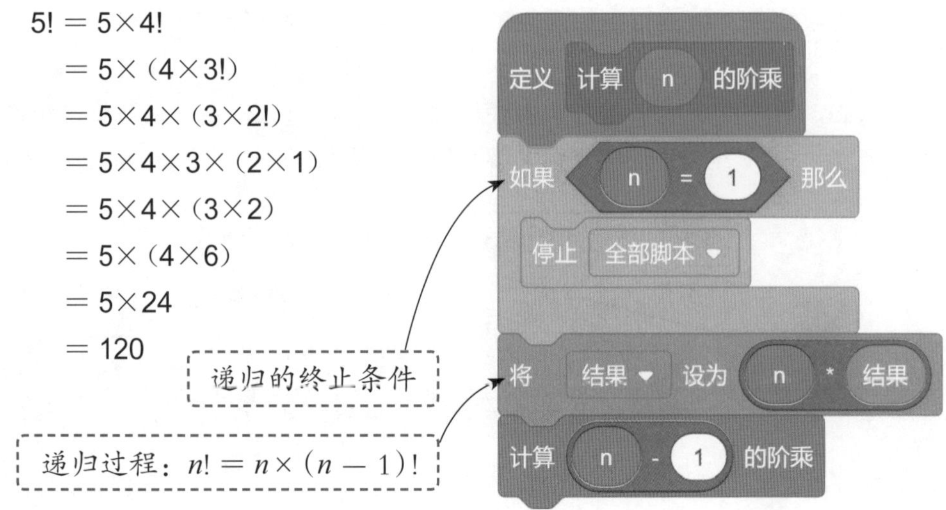

排序算法

排序就是将一组数字按照从小到大或从大到小的顺序排列。例如，将一组数字 7、5、11、4、9 从小到大排序，结果为 4、5、7、9、11。

如果数字比较少，人工就能轻松完成排序，但是如果有成百上千个数字，要想高效地完成排序，就要使用排序算法。

因为排序时需要对序列中的数字进行交换，所以在学习排序算法之前，我们先来了解数字交换的算法。我们通常理解的交换是直接交换两个数字的位置。如下图所示，要交换数字 10 和 20，只需要将 10 移到 20 所在的位置，将 20 移到 10 所在的位置。

在编程中，数字通常存储在变量、数组或列表等“容器”里，无法实现两个数字的直接交换，还需要借助一个额外容器，此容器在初始状态下没有存储任何数字。如下图所示，要在编程中交换数字 10 和 20，需要先将 10 移到紫色方块代表的额外容器中，再将 20 移到原来 10 所在的容器（橙色方块）中，最后将 10 移到原来 20 所在的容器（蓝色方块）中。

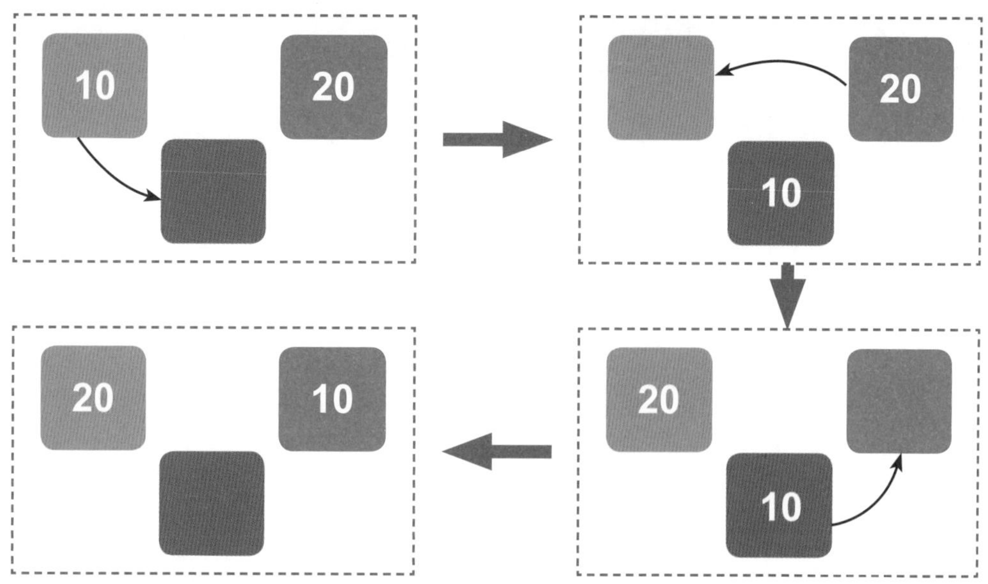

了解完数字交换的算法，下面开始学习排序算法。排序算法的种类有很多，如冒泡排序、选择排序、插入排序、快速排序、希尔排序、基数排序等。下面简单介绍几种常用的排序算法。

▶ 冒泡排序

冒泡排序又称交换排序，其思路是从第一个元素开始比较相邻两个元素的大小，若大小顺序有误，就对调后再进行下一个元素的比较，仿佛气泡从水底逐渐上升到水面一样。如此比较一轮之后，就可以确保最后一个元素位于正确的顺序。接着使用相同的方法进行第 2 轮比较，直到完成所有元素的排序为止。下图所示为使用冒泡排序将一组数字从小到大排序的过程。

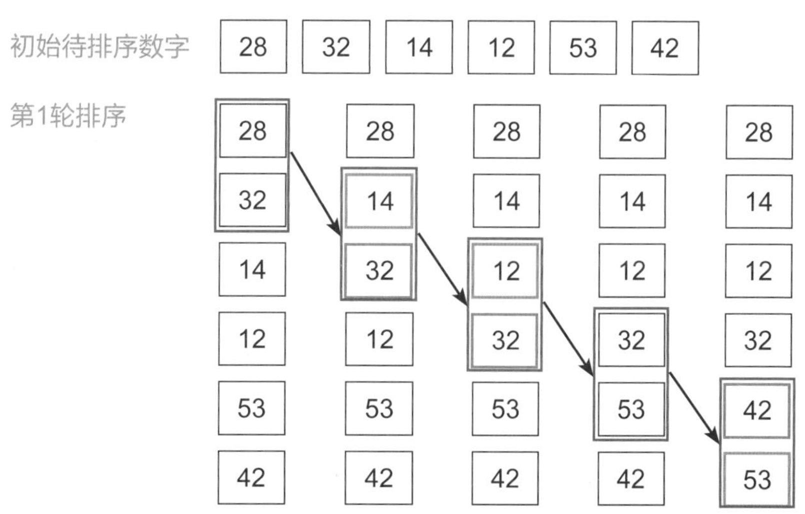

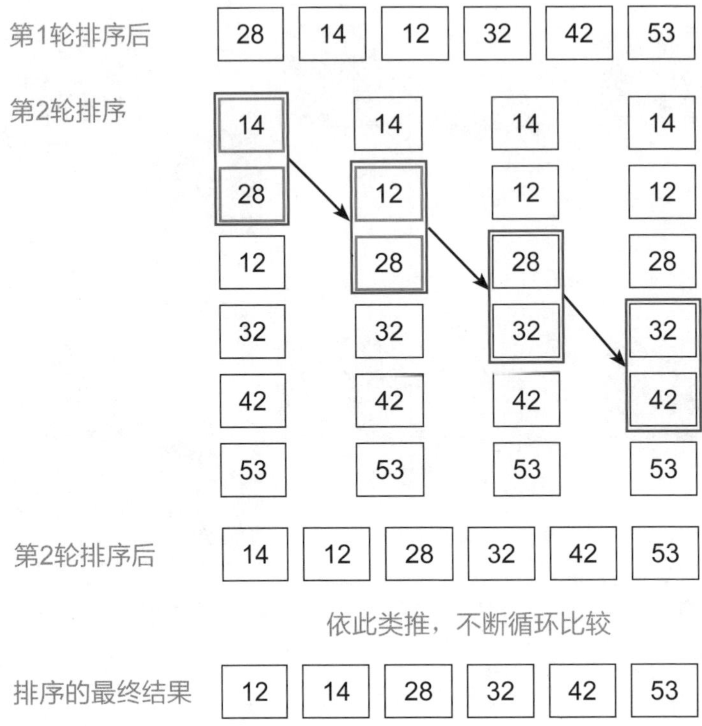

▶ 选择排序

以从小到大排序为例，选择排序法的基本思路是从待排序的一组数字中找到最小的那个元素，将其与第一个元素交换位置，然后在剩下的元素中再次找到最小的元素，与第二个元素交换位置，重复以上操作，最终完成排序，整个过程如下图所示。

初始待排序数字	28	32	14	12	53	42
第1轮排序	12	32	14	28	53	42
第2轮排序	12	14	32	28	53	42
第3轮排序	12	14	28	32	53	42
第4轮排序	12	14	28	32	53	42
第5轮排序	12	14	28	32	42	53

用选择排序法进行从小到大排序也可以将最大的元素与最后一个元素交换位置，将第二大的元素与倒数第二个元素交换位置，依此类推。从大到小排序的思路也是类似的。

▶ 插入排序

插入排序是一种从一组数字的左端开始依次进行排序的算法，在排序过程中，左侧的数字陆续归位，称为已排序区域，而右侧留下的则是还未排序的数字，称为未排序区域。具体思路是把第一个元素作为初始的已排序区域，然后依次从未排序区域中取出第一个元素，插入已排序区域内的合适位置上，直到未排序区域中没有元素可取为止。使用插入排序法完成从小到大排序的过程如右图所示。

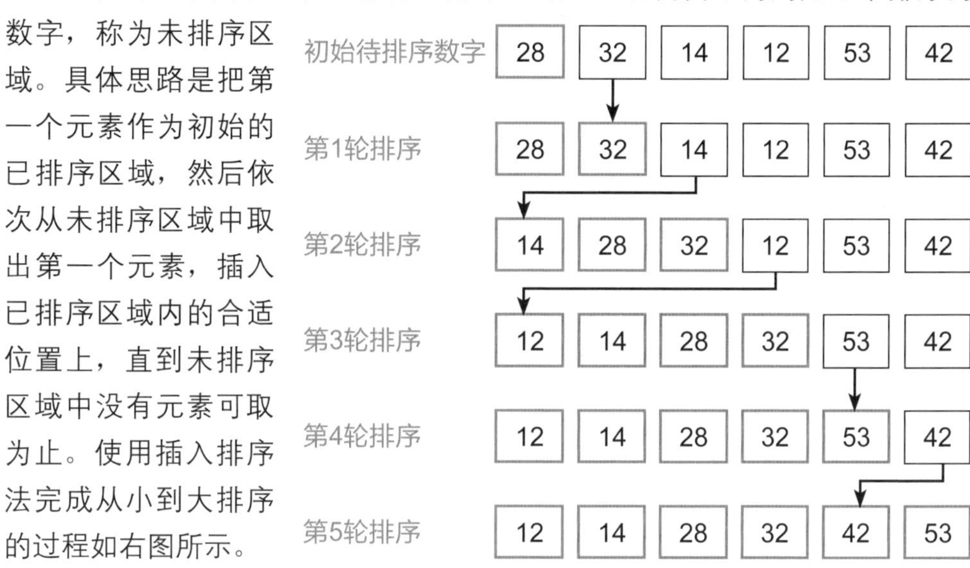

▶ 快速排序

快速排序也称分割排序，其思路是先在一组数字中随机选择一个数字作为基准，通常选取第一个数字作为基准，把比基准小的数字移到左边，比基准大的数字移到右边，然后用相同的方法分别递归左边和右边的部分，直到最后每个部分只有一个数字，排序就完成了。快速排序的过程如下图所示。

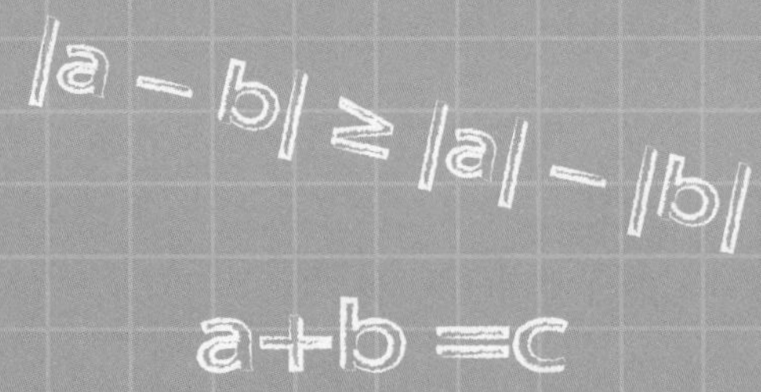

第 2 章

求累加和

德国著名数学家高斯 10 岁时，老师给他出了一道算术难题——计算 1＋2＋…＋100 的和。当大家都以为他会算很久时，高斯很快就算出了答案。他的计算方法是：（1＋100）＋…＋（50＋51）＝101×50＝5050。其实这道题并不难，无须使用高斯的方法，一个数一个数地慢慢相加就能得出结果，只是通过人工计算很烦琐，而用计算机来计算则非常简单，可以又快又准地得出结果。

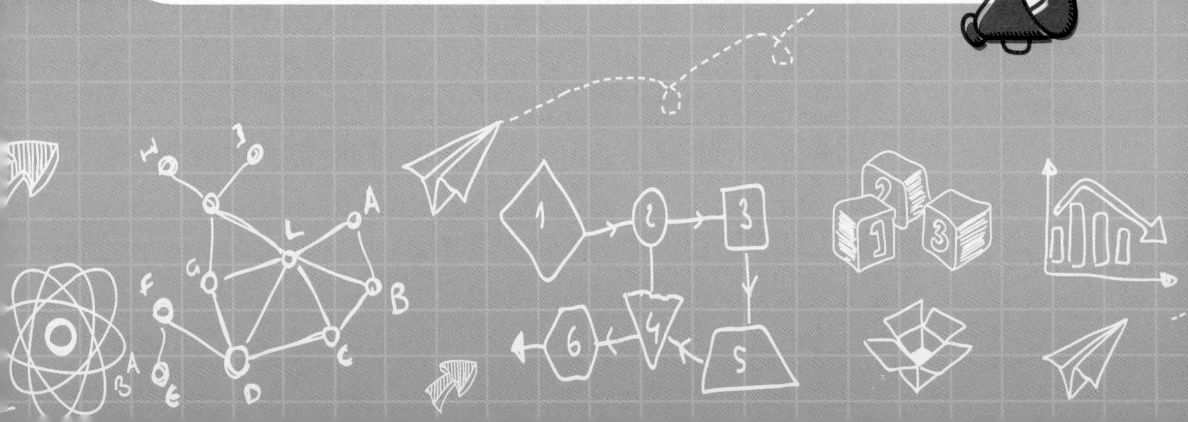

程序设定

设计一个程序，输入一个数字，求从 1 加到这个数的和。例如，输入 50。

$1+2+3+\cdots+50=?$ ← 它们的和是多少？

算法分析

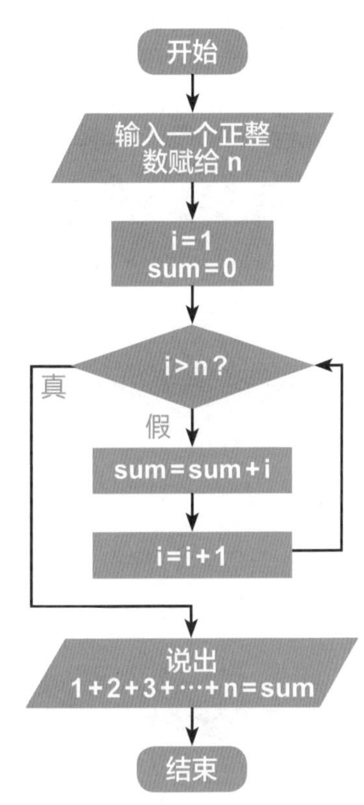

想要让计算机计算 1＋2＋3＋…＋n 的和，可以使用算法中的迭代法来完成。用变量 sum 代表累加的和，用变量 i 代表要累加的数，然后使用循环结构，在每一轮循环中用变量 sum 的旧值加上 i，得到新值后赋给变量 sum，然后将变量 i 的值增加 1，如此循环往复，直到变量 i 的值大于 n。

思路详解

计算数字的累加和，需要先输入一个正整数 n，然后创建一个用于存储累加和的变量 sum。在累加的过程中，先判断是否已加到数字 n，如果没有，就不断地累加并替换 sum 中的值，直到加到数字 n 为止。

初始化变量

首先在 Scratch 中新建 i、n、sum 3 个变量。变量 i 用于存储参与计算的中间数，初始值为 1；变量 n 用来存储题目提示输入的那个数；变量 sum 用来存储计算的结果，初始值为 0。

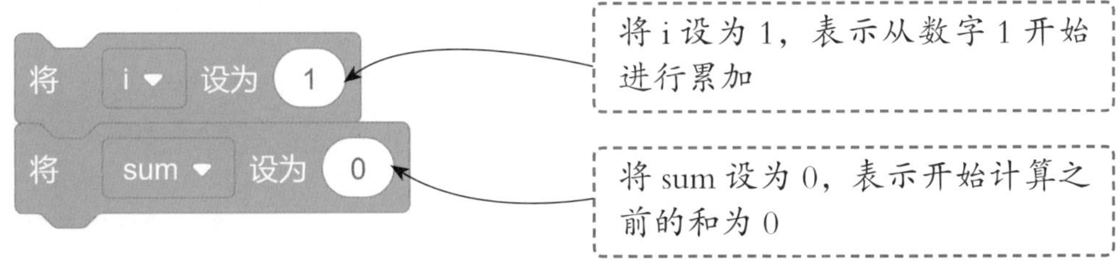

变量赋值

变量 n 为题目中要加到的那个数。应用“询问（）并等待”积木块，询问并等待小朋友输入数字，输入后将该数字赋给变量 n。例如，要计算 1＋2＋3＋…＋50 的和，则输入数字 50，变量 n 的值就为 50。

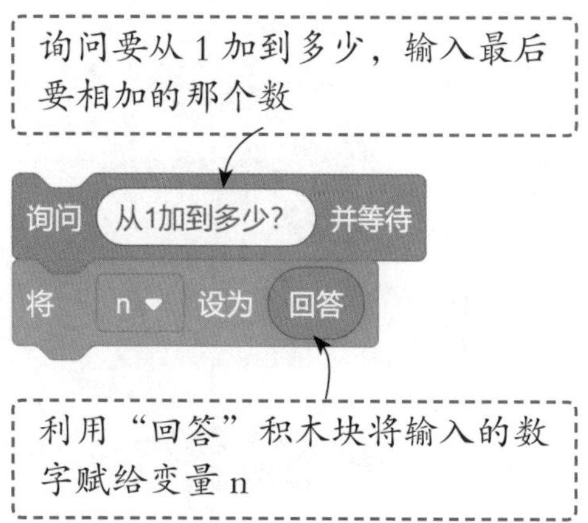

设置循环计算和

在计算的过程中，需要不断地将数字从 1 加到 n。在相加前，需要判断是否已经加到了数字 n，即用于相加的数字 i 是否大于数字 n。

添加“重复执行直到（）”积木块，在条件为真之前保持循环，执行中间嵌套的积木块

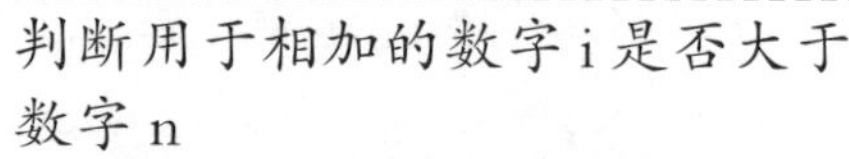

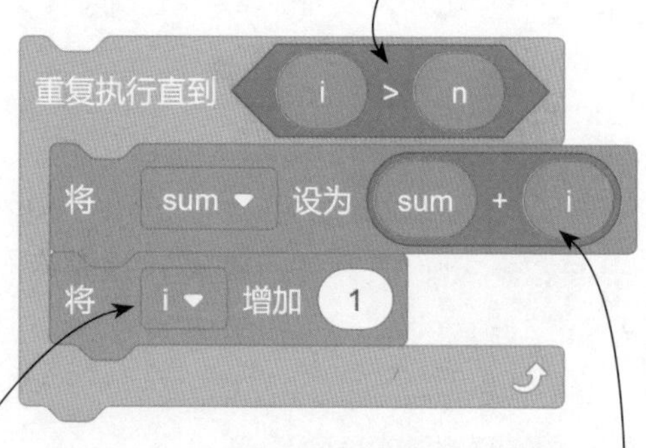

每执行一次累加后，就将变量 i 的值增加 1

用变量 sum 的值与变量 i 的值之和替换变量 sum 原来的值

编程步骤

通过前面的分析，我们掌握了整个案例的设计思路及主要会用到的积木块，接下来详细讲解这个程序的制作步骤。

1 创建新项目，单击“选择一个背景”按钮，添加背景素材库中的“Urban”背景。

❶ 单击“选择一个背景”按钮

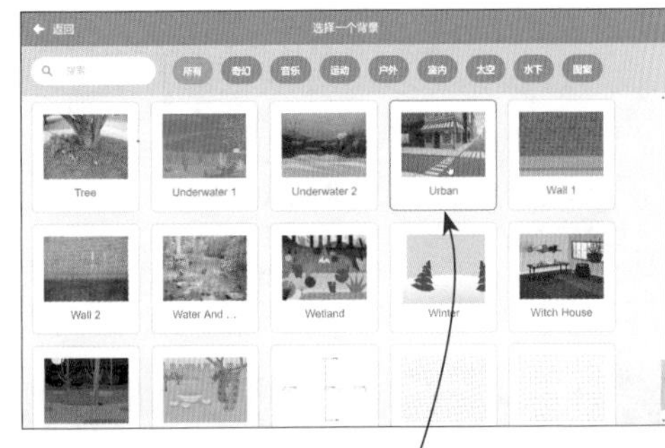

❷ 单击“Urban”背景

2 在角色列表中选中默认的“角色 1”，更改角色的坐标，调整角色的位置。

❶ 设置角色坐标 x 为 −109、y 为 −56

❷ 在舞台中显示调整位置后的角色

3 单击“绘制”按钮，创建新角色“题目”，并输入对应的说明文字。

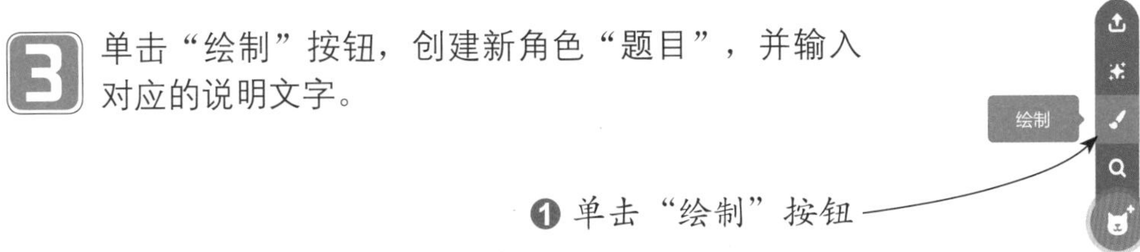

❶ 单击“绘制”按钮

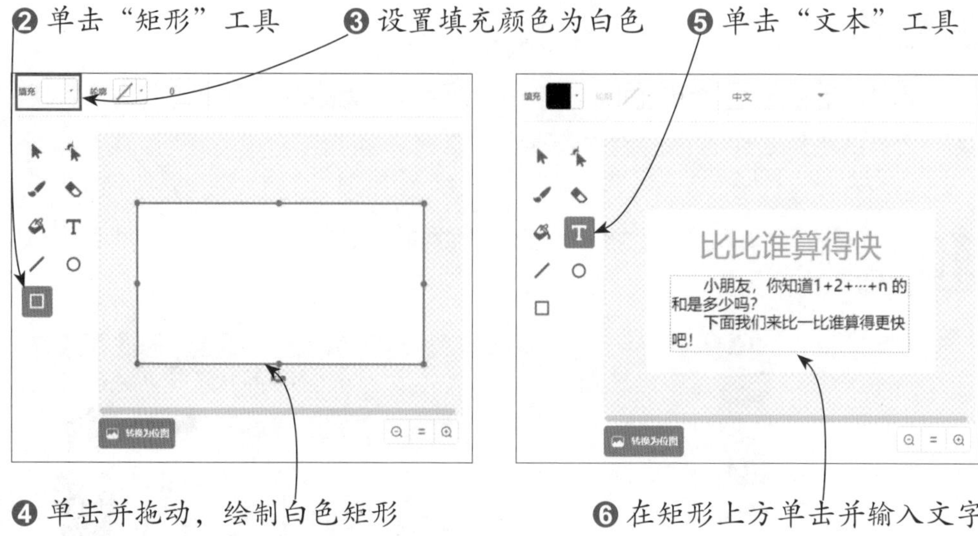

4 在角色列表中选中创建的“题目”角色，设置角色的坐标，将角色移到舞台的中间位置。

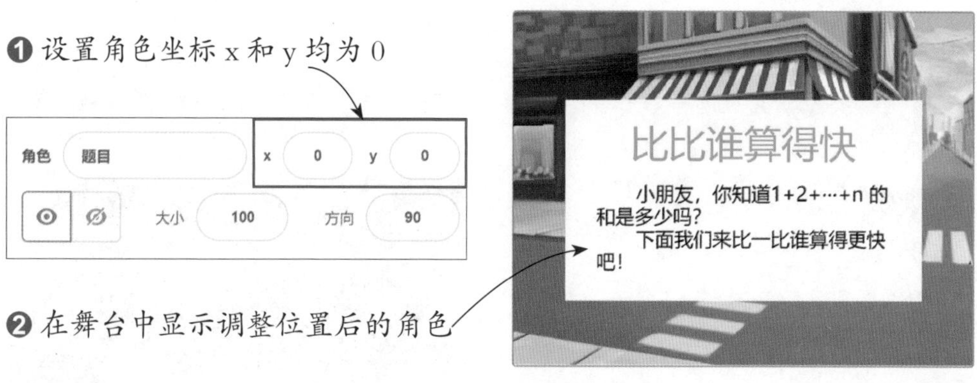

5 为“题目”角色编写脚本。当单击⚑按钮时，显示角色，等待 5 秒，然后隐藏角色。

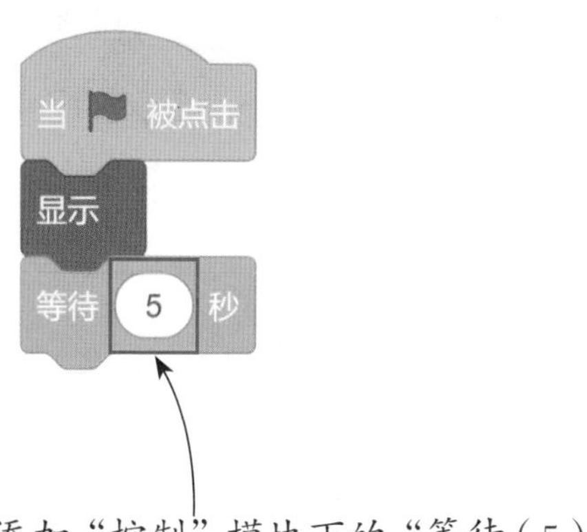

❸ 添加“控制”模块下的“等待（5）秒”积木块

❹ 添加“外观”模块下的“隐藏”积木块

6 添加“广播（）”积木块，广播“计算”消息。

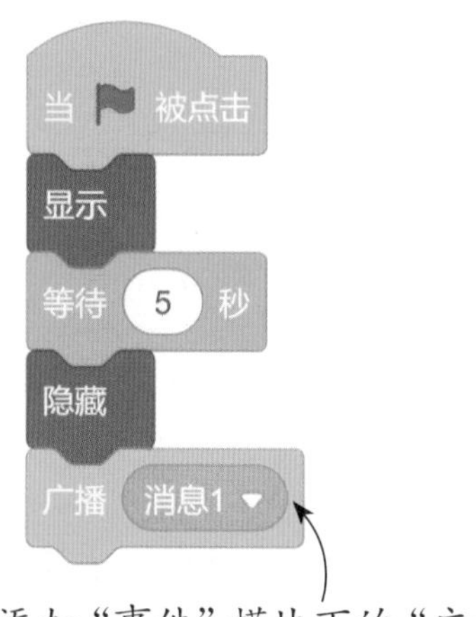

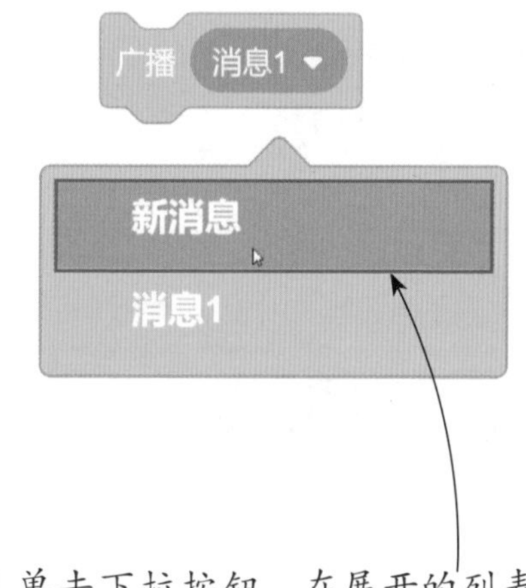

❶ 添加“事件”模块下的“广播（ ）”积木块

❷ 单击下拉按钮，在展开的列表中选择“新消息”选项

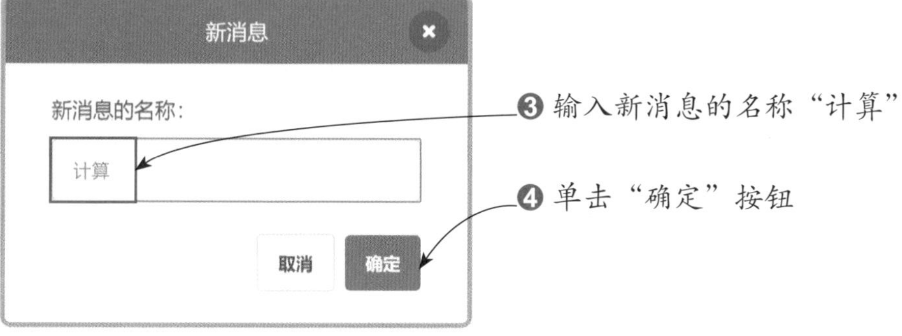

❸ 输入新消息的名称“计算”

❹ 单击“确定”按钮

7 创建变量 sum、n、i，并隐藏创建的变量。

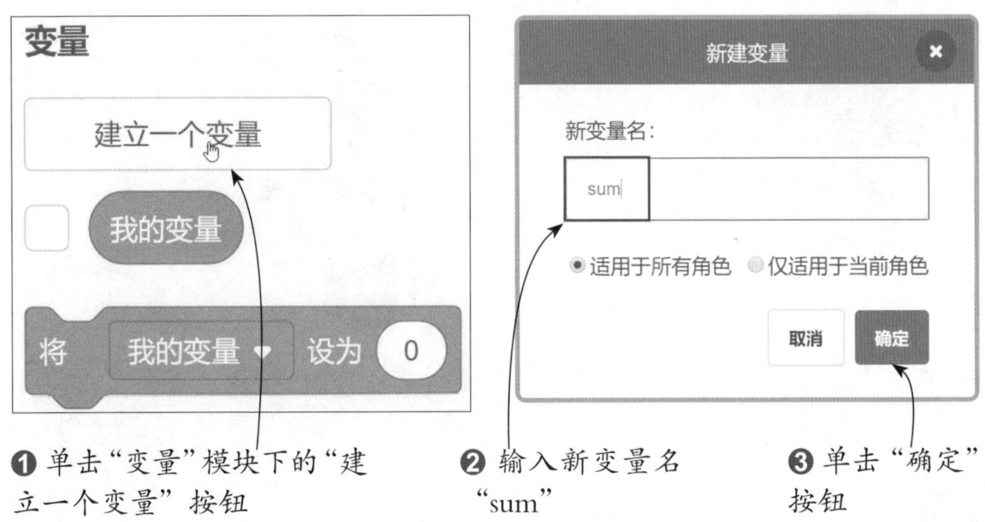

❶ 单击“变量”模块下的“建立一个变量”按钮

❷ 输入新变量名“sum”

❸ 单击“确定”按钮

❹ 创建变量 sum

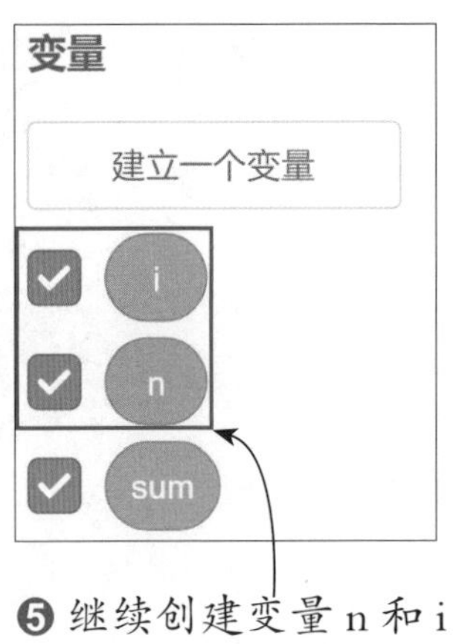

❺ 继续创建变量 n 和 i

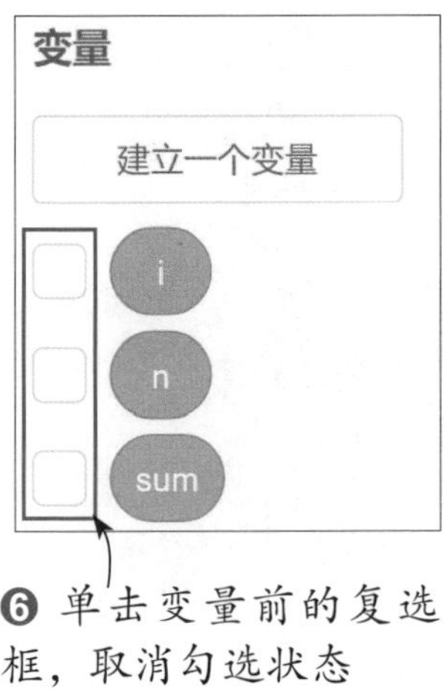

❻ 单击变量前的复选框，取消勾选状态

小提示

删除多余变量

如果“变量”模块下有多余的变量，可以右击该变量，在弹出的快捷菜单中执行“删除变量”命令，即可删除该变量。

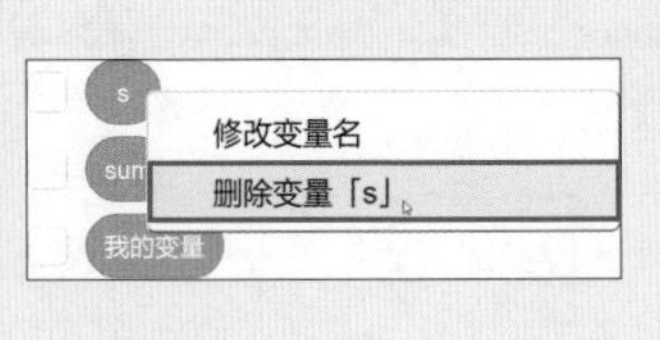

8 选中“角色 1”，为角色编写脚本。当单击🏁按钮时，隐藏角色。

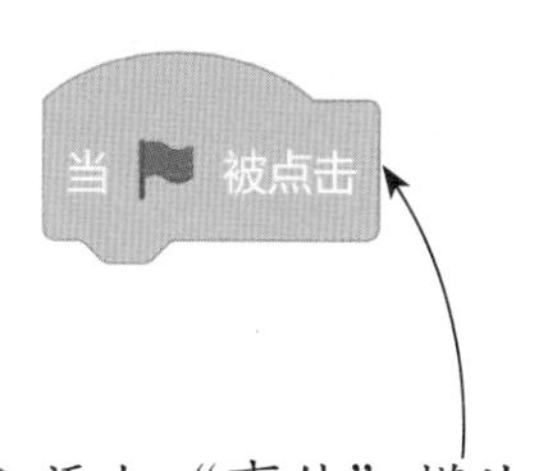

❶ 添加“事件”模块下的“当🏴被点击”积木块

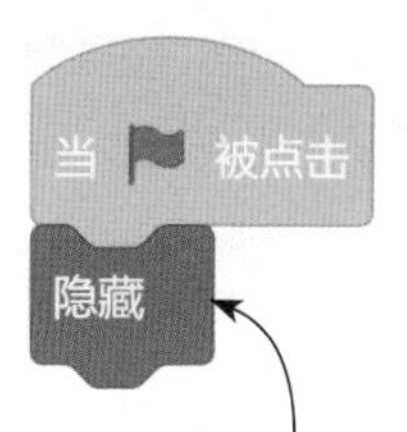

❷ 添加“外观”模块下的“隐藏”积木块

9 当接收到“计算”消息时，显示角色，让角色询问“从 1 加到多少？”。

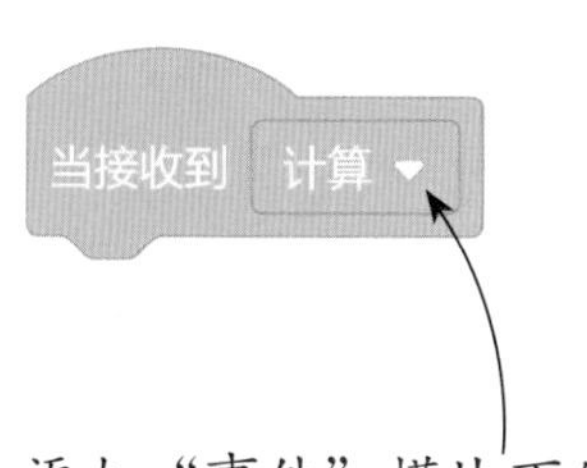

❶ 添加“事件”模块下的“当接收到（计算）”积木块

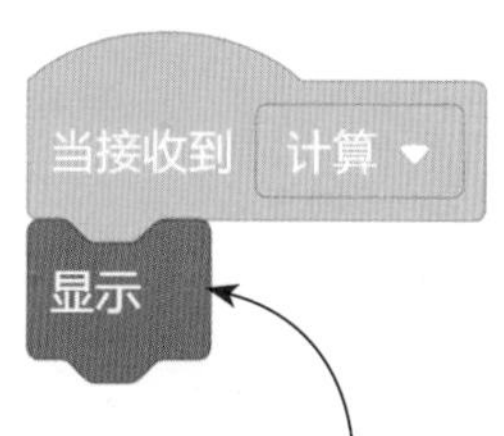

❷ 添加“外观”模块下的“显示”积木块

❸ 添加“侦测”模块下的“询问（ ）并等待”积木块

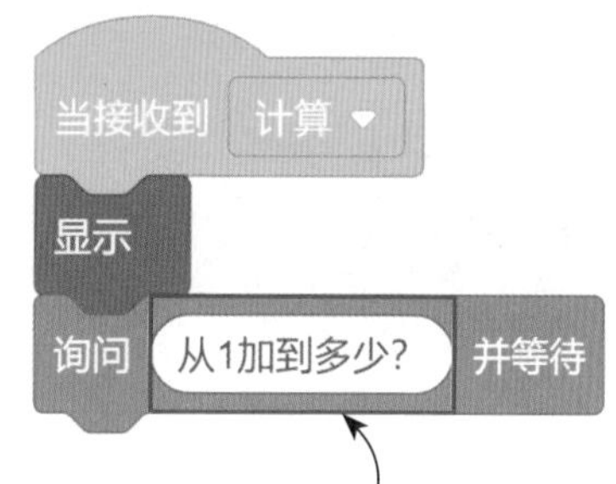

❹ 将“询问（ ）并等待”积木块框中的文字更改为“从 1 加到多少？”

10 将通过询问输入的数字赋给变量 n。

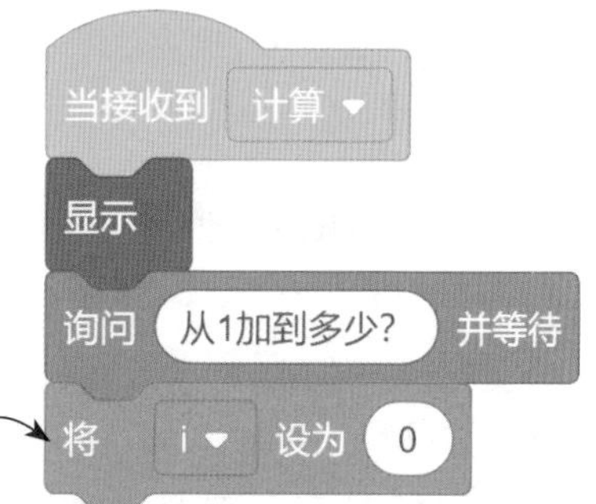

❶ 添加“变量”模块下的“将（ ）设为（ ）”积木块

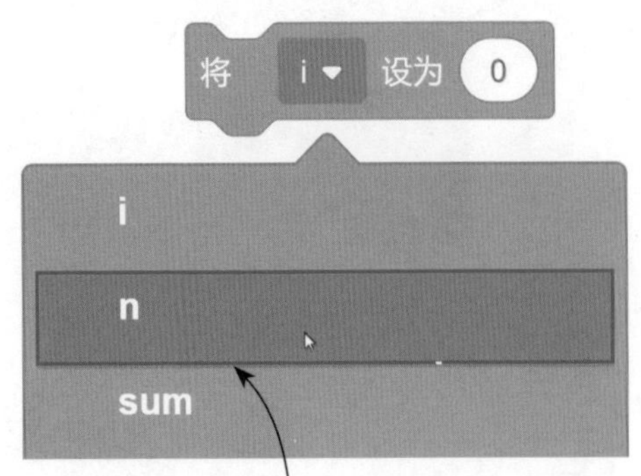

❷ 单击下拉按钮，在展开的列表中选择“n”选项

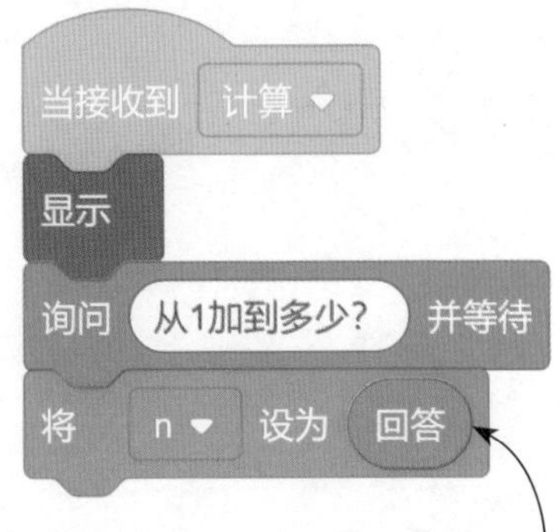

❸ 将“侦测”模块下的“回答”积木块拖到“将（n）设为（ ）”积木块的框中

继续为变量 i 和 sum 赋值。因为需要从 1 开始累加，所以设置变量 i 的初始值为 1，设置变量 sum 的初始值为 0。

❶ 添加“变量”模块下的“将（i）设为（1）”积木块

❷ 继续添加“变量”模块下的“将( )设为（ ）”积木块，并将积木块框中的数字更改为 0

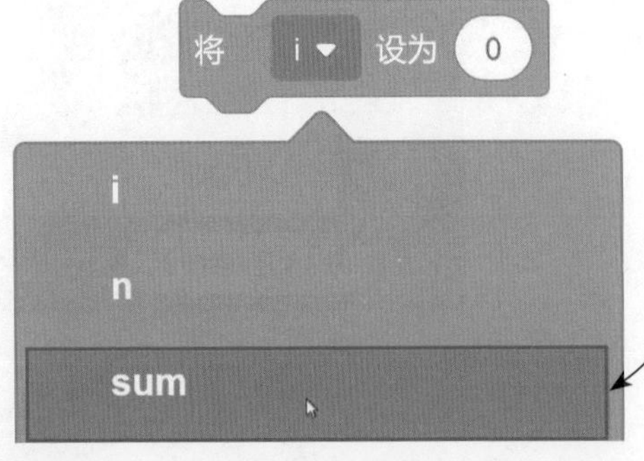

❸ 单击下拉按钮，在展开的列表中选择“sum”选项

12 添加“重复执行直到（）”积木块，设置循环中止的条件为变量 i 的值大于变量 n 的值。

❶ 添加“控制”模块下的“重复执行直到（）”积木块

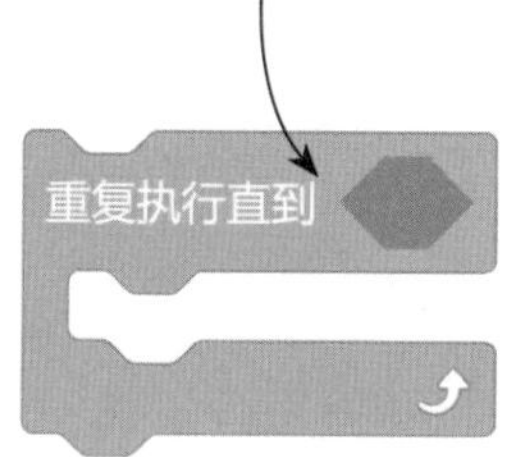

❷ 将“运算”模块下的“（）>（）”积木块拖到“重复执行直到（）”积木块的条件框中

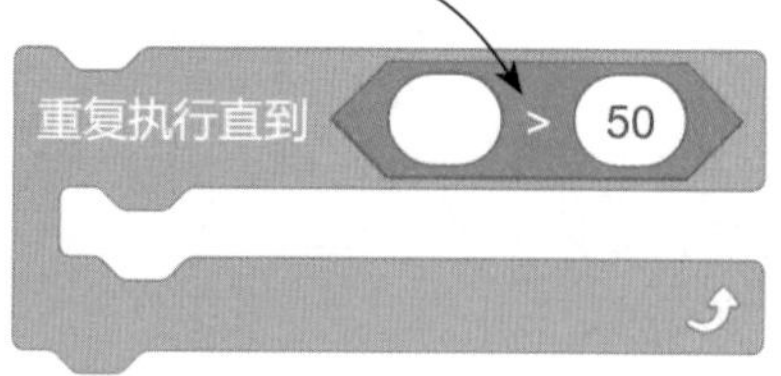

❸ 将“变量”模块下的“i”积木块拖到“（）>（）”积木块的第 1 个框中

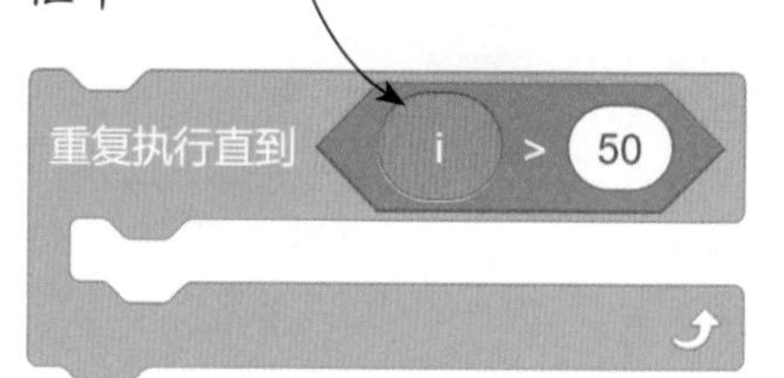

❹ 将“变量”模块下的“n”积木块拖到“（）>（）”积木块的第 2 个框中

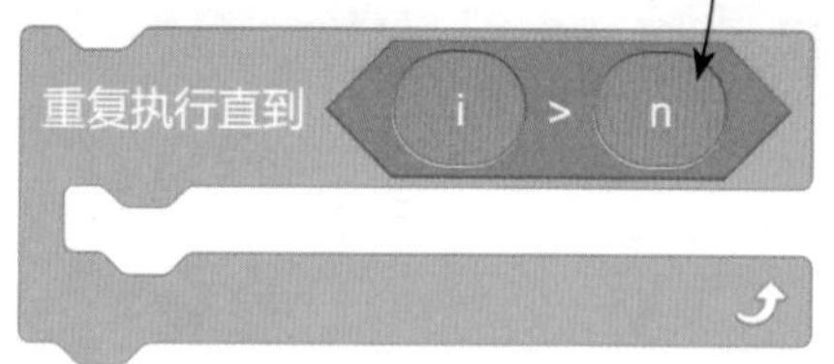

13 设置要重复执行的累加操作，将变量 sum 设为 sum+i，然后将 i 的值增加 1。

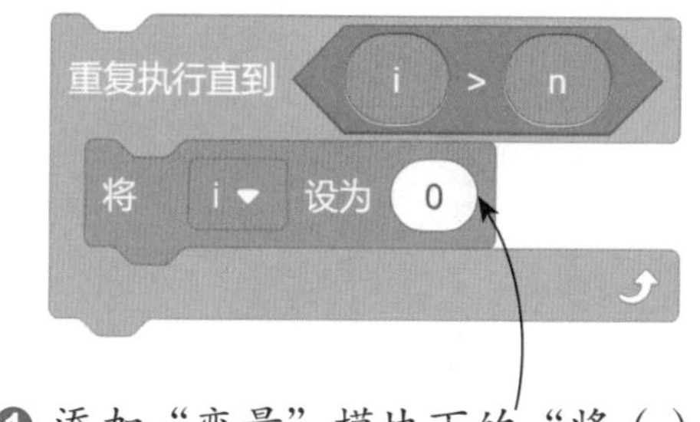

❶ 添加“变量”模块下的“将（）设为（）”积木块

❷ 单击下拉按钮，在展开的列表中选择“sum”选项

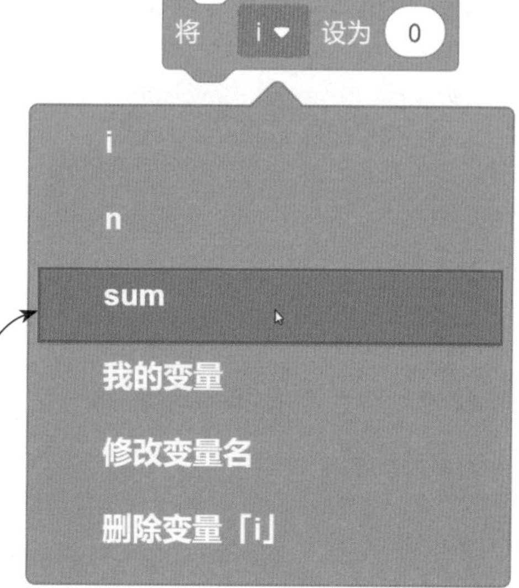

❸ 将“运算”模块下的“( ) + ( )”积木块拖到“将(sum)设为( )”积木块的框中

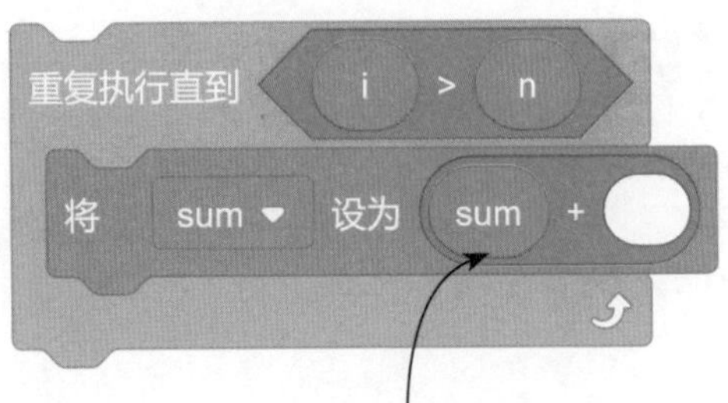

❹ 将“变量”模块下的“sum”积木块拖到“( ) + ( )”积木块的第 1 个框中

❺ 将“变量”模块下的“i”积木块拖到“( ) + ( )”积木块的第 2 个框中

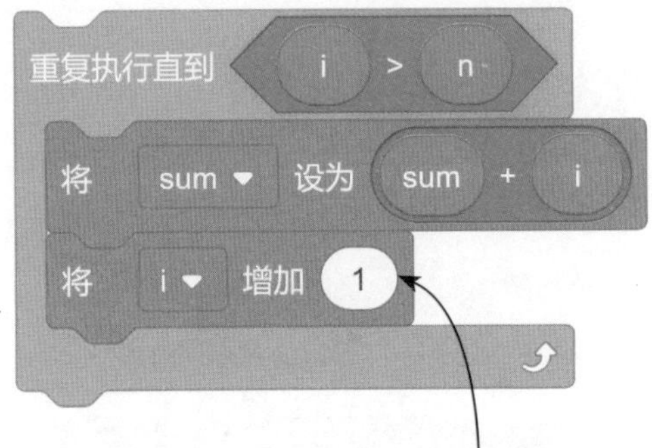

❻ 添加“变量”模块下的“将(i)增加(1)”积木块

14 求出累加和之后，结合“说 () () 秒”和“连接 () 和 () ”积木块，让角色说出计算结果。

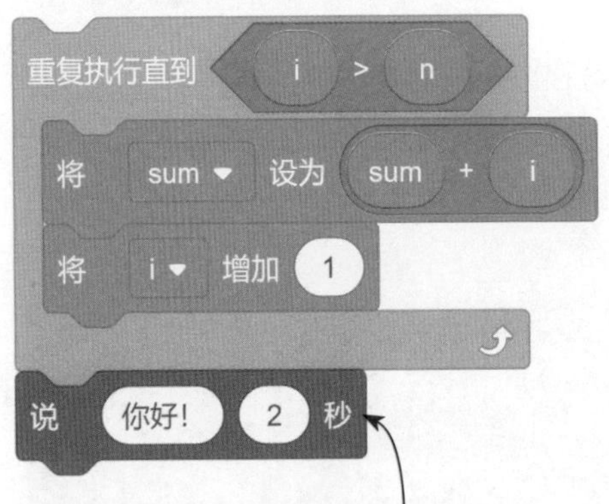

❶ 添加“外观”模块下的“说( )(2)秒”积木块

❷ 将“运算”模块下的“连接( )和( )”积木块拖到“说( )(2)秒”积木块的第 1 个框中

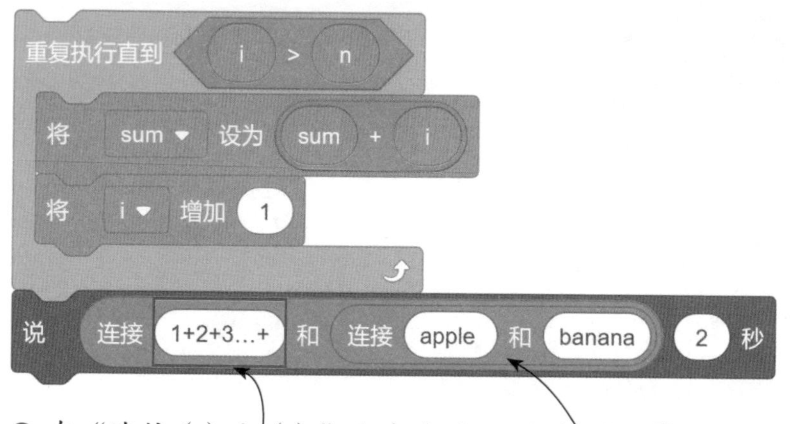

❸ 在“连接（ ）和（ ）”积木块的第 1 个框中输入“1+2+3…+”

❹ 将“运算”模块下的“连接（ ）和（ ）”积木块拖到已添加的“连接（ ）和（ ）”积木块的第 2 个框中

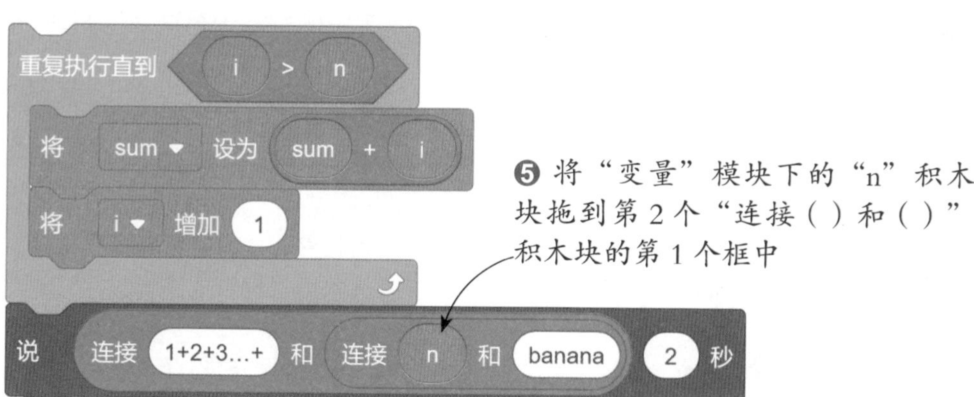

❺ 将“变量”模块下的“n”积木块拖到第 2 个“连接（ ）和（ ）”积木块的第 1 个框中

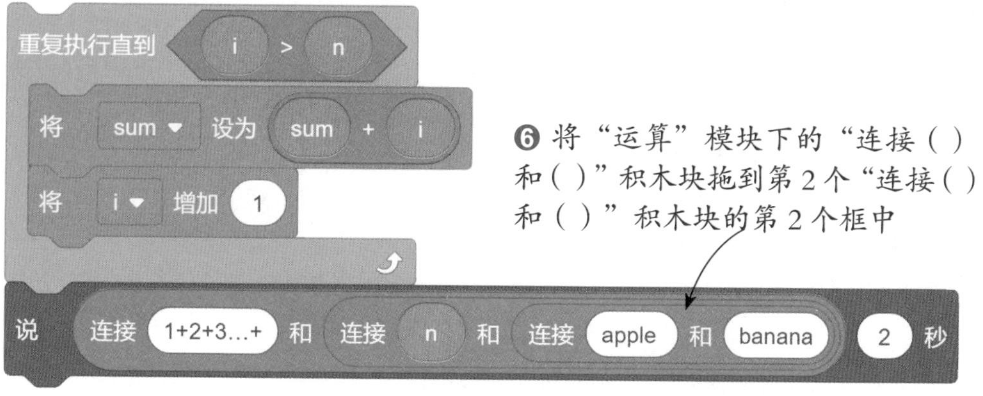

❻ 将“运算”模块下的“连接（ ）和（ ）”积木块拖到第 2 个“连接（ ）和（ ）”积木块的第 2 个框中

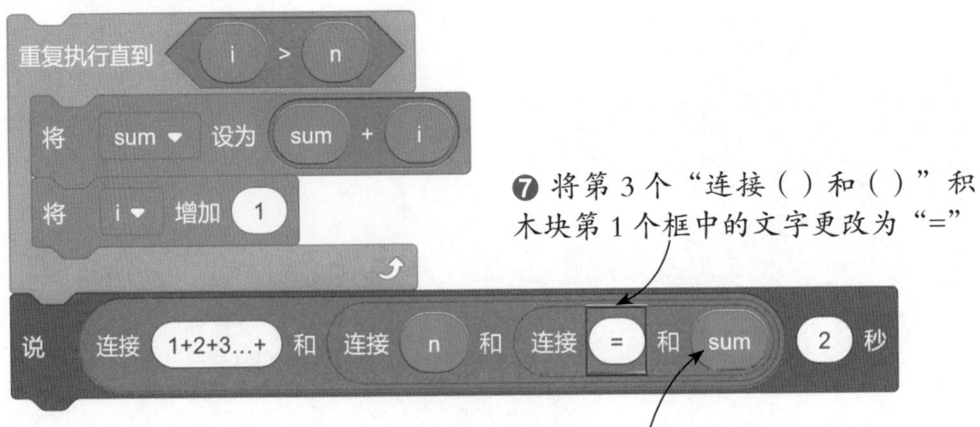

重复执行直到 i > n
将 sum 设为 sum + i
将 i 增加 1
说 连接 1+2+3...+ 和 连接 n 和 连接 = 和 sum 2 秒
❼ 将第 3 个“连接 ( ) 和 ( )”积木块第 1 个框中的文字更改为“=”
❽ 将“变量”模块下的“sum”积木块拖到第 3 个“连接 ( ) 和 ( )”积木块的第 2 个框中

15 将“重复执行直到（）”积木组与步骤 11 中的脚本进行组合，得到完整的程序脚本。

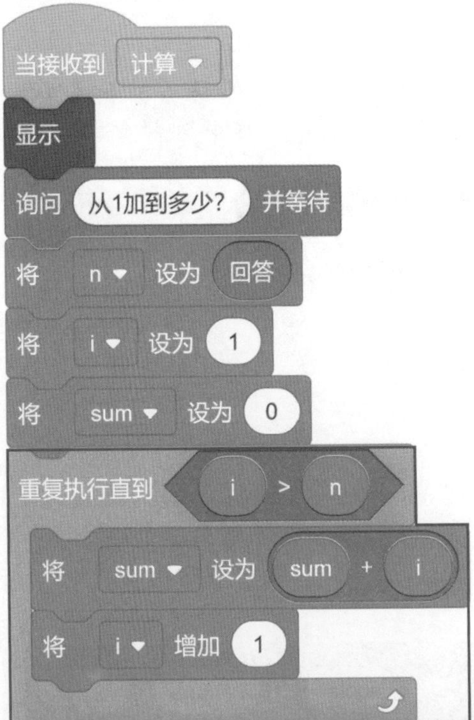

当接收到 计算
显示
询问 从1加到多少? 并等待
将 n 设为 回答
将 i 设为 1
将 sum 设为 0
重复执行直到 i > n
将 sum 设为 sum + i
将 i 增加 1

小提示

存储作品

编写程序时，为避免因操作失误或其他突发状况造成程序丢失，可以对程序进行存储操作。执行“文件>保存到电脑”菜单命令，在打开的“另存为”对话框中指定文件存储位置和文件名，单击“保存”按钮，即可将程序保存到计算机中指定的文件夹中。

文件
编辑
教程
新作品
从电脑中上传
保存到电脑

组合积木组

说 连接 1+2+3...+ 和 连接 n 和 连接 = 和 sum 2 秒

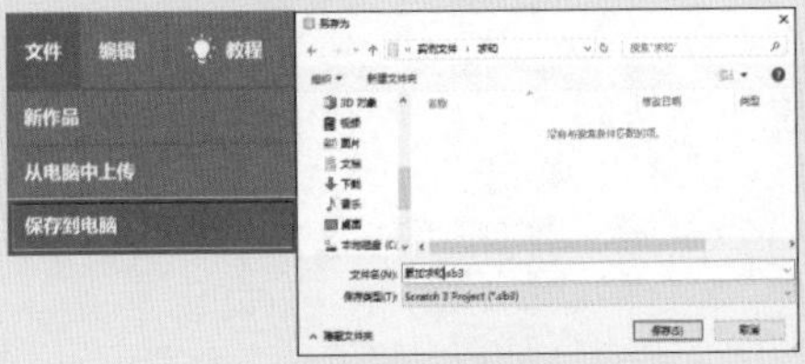

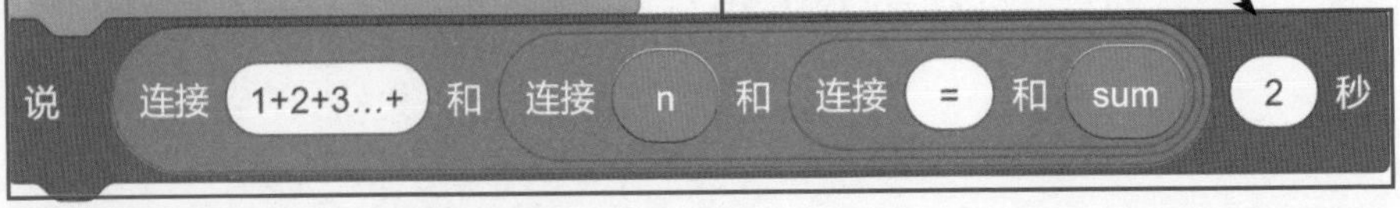

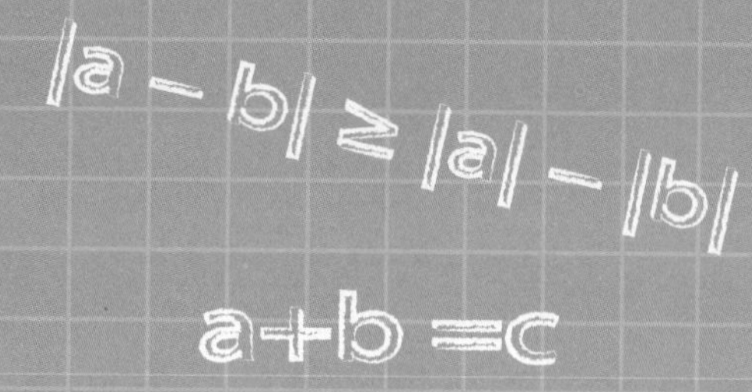

第3章

判定质数

质数又称素数，指在大于1的自然数中，除了1和它自身之外，不能被其他自然数整除的数，例如2，3，5，7，11，13等。

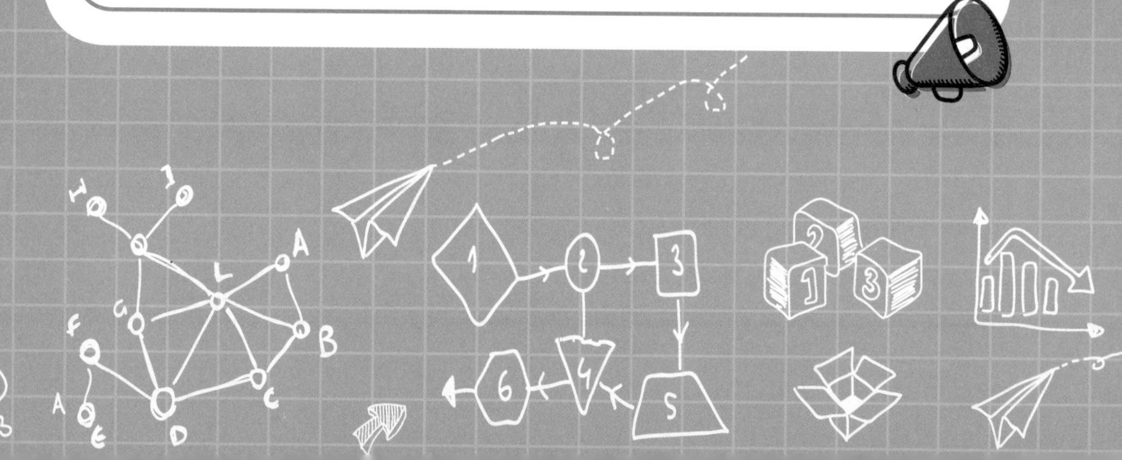

程序设定

设计一个程序，输入一个自然数，判断这个数是不是质数。

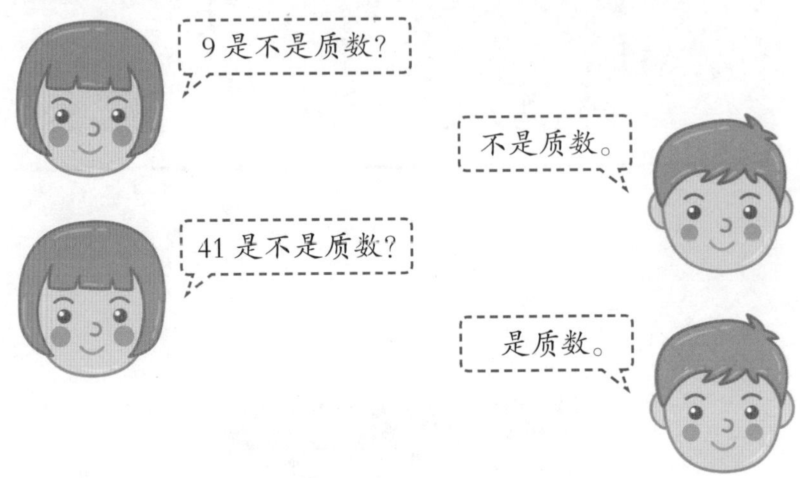

算法分析

如何判断一个数是不是质数呢？可以推荐埃拉托色尼筛选法，即质数求解法。首先输入一个大于 1 的自然数，然后用这个数除以从 2 开始的所有小于它的正整数，如果找到一个或多个整数可以整除这个数，那么判定这个数不是质数；如果找不到一个整数可以整除这个数，那么判定这个数是质数。

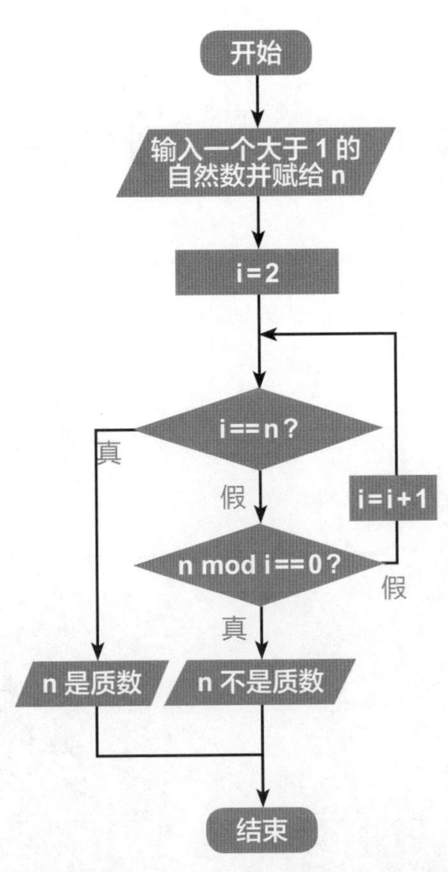

思路详解

要判断一个数是不是质数，首先要输入这个数并将它赋给一个变量 n，通过循环的方式将这个数依次除以 2、3、4……一直除到等于它自身为止，然后通过判断余数是否为 0 来确定这个数是不是质数。

创建变量 n 作为要判断的数

要让 Scratch 判断一个大于 1 的自然数是不是质数，首先需要让 Scratch 接收到这个数。创建变量 n，通过询问将“回答”赋给变量 n。

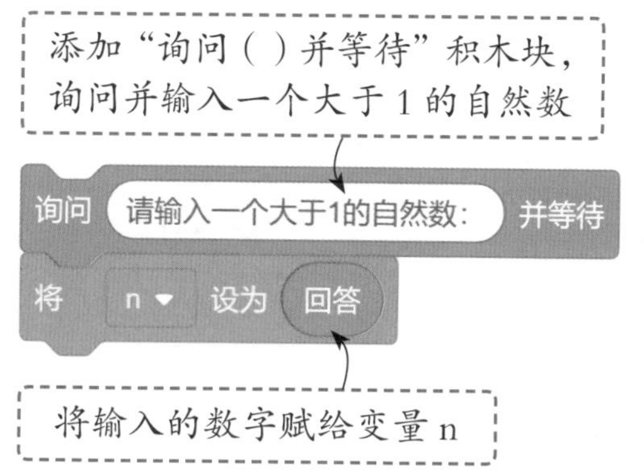

创建变量 i 作为除数

创建变量 i 作为除数，将除数初始值设为 2，即从 2 开始除，一直除到这个数自身为止。如果一直除到这个数自身都没有找到一个数可以整除这个数，就可以判定这个数为质数。

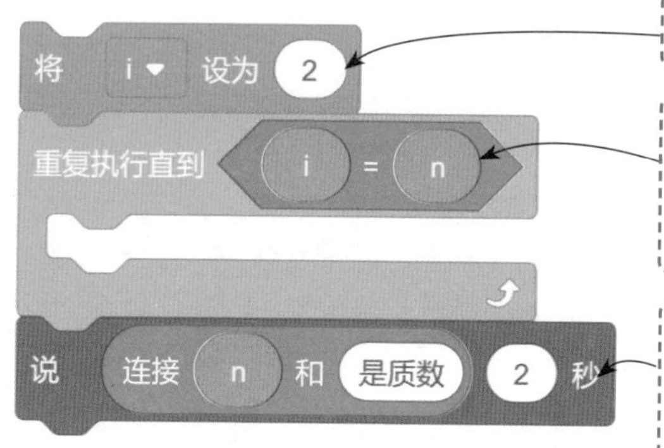

判断数字能否被整除

要判断一个数是不是质数，需要看它能不能被除自身外的其他某个数整除，如果能被整除，那这个数就不是质数，否则就将除数 i 加 1，继续进行下一次判断。

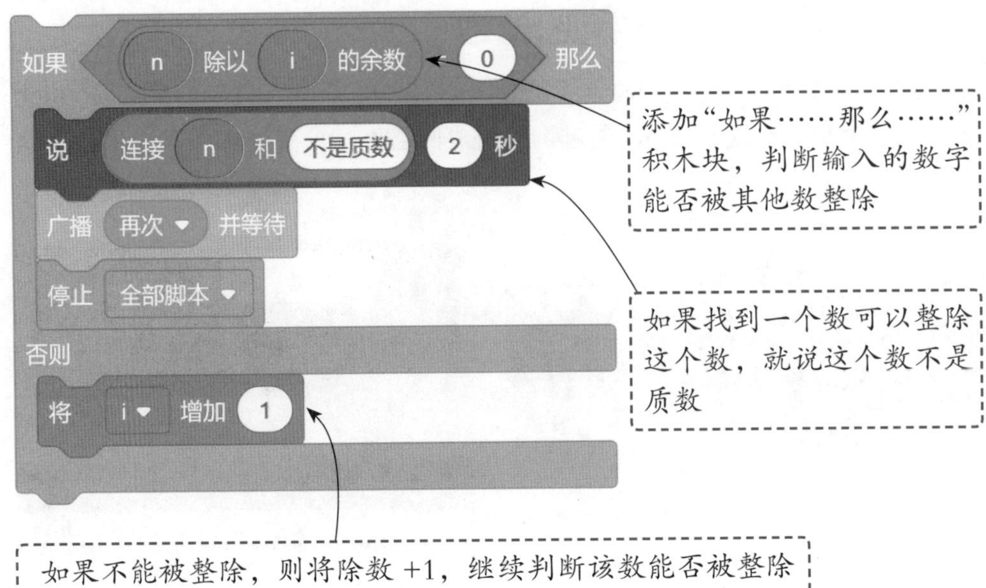

编程步骤

通过前面的分析，我们掌握了整个案例的设计思路及主要会用到的积木块，接下来就详细讲解这个程序的制作步骤。

1 创建新项目，添加背景素材库中的“Chalkboard”背景。

❶ 单击“选择一个背景”按钮　❷ 单击“Chalkboard”背景

2 删除默认的“角色 1”，添加角色素材库中的“Arrow1”角色。

❶ 单击“选择一个角色”按钮

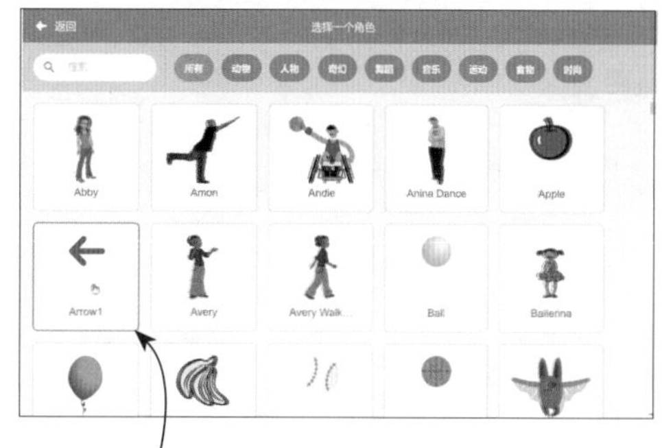

❷ 单击“Arrow1”角色

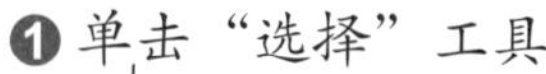

删除多余的角色造型，保留向下的箭头图形，然后选中图形，更改图形的填充颜色为黄色。

❶ 单击“选择”工具

❸ 设置颜色为 16、饱和度为 82、亮度为 93

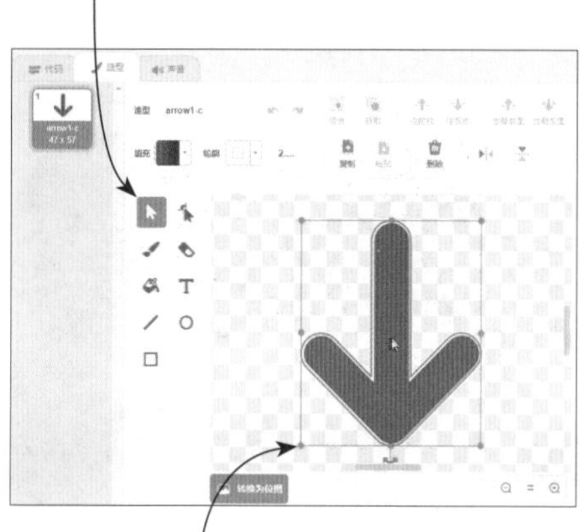

❷ 选中图形

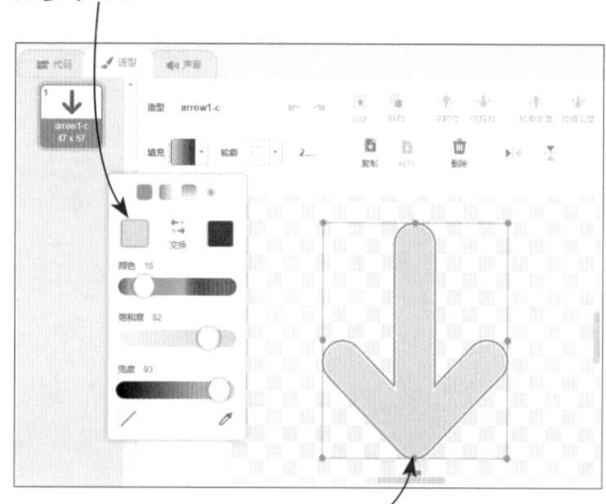

❹ 更改选中图形的颜色

4 继续添加角色素材库中的“Avery”角色。

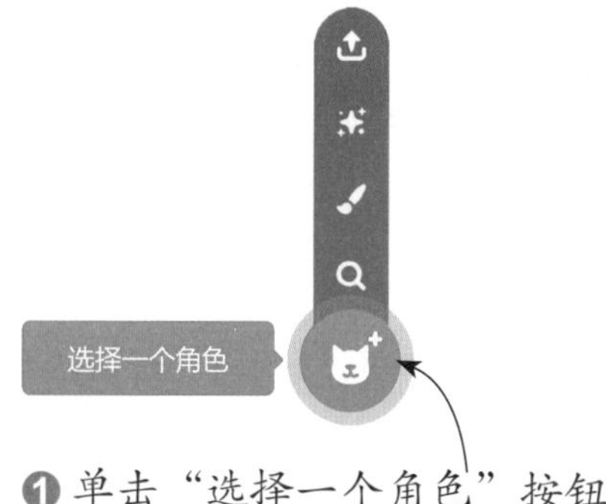

❶ 单击“选择一个角色”按钮

❷ 单击“Avery”角色

5 在角色列表中分别选中“Arrow1”和“Avery”角色，设置角色的属性。

❶ 选中“Arrow1”角色，设置坐标 x 为 −150、y 为 80，大小为 50

❷ 选中“Avery”角色，设置坐标 x 为 −134、y 为 −36

❸ 在舞台左侧显示设置后的“Arrow1”和“Avery”角色

6 选中“Arrow1”角色，为角色编写脚本。当单击⚑按钮时，让角色闪烁 5 次。

❶ 添加“事件”模块下的“当⚑被点击”积木块

❷ 添加“控制”模块下的“重复执行( )次”积木块

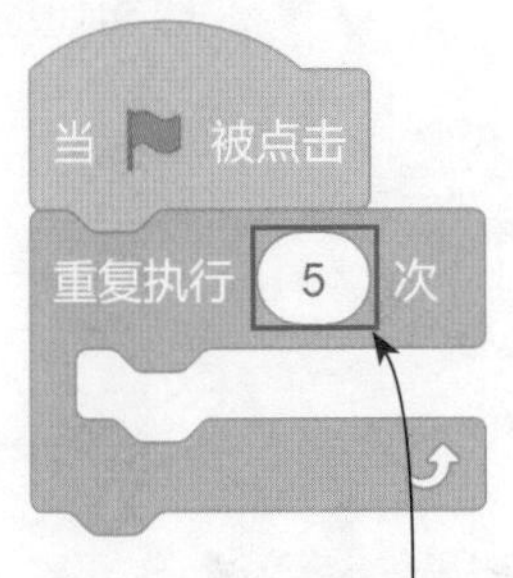

❸ 将“重复执行( )次”积木块框中的数字更改为 5

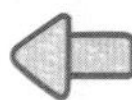

小提示

限次循环

“重复执行（）次”积木块用于控制嵌套的积木块重复执行的次数。在“重复执行（）次”积木块框中单击，可以输入要重复执行的次数，然后嵌套的积木块就会按照输入的数字重复执行相应的次数。

7 添加“显示”积木块，显示角色，等待 0.3 秒后隐藏角色，再等待 0.5 秒后显示角色。

❶ 添加“外观”模块下的“显示”积木块

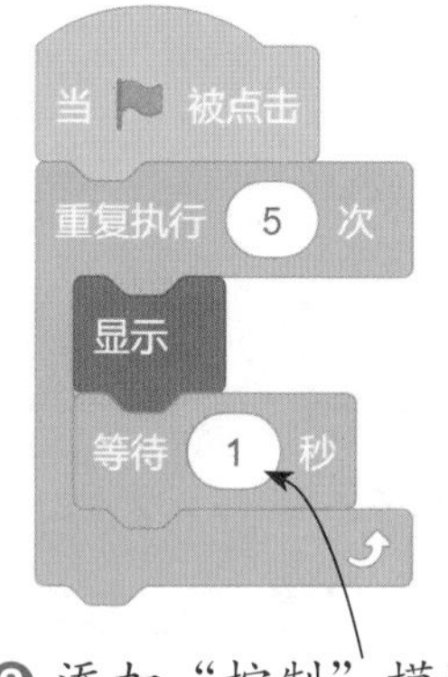

❷ 添加“控制”模块下的“等待（）秒”积木块

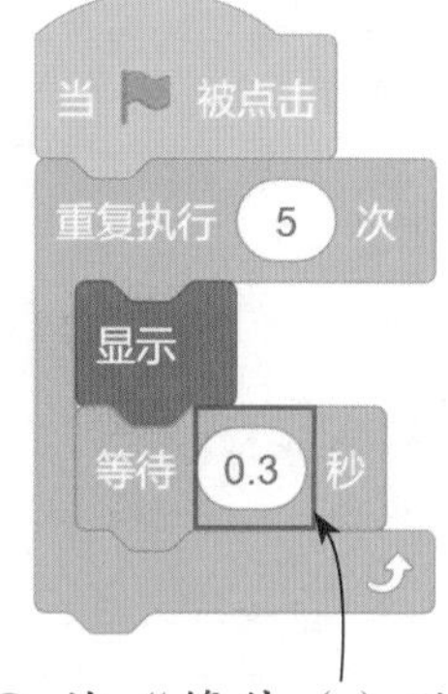

❸ 将“等待（）秒”积木块框中的数字更改为 0.3

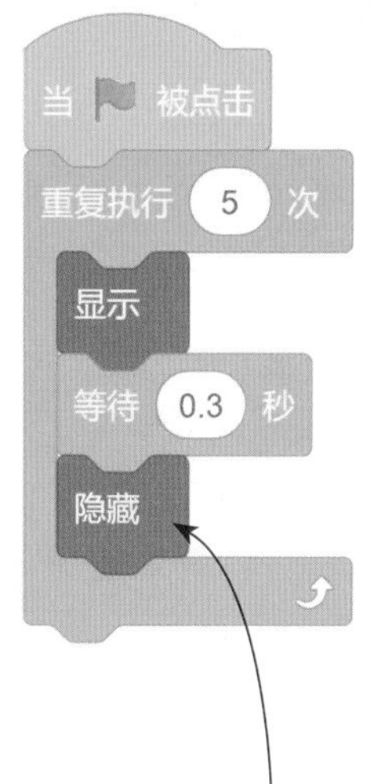

❹ 添加“外观”模块下的“隐藏”积木块

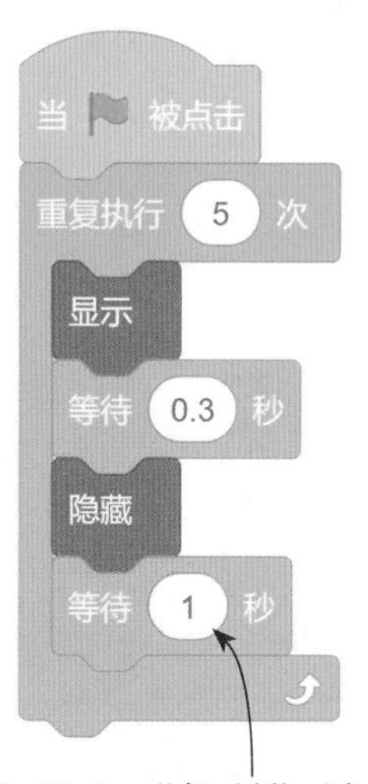

❺ 添加“控制”模块下的“等待（）秒”积木块

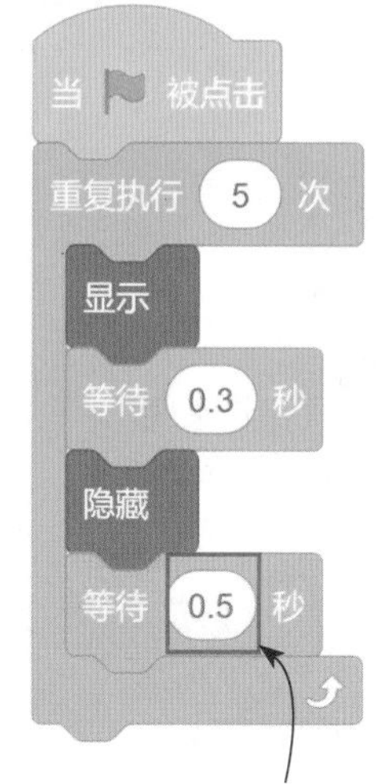

❻ 将“等待（）秒”积木块框中的数字更改为 0.5

8 当接收到“再次”消息时，同样让角色闪烁 5 次。

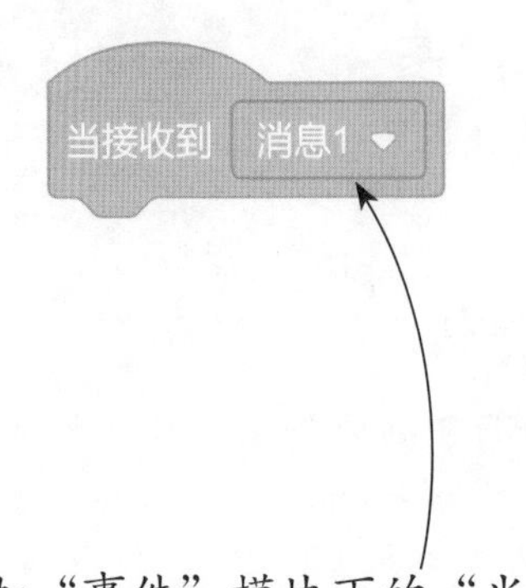

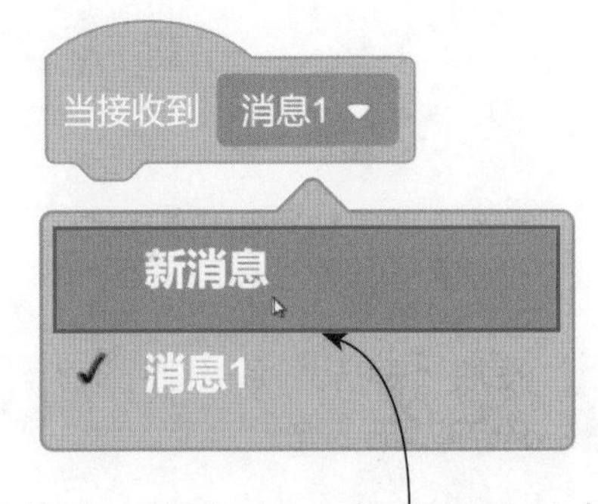

❶ 添加“事件”模块下的“当接收到（ ）”积木块

❷ 单击下拉按钮，在展开的列表中选择“新消息”选项

❸ 输入新消息的名称“再次”

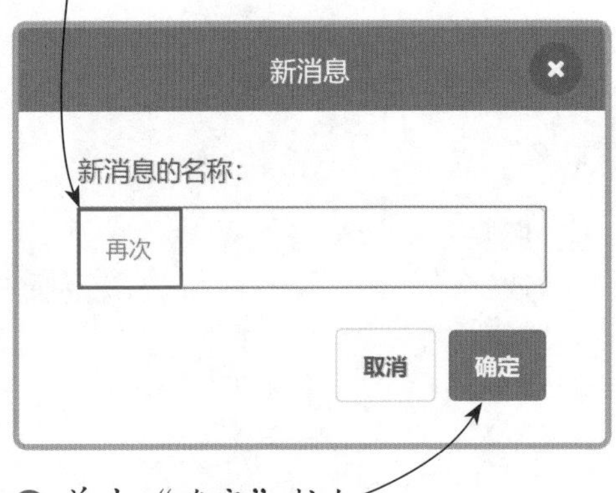

❹ 单击“确定”按钮

❺ 复制“重复执行（ ）次”积木组

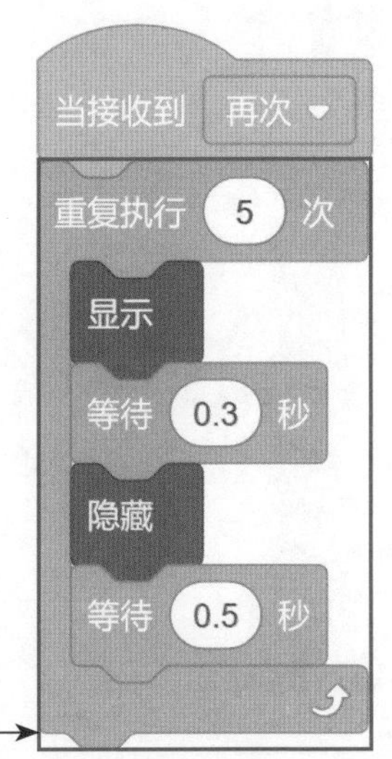

9 创建变量 n 和 i，并隐藏创建的变量。

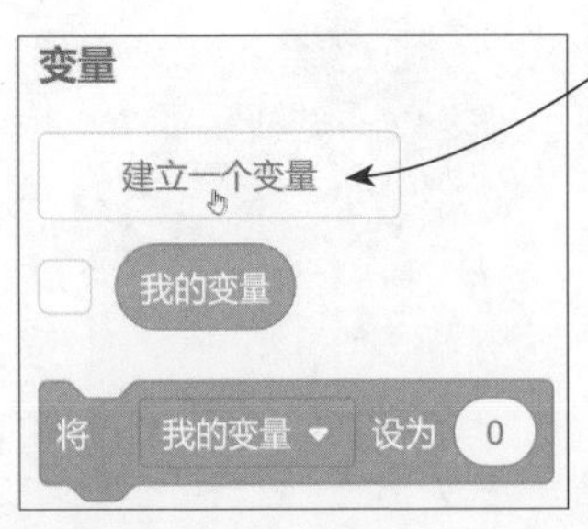

❶ 单击“变量”模块下的“建立一个变量”按钮

❷ 输入新变量名“n”

❸ 单击“确定”按钮

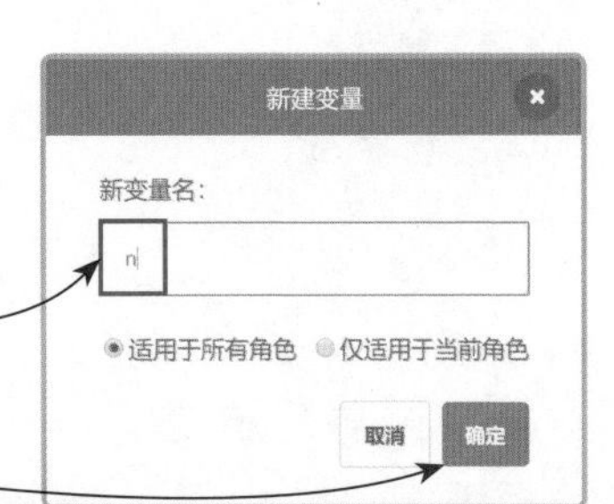

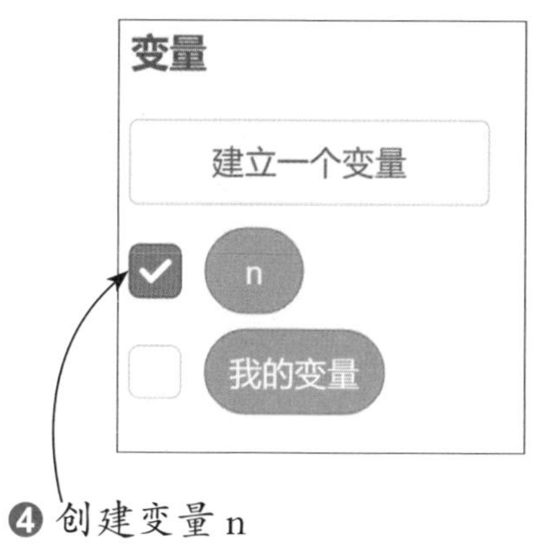

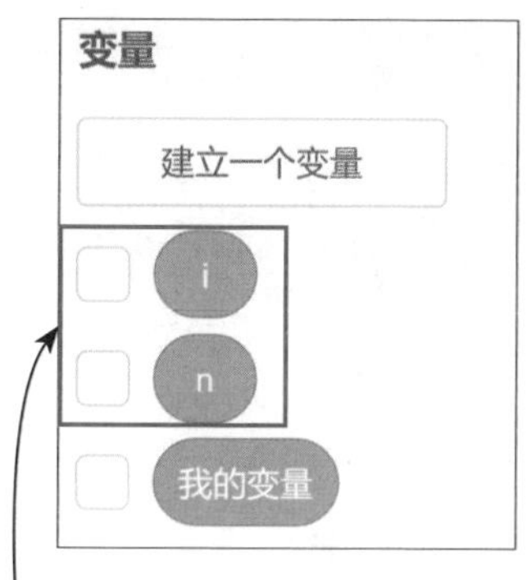

❹ 创建变量 n

❺ 继续创建变量 i，单击变量 n 和 i 前的复选框，取消勾选状态

10 选中“Avery”角色，为角色编写脚本。当单击角色时，询问“请输入一个大于 1 的自然数：”。

❶ 添加“事件”模块下的“当角色被点击”积木块

❷ 添加“侦测”模块下的“询问（ ）并等待”积木块

❸ 将“询问（ ）并等待”积木块框中的文字更改为“请输入一个大于 1 的自然数：”

11 添加“将（）设为（）”积木块，将输入的数字赋给变量 n。

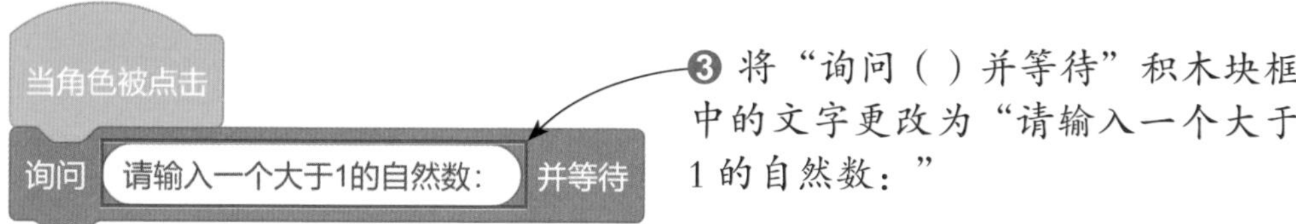

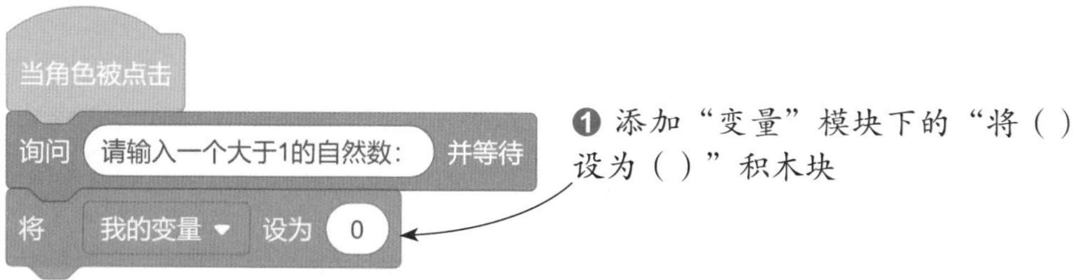

❶ 添加“变量”模块下的“将（ ）设为（ ）”积木块

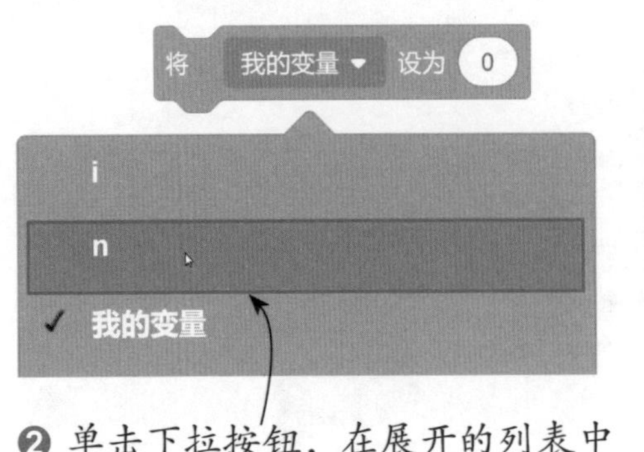

❷ 单击下拉按钮，在展开的列表中选择“n”选项

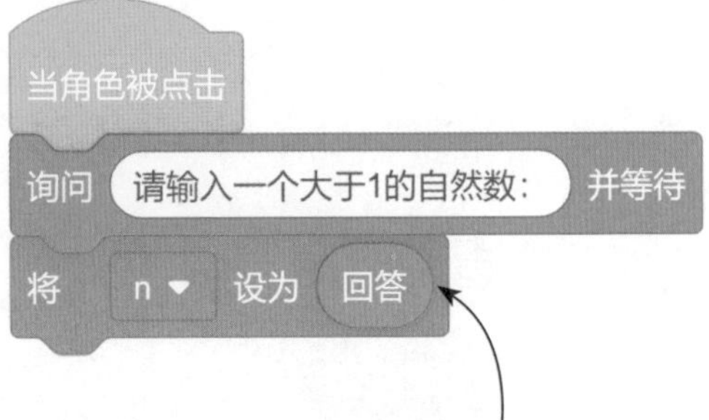

❸ 将“侦测”模块下的“回答”积木块拖到“将（n）设为（）”积木块的框中

12 质数是大于 1 的自然数，因此将变量 i 的初始值设为 2，即从 2 开始判断。

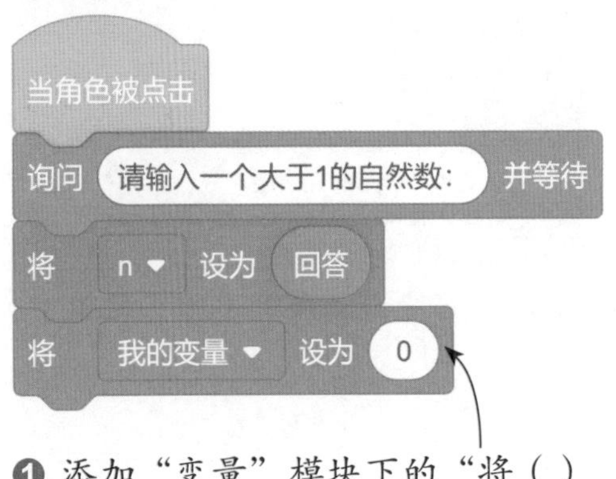

❶ 添加“变量”模块下的“将（）设为（）”积木块

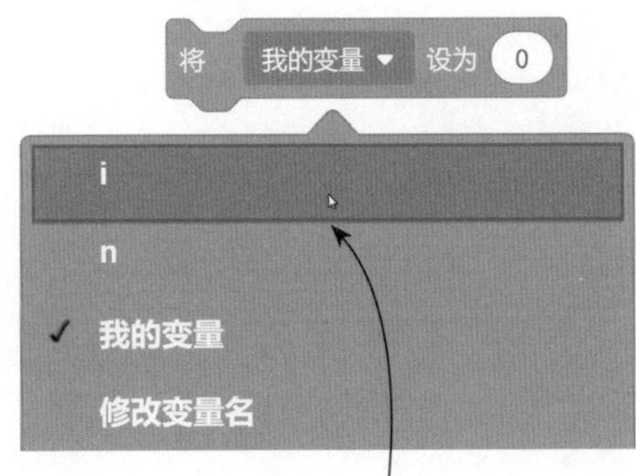

❷ 单击下拉按钮，在展开的列表中选择“i”选项

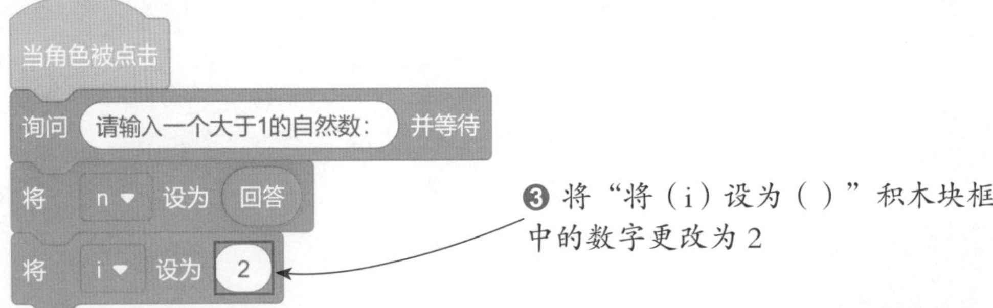

❸ 将“将（i）设为（）”积木块框中的数字更改为 2

13 判断一个数是不是质数，需要用这个数除以所有小于它的正整数，因此添加“重复执行直到（）”积木块，设置循环条件为变量 i 等于变量 n。

❶ 添加“控制”模块下的“重复执行直到（ ）”积木块

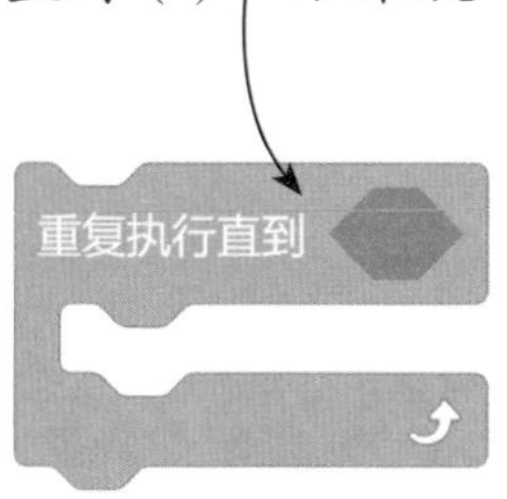

❷ 将“运算”模块下的“（ ）=（ ）”积木块拖到“重复执行直到（ ）”积木块的条件框中

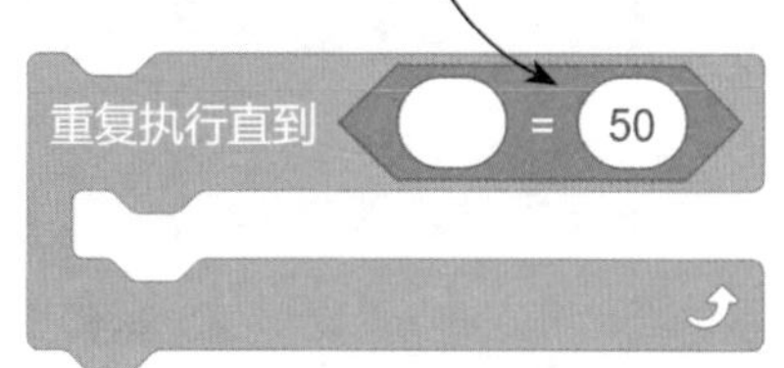

❸ 将“变量”模块下的“i”积木块拖到“（ ）=（ ）”积木块的第 1 个框中

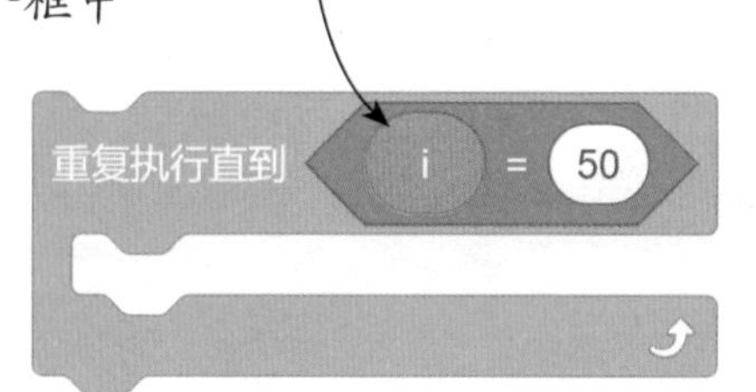

❹ 将“变量”模块下的“n”积木块拖到“（ ）=（ ）”积木块的第 2 个框中

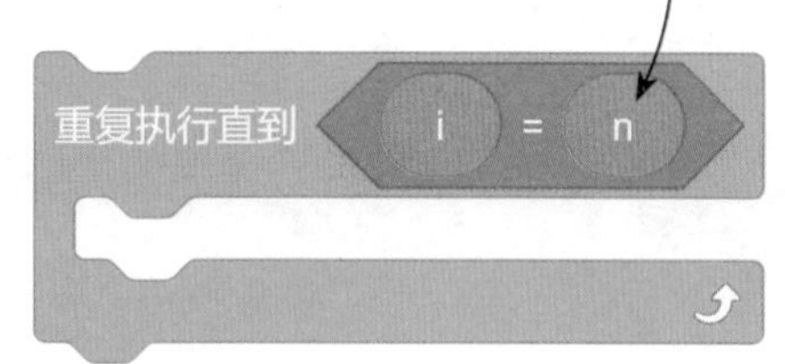

14 添加“如果……那么……否则……”积木块，判断变量 n 能否被变量 i 整除。

❶ 添加“控制”模块下的“如果……那么……否则……”积木块

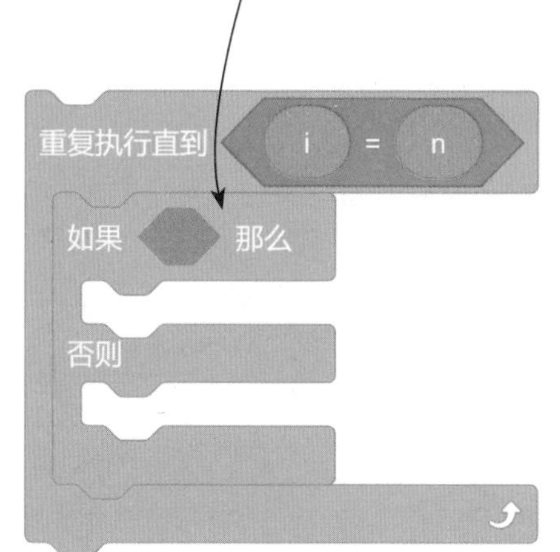

❷ 将“运算”模块下的“（ ）=（ ）”积木块拖到“如果……那么……否则……”积木块的条件框中

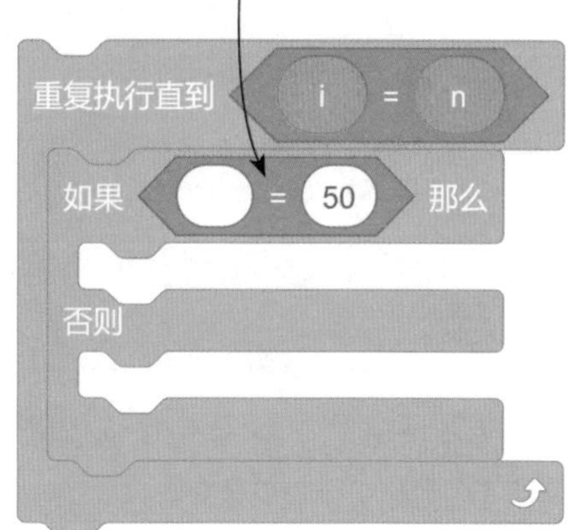

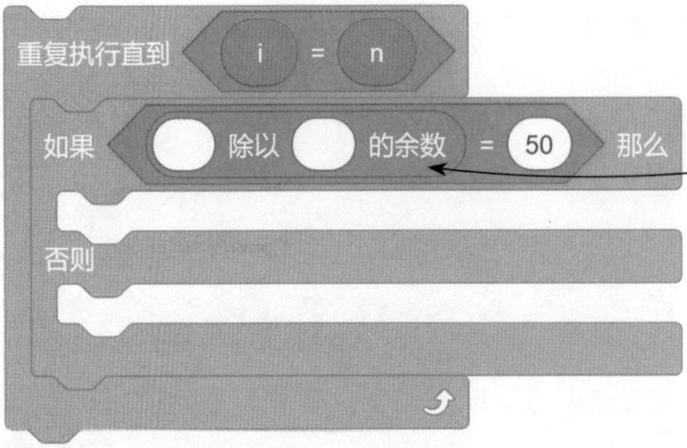

❸ 将“运算”模块下的“( )除以( )的余数”积木块拖到“( )=( )”积木块的第 1 个框中

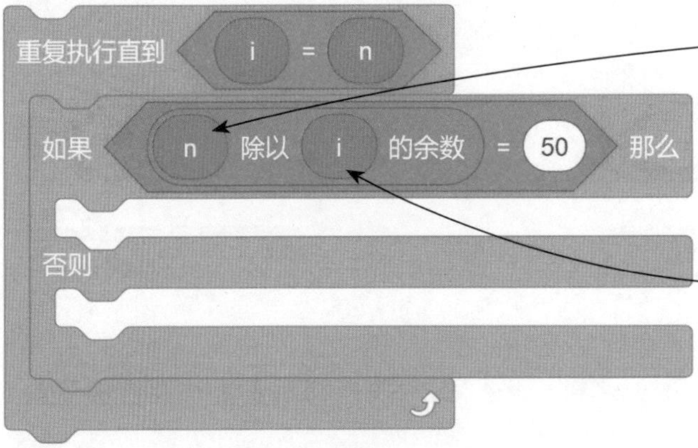

❹ 将“变量”模块下的“n”积木块拖到“( )除以( )的余数”积木块的第 1 个框中

❺ 将“变量”模块下的“i”积木块拖到“( )除以( )的余数”积木块的第 2 个框中

❻ 将“( )=( )”积木块第 2 个框中的数字更改为 0

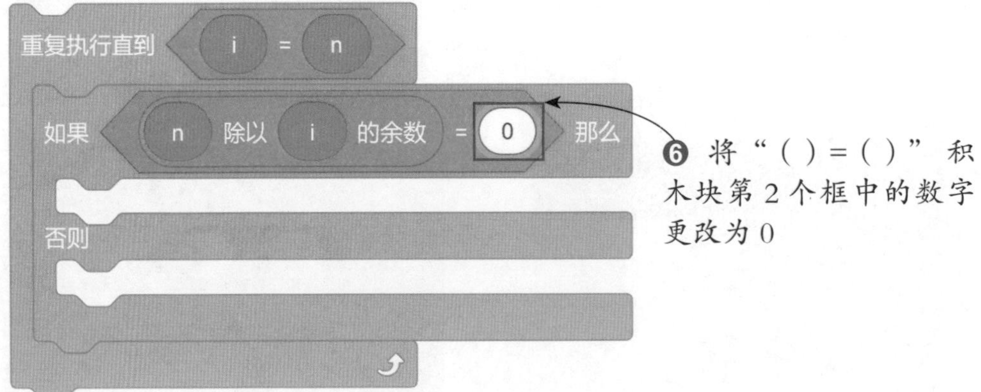

15 如果变量 n 能被变量 i 整除，则说明这个数不是质数，广播“再次”消息，此时需要通过单击舞台中的人物角色再次输入数字进行判断。

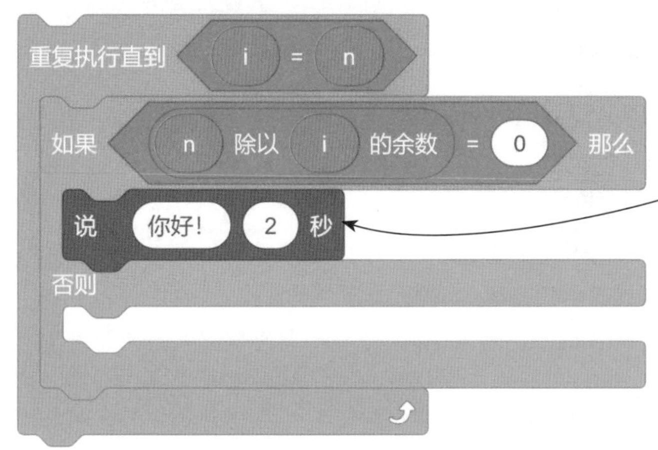

❶ 添加“外观”模块下的“说( )(2)秒”积木块

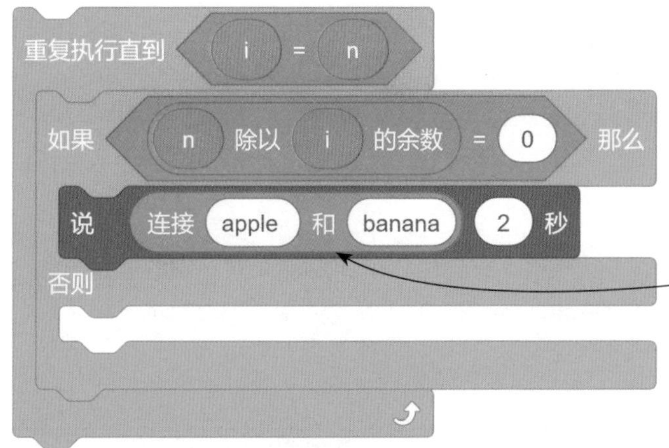

❷ 将“运算”模块下的“连接( )和( )”积木块拖到“说( )(2)秒”积木块的第 1 个框中

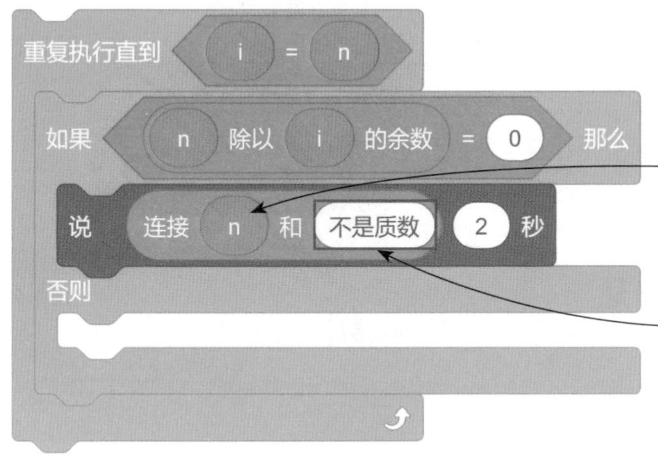

❸ 将“变量”模块下的“n”积木块拖到“连接( )和( )”积木块的第 1 个框中

❹ 将“连接( )和( )”积木块第 2 个框中的文字更改为“不是质数”

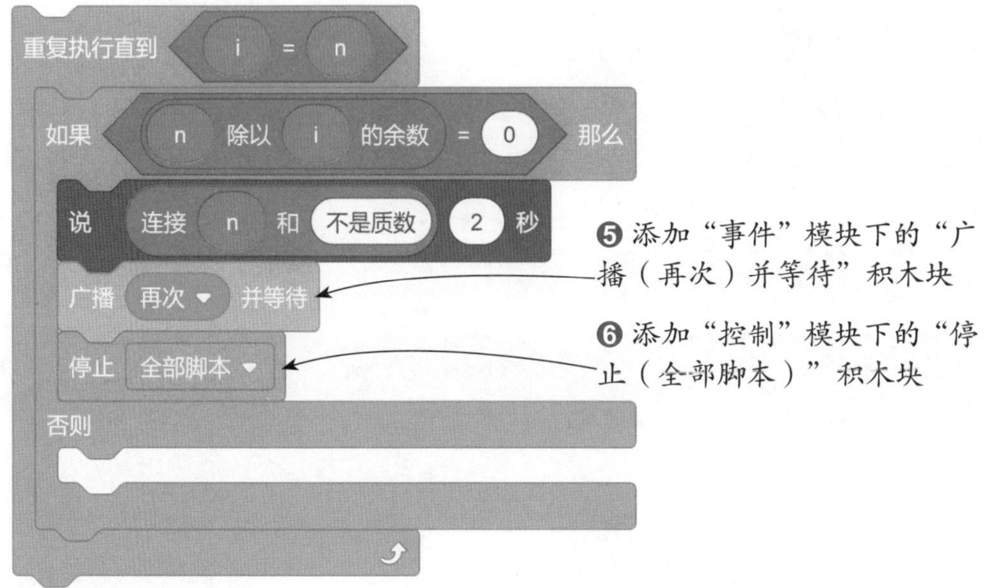

小提示

广播消息

“广播（）”和“广播（）并等待”积木块都可以向包含自身在内的所有角色发送一个消息。“广播（）”积木块发送完消息后，会立即向下执行积木块；“广播（）并等待”积木块发送完消息后，会等到所有接收消息的脚本执行完成后再继续向下执行积木块。

16 如果变量n不能被变量i整除，则将变量i的值增加1，继续判断下一个数。

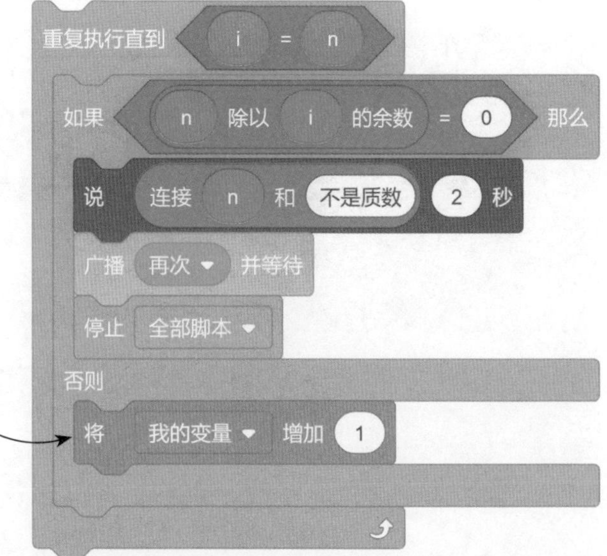

❶ 添加“变量”模块下的“将（）增加（1）”积木块

将
我的变量
增加
1
i
n
我的变量
❷ 单击下拉按钮，在展开的列表中选择“i”选项

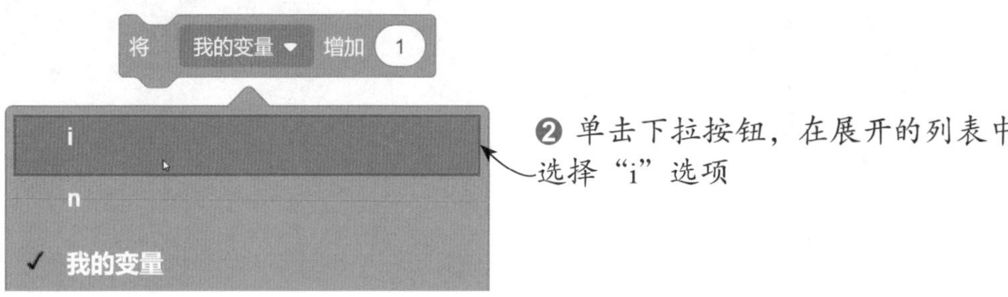

17 当判断至这个数自身时，如果还是没有找到一个整数可以整除这个数，则说明这个数为质数。最后将“重复执行直到（）”积木组与步骤 12 的脚本组合，得到完整的脚本。

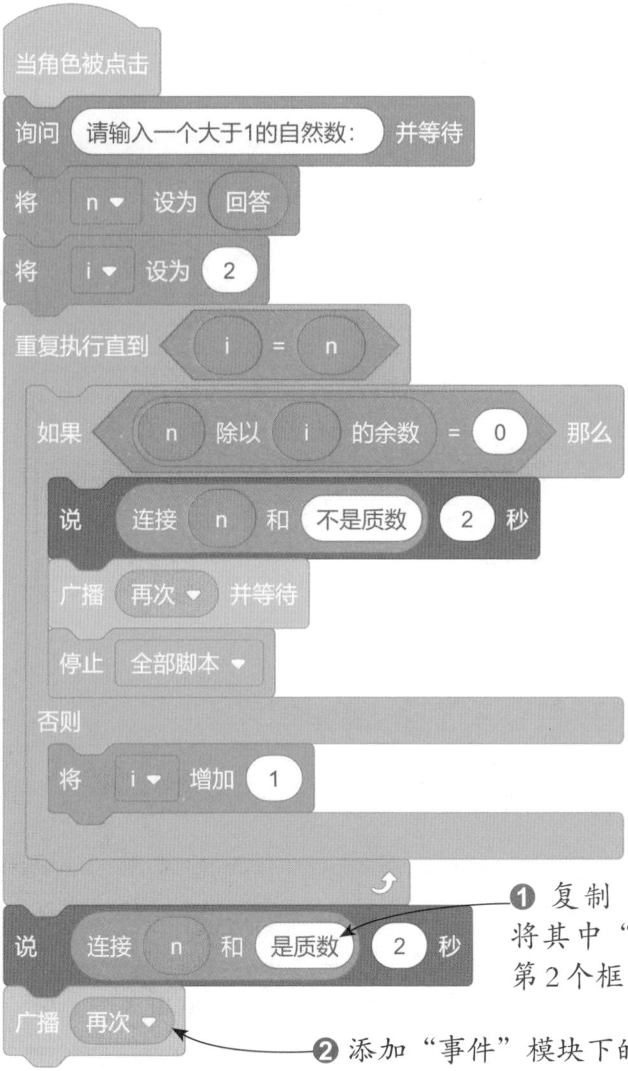

当角色被点击
询问 请输入一个大于1的自然数: 并等待
将 n 设为 回答
将 i 设为 2
重复执行直到 i = n
如果 n 除以 i 的余数 = 0 那么
说 连接 n 和 不是质数 2 秒
广播 再次 并等待
停止 全部脚本
否则
将 i 增加 1
说 连接 n 和 是质数 2 秒
广播 再次
❶ 复制“说（）（）秒”积木组，将其中“连接（）和（）”积木块第 2 个框中的文字更改为“是质数”
❷ 添加“事件”模块下的“广播（再次）”积木块

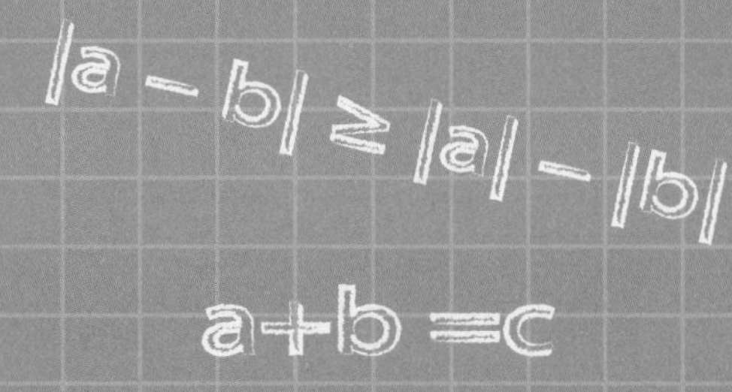

第 4 章

闰年和平年

通常说一年有 365 天，它表示地球围绕太阳转一周所需要的时间，但事实并不是这样简单。根据天文资料，地球围绕太阳转一周所需要的精确时间是 365.2422 天，称之为天文年。这个看起来误差并不大，但是却会引起季节和日历之间的大变动，历法上规定四年一闰，百年少一闰，每四百年又加一闰。

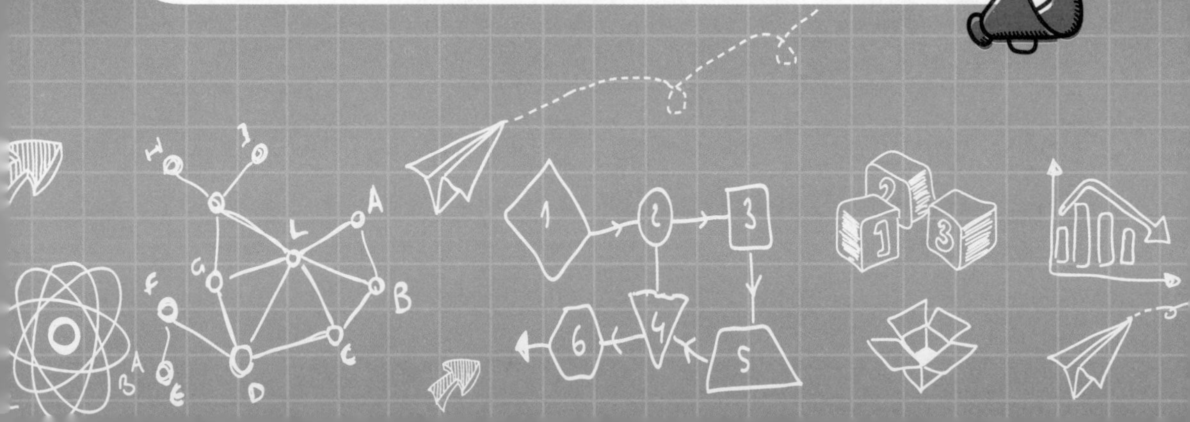

程序设定

设计一个程序，输入年份，判断输入的这一年是闰年还是平年。

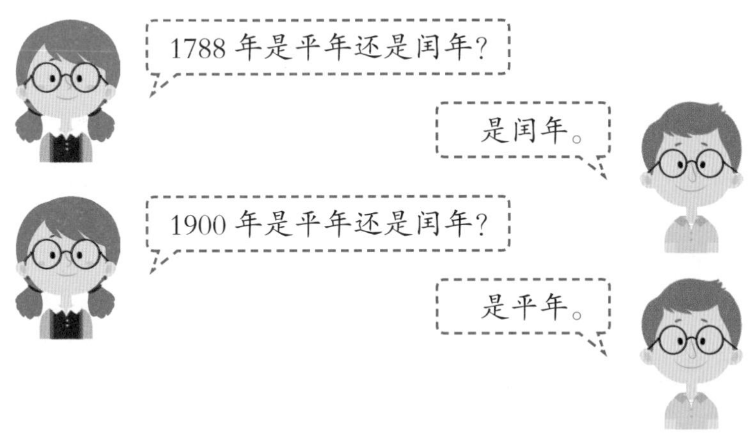

算法分析

判断年份是否为闰年，则年份要么能被 4 整除但不能被 100 整除，要么能被 400 整除。因此在程序中，要判断输入的年份是否为闰年就可以利用条件分支结构来设计其算法，根据判断的结果输出不同的结果。若输入的年份不能被 4 整除，输出“年份为平年”；若能被 4 整除，再判断能否被 100 整除，若不能被 100 整除，输出“年份为闰年”；若能被 100 整除，继续判断能否被 400 整除，若能被 400 整除，输出“年份为闰年”，若不能被 400 整除，输出“年份为平年”。

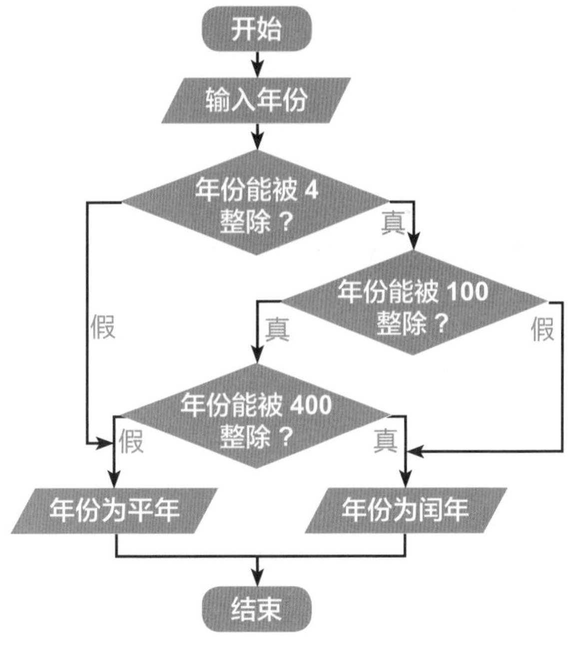

思路详解

判断年份是闰年还是平年，需要先输入一个年份，然后用“如果……那么……否则……”条件语句进行判断。首先用年份除以 4，看相除的余数是否等于 0；如果余数不等于 0，就判定是平年；如果余数等于 0，再用年份除以 100，看相除的余数是否等于 0；如果不等于 0，就判定是闰年；如果等于 0，再用年份除以 400，看相除的余数是否等于 0；如果余数等于 0，就判定是闰年，否则判定是平年。

创建变量“年份”并赋值

首先创建一个变量“年份”，再通过侦测，从键盘输入需要查询的年份数字，并将该数字赋给变量“年份”。

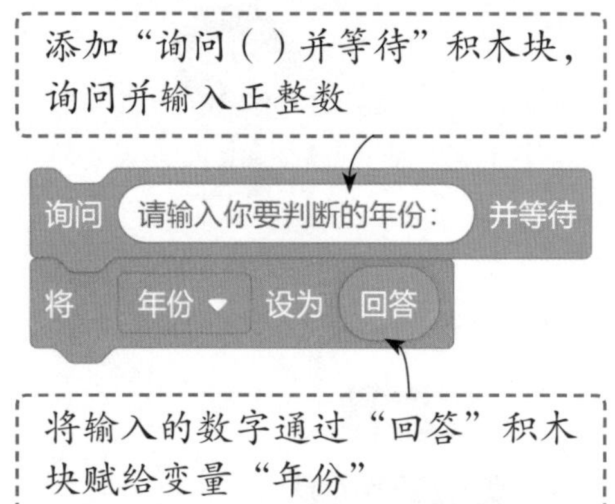

判断年份能否被 4 整除

输入年份后，接下来就要对输入的年份进行判断。按照历法规定，如果年份为闰年，那么它一定能被 4 整除，因此，如果输入的年份不能被 4 整除，即年份除以 4 的余数不等于 0，则可以先判断该年份一定为平年而不是闰年。

添加“如果……那么……否则……”积木块，设置判断条件为年份能否被 4 整除

如果 年份 除以 4 的余数 = 0 那么

否则

说 连接 年份 和 为平年。 2 秒

如果年份不能被 4 整除，说明年份为平年

判断年份能否被 100 整除

如果输入的年份能被 4 整除，那么接下来就要看它能否被 100 整除。若年份能被 4 整除，而不能被 100 整除，就可以判断年份为闰年。

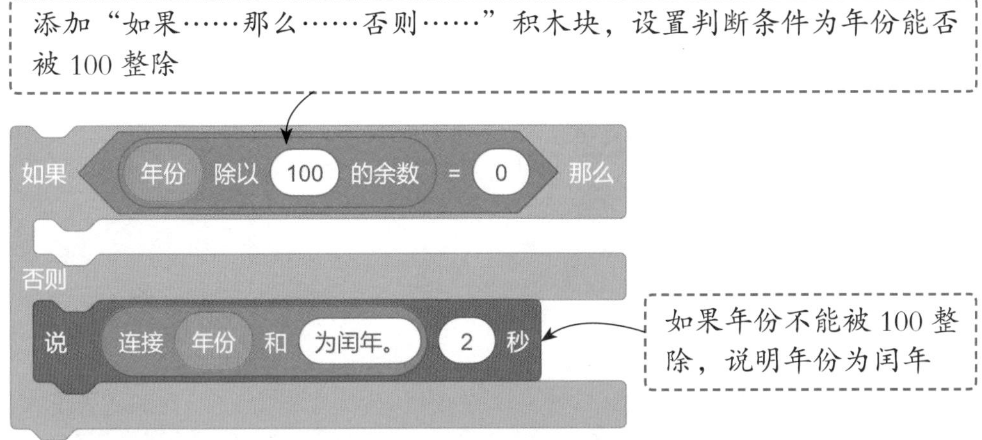

判断年份能否被 400 整除

如果年份能被 100 整除，那么根据世纪年判定闰年的方法，只有满足既能被 100 整除，又能被 400 整除时，才可以判定该年份为闰年，否则判定为平年。

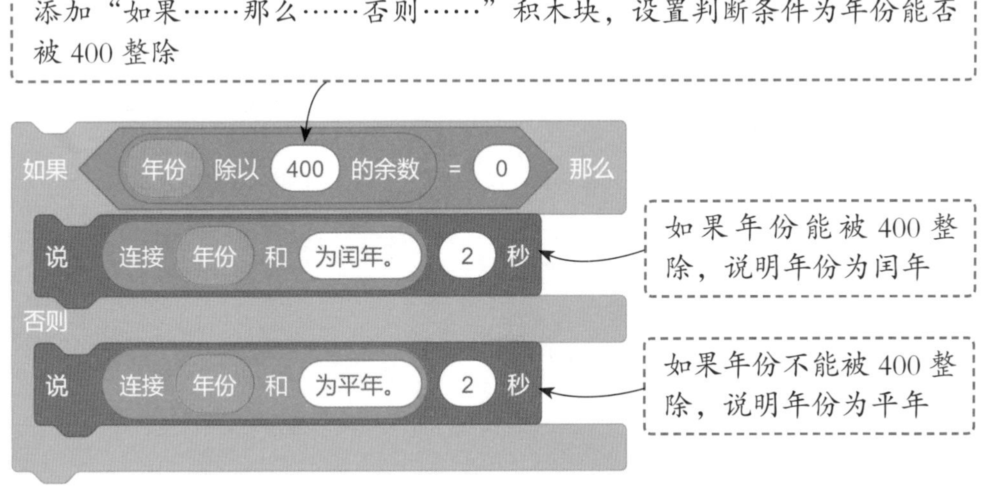

编程步骤

通过前面的分析，我们掌握了整个案例的设计思路及主要会用到的积木块，下面就来详细讲解这个程序的制作步骤。

1 创建新项目，上传自定义的“背景 1”和“背景 2”背景，然后删除默认的“背景 1”造型。

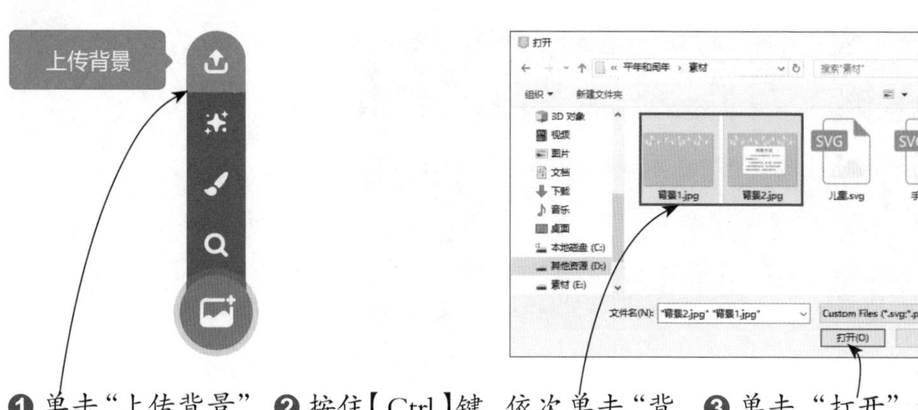

❶ 单击“上传背景”按钮 ❷ 按住【Ctrl】键，依次单击“背景 1”和“背景 2”素材图像 ❸ 单击“打开”按钮

2 删除默认的“角色 1”，上传自定义的“儿童”和“手势”角色。

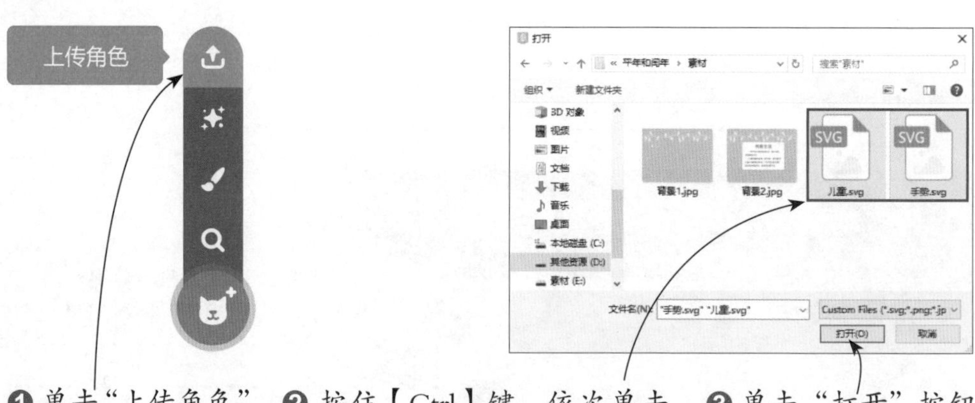

❶ 单击“上传角色”按钮 ❷ 按住【Ctrl】键，依次单击“儿童”和“手势”素材图像 ❸ 单击“打开”按钮

3 在角色列表中分别选中“儿童”和“手势”角色，调整角色的位置和大小。

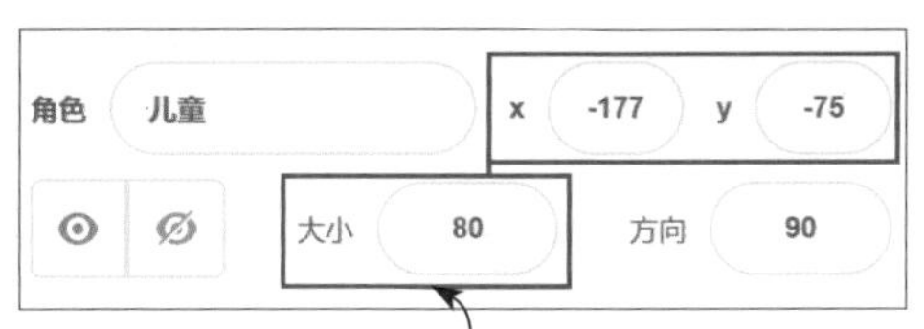

❶ 设置“儿童”角色坐标 x 为 −177、y 为 −75，大小为 80

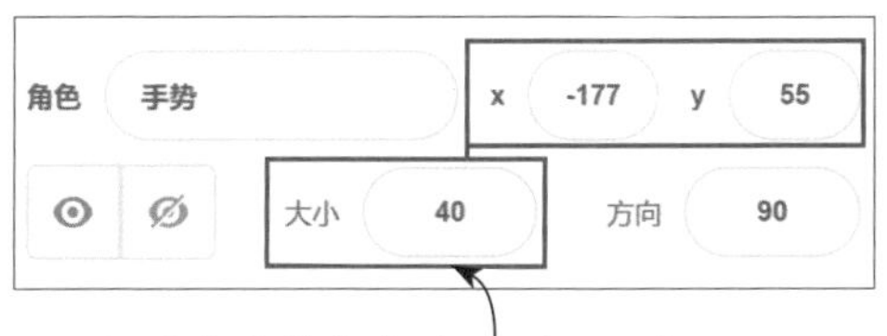

❷ 设置“手势”角色坐标 x 为 −177、y 为 55，大小为 40

❸ 在舞台左侧显示添加的“儿童”和“手势”角色

4 创建变量“年份”，用于存储需要判断的年份。

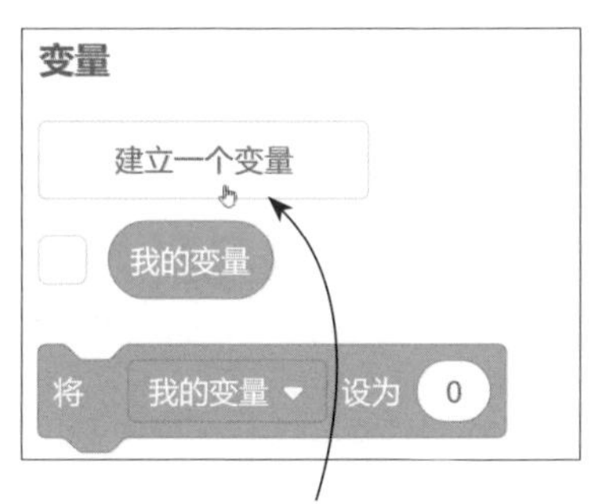

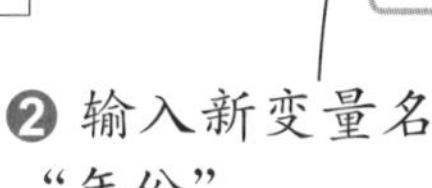

新建变量
新变量名:
年份
适用于所有角色 仅适用于当前角色
取消 确定

❶ 单击“变量”模块下的“建立一个变量”按钮

❷ 输入新变量名“年份”

❸ 单击“确定”按钮

5 选中“儿童”角色，为角色编写脚本。当单击⚑按钮时，让角色依次说出“大家知道怎么判断平年还是闰年吗？”“判断方法就是：”。

❶ 添加“事件”模块下的“当⚑被点击”积木块

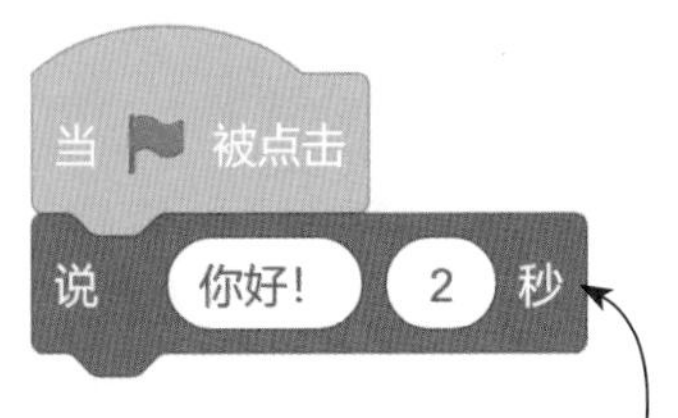

❷ 添加“外观”模块下的“说( )(2)秒”积木块

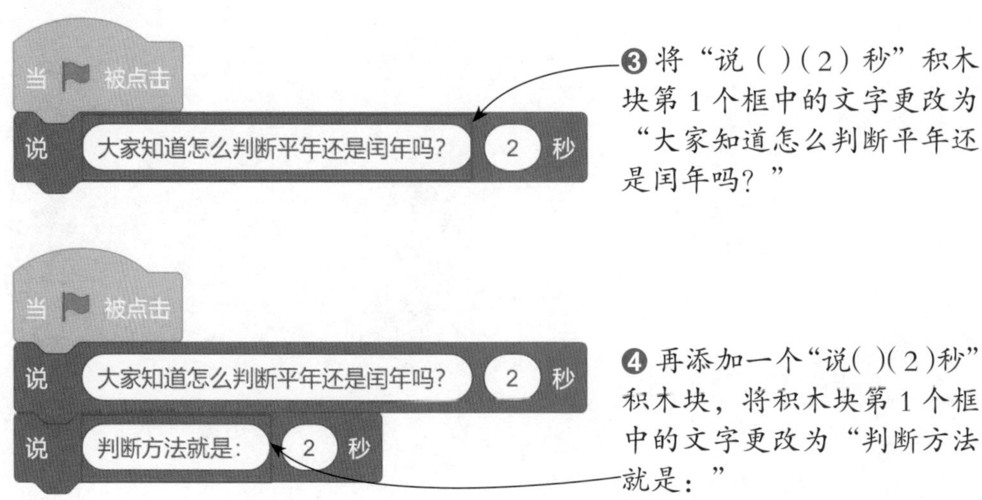

6 添加“广播（）”积木块，创建新消息“方法”，用于之后切换背景。

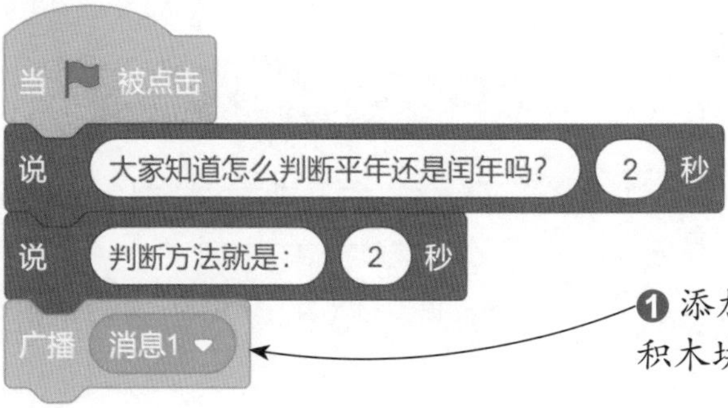

当 被点击
说 大家知道怎么判断平年还是闰年吗? 2 秒
说 判断方法就是: 2 秒
广播 消息1

❶ 添加“事件”模块下的“广播( )”积木块

❷ 单击下拉按钮，在展开的列表中选择“新消息”选项

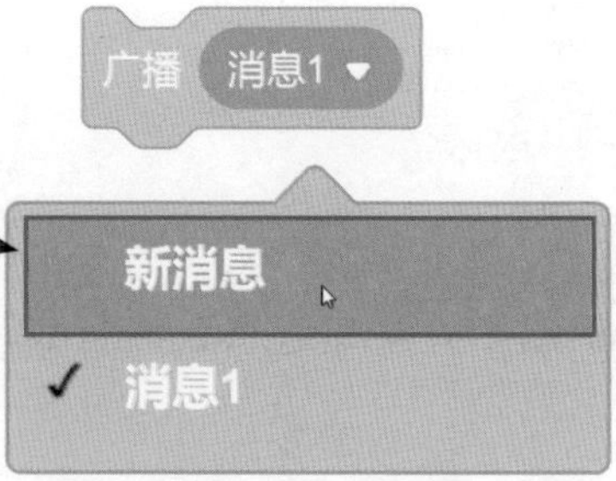

广播 消息1
新消息
✓ 消息1

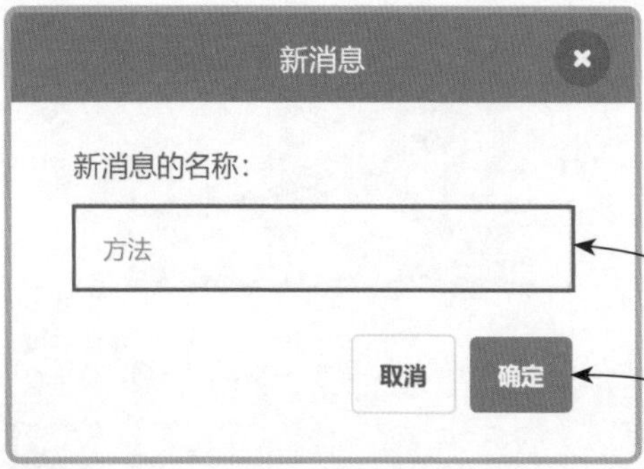

新消息
新消息的名称:
方法
取消 确定

❸ 输入新消息的名称“方法”

❹ 单击“确定”按钮

7 单击舞台中的“儿童”角色时，询问“请输入你要判断的年份：”，然后等待输入年份，将输入的数字赋给变量“年份”。

❶ 添加“事件”模块下的“当角色被点击”积木块

❷ 添加“侦测”模块下的“询问（ ）并等待”积木块

❸ 将“询问（ ）并等待”积木块框中的文字更改为“请输入你要判断的年份：”

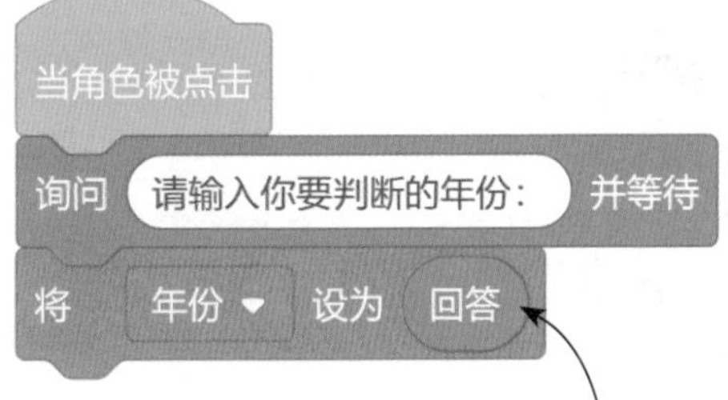

❹ 添加“变量”模块下的“将（年份）设为（ ）”积木块

❺ 将“侦测”模块下的“回答”积木块拖到“将（年份）设为（ ）”积木块的框中

8 添加“如果……那么……否则……”积木块，设置判断条件为输入的年份能否被 4 整除。

❶ 添加“控制”模块下的“如果……那么……否则……”积木块

❷ 将“运算”模块下的“（ ）=（ ）”积木块拖到“如果……那么……否则……”积木块的条件框中

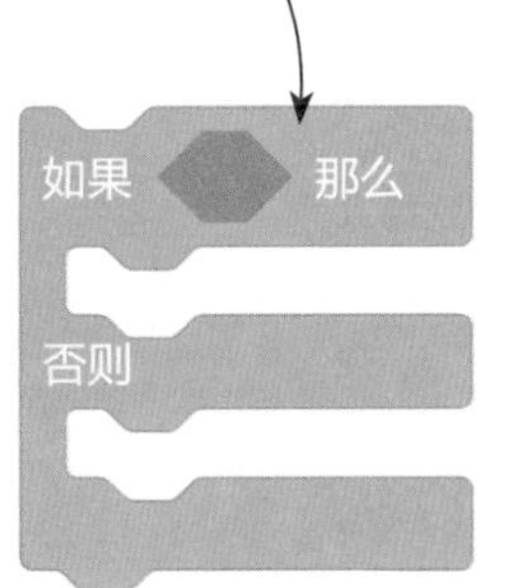

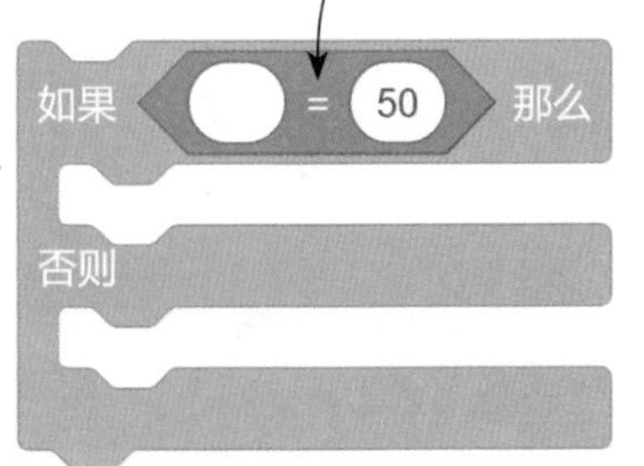

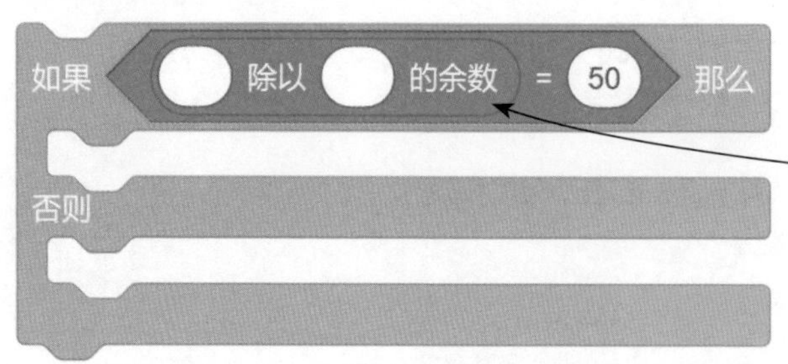

❸ 将“运算”模块下的“( )除以( )的余数”积木块拖到“( ) = ( )”积木块的第 1 个框中

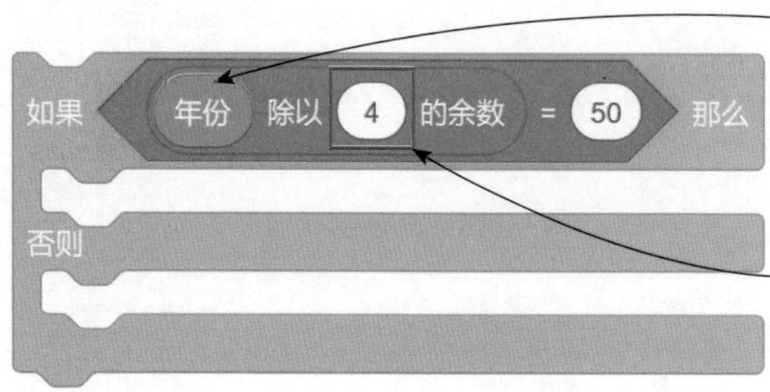

❹ 将“变量”模块下的“年份”积木块拖到“( )除以( )的余数”积木块的第 1 个框中

❺ 在“( )除以( )的余数”积木块的第 2 个框中输入数字 4

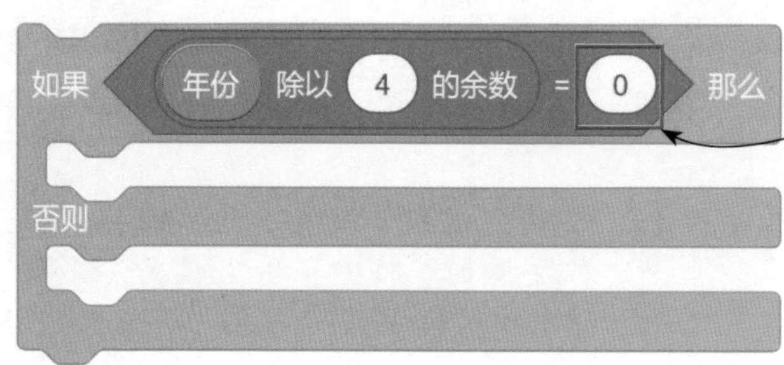

❻ 将“( ) = ( )”积木块第 2 个框中的数字更改为 0

9 如果输入的年份不能被 4 整除，则判断输入的年份为平年。

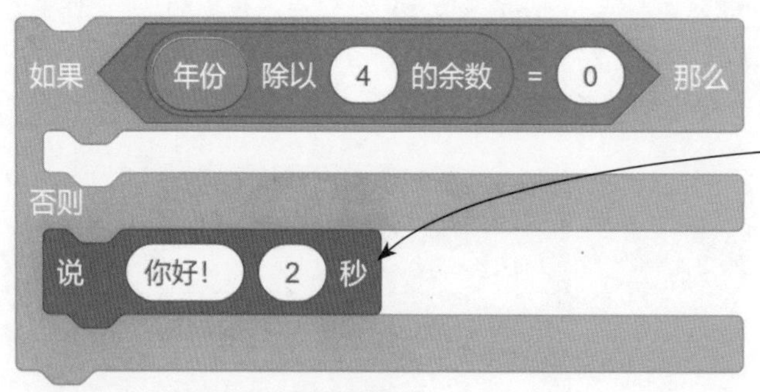

❶ 添加“外观”模块下的“说( )(2)秒”积木块

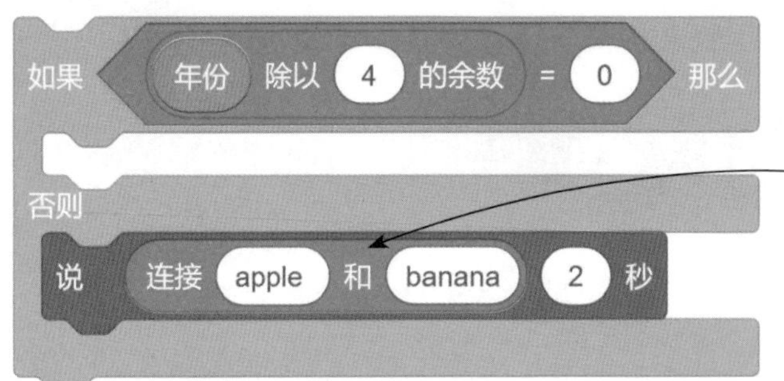

❷ 将“运算”模块下的“连接（ ）和（ ）”积木块拖到“说（ ）（2）秒”积木块的第 1 个框中

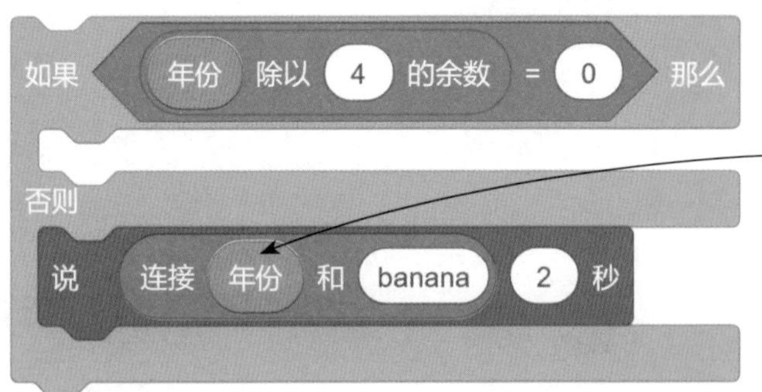

❸ 将“变量”模块下的“年份”积木块拖到“连接（ ）和（ ）”积木块的第 1 个框中

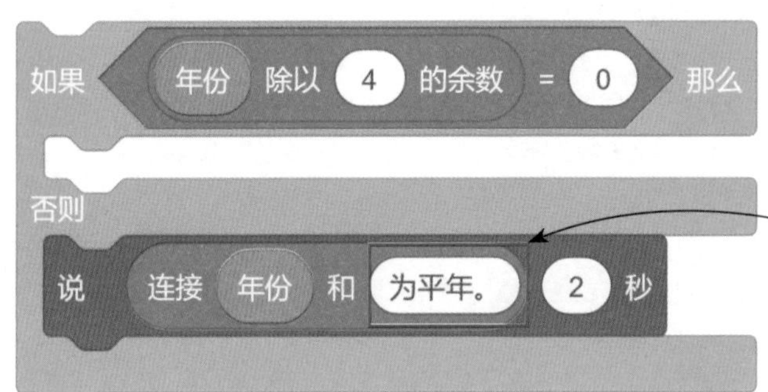

❹ 将“连接（ ）和（ ）”积木块第 2 个框中的文字更改为“为平年。”

10 如果输入的年份能被 4 整除，那么就要继续判断该年份能否被 100 整除，如果能被 4 整除，但不能被 100 整除，则判断该年份为闰年。

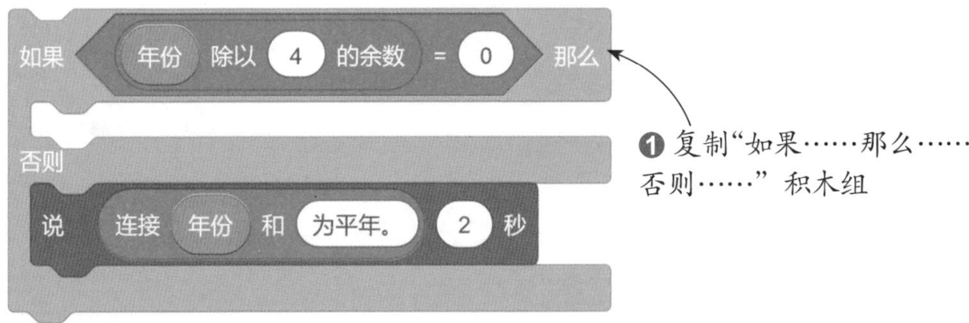

❷ 将“( )除以( )的余数”积木块第 2 个框中的数字更改为 100

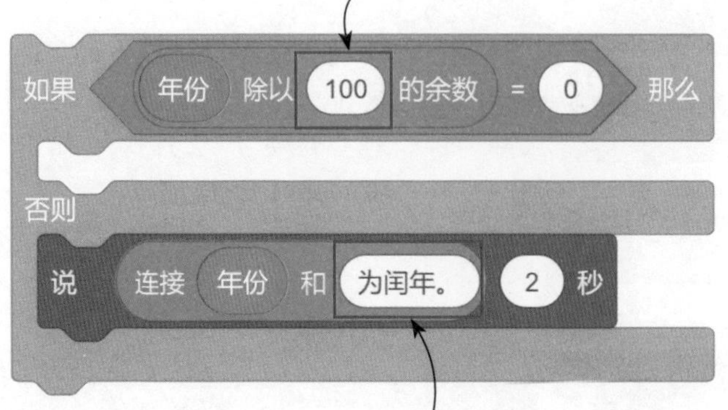

❸ 将“连接( )和( )”积木块第 2 个框中的文字更改为“为闰年。”

11 如果输入的年份能被 100 整除，那么就继续判断该年份能否被 400 整除，如果该年份不但能被 100 整除，而且能被 400 整除，则判断该年份为闰年，否则判断该年份为平年。

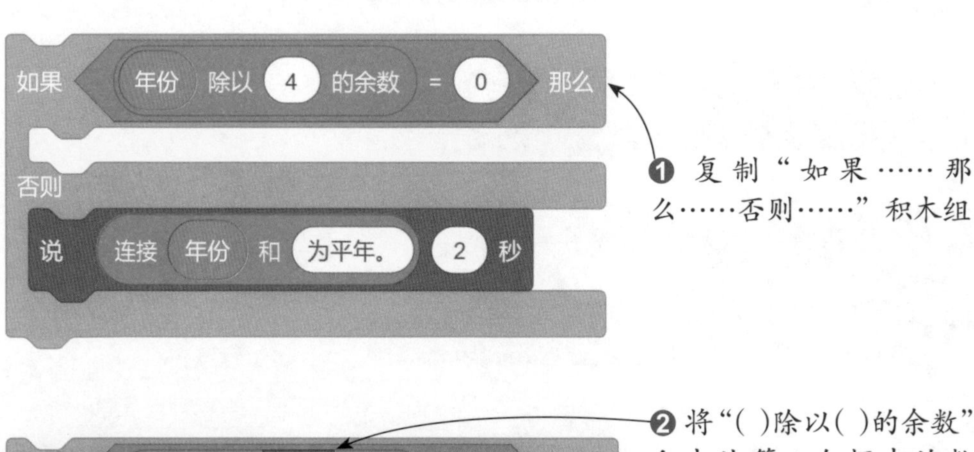

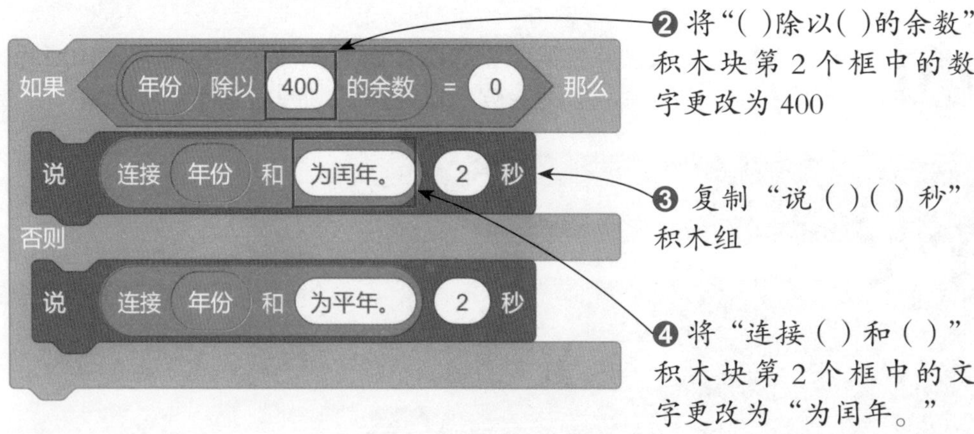

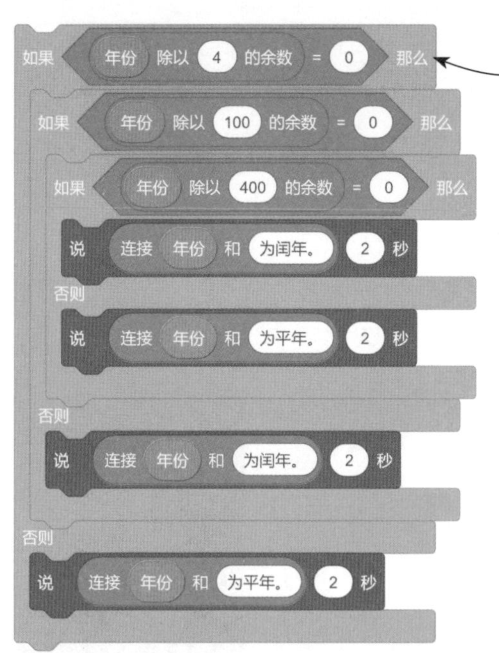

❺ 将 3 个“如果……那么……否则……”积木组组合起来

12 选中“手势”角色，为角色编写脚本。当单击🏴按钮时，隐藏角色；当接收到“判断”消息时，显示角色。

❶ 添加“事件”模块下的“当🏴被点击”积木块

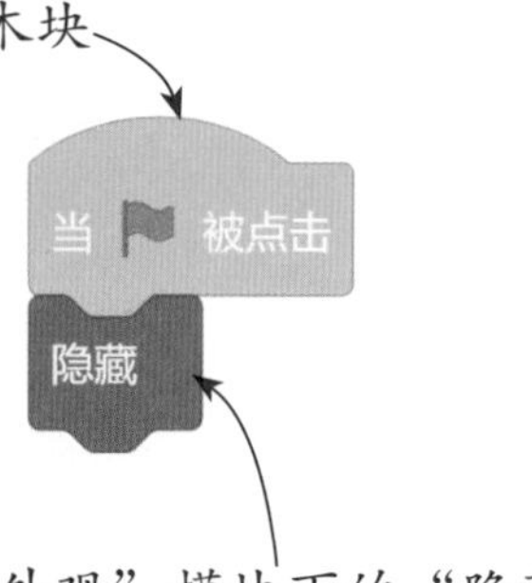

❷ 添加“外观”模块下的“隐藏”积木块

❸ 添加“事件”模块下的“当接收到（ ）”积木块

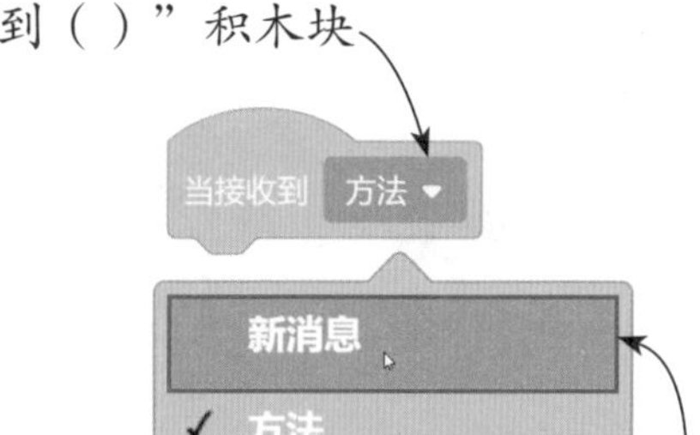

❹ 单击下拉按钮，在展开的列表中选择“新消息”选项

❺ 输入新消息的名称“判断”

❻ 单击“确定”按钮

当接收到 判断
显示
❼ 添加“外观”模块下的“显示”积木块

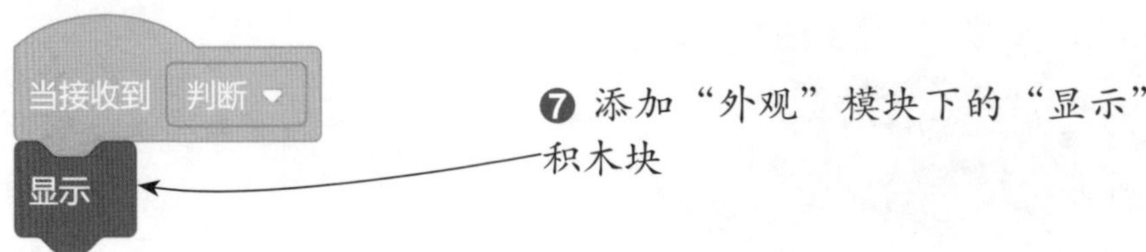

13 添加“重复执行（）次”积木块，让显示的角色缩放 3 次。

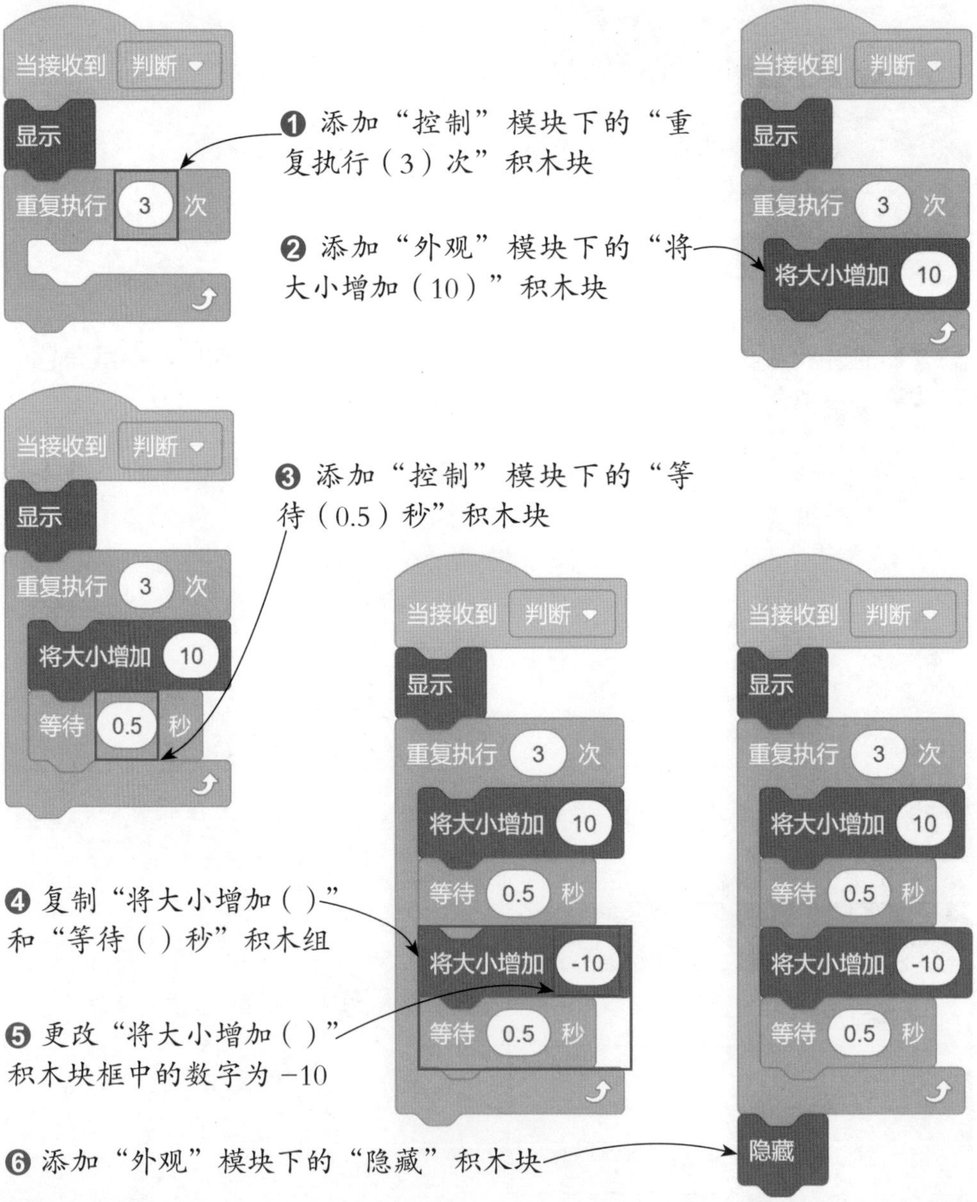
当接收到 判断
显示
重复执行 3 次
❶ 添加“控制”模块下的“重复执行（3）次”积木块
❷ 添加“外观”模块下的“将大小增加（10）”积木块
将大小增加 10
❸ 添加“控制”模块下的“等待（0.5）秒”积木块
等待 0.5 秒
❹ 复制“将大小增加（）”和“等待（）秒”积木组
将大小增加 -10
❺ 更改“将大小增加（）”积木块框中的数字为 −10
❻ 添加“外观”模块下的“隐藏”积木块
隐藏

14 选中背景，为背景编写脚本。当单击🏴按钮时，切换为“背景 1”背景；当接收到“方法”消息时，切换为“背景 2”背景，等待 5 秒后，再切换为“背景 1”背景，广播“判断”消息。

❶ 添加“事件”模块下的“当🏴被点击”积木块

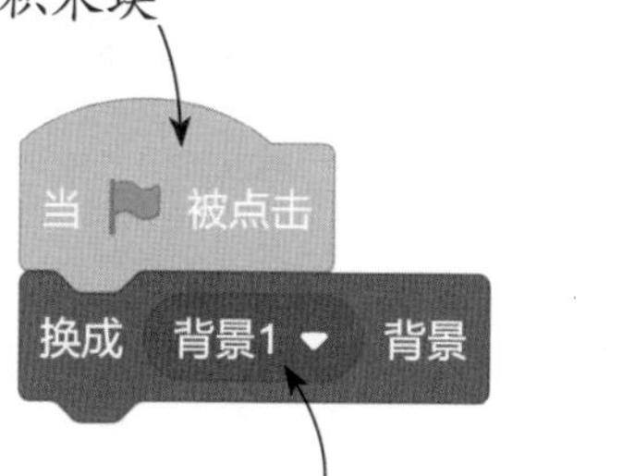

❷ 添加“外观”模块下的“换成（背景 1）背景”积木块

❸ 添加“事件”模块下的“当接收到（方法）”积木块

❹ 添加“外观”模块下的“换成（背景 2）背景”积木块

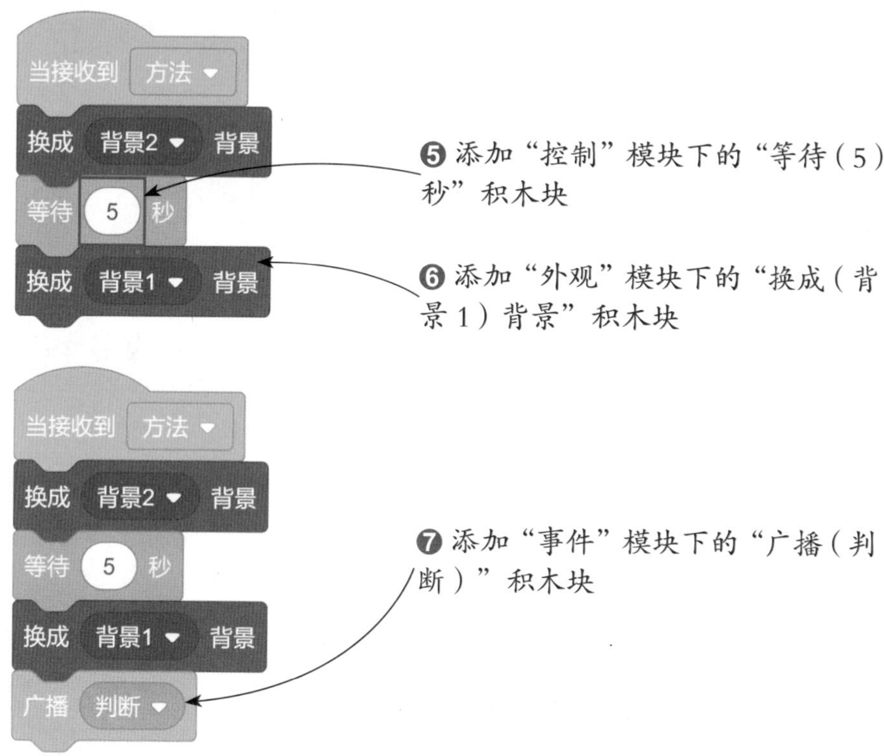

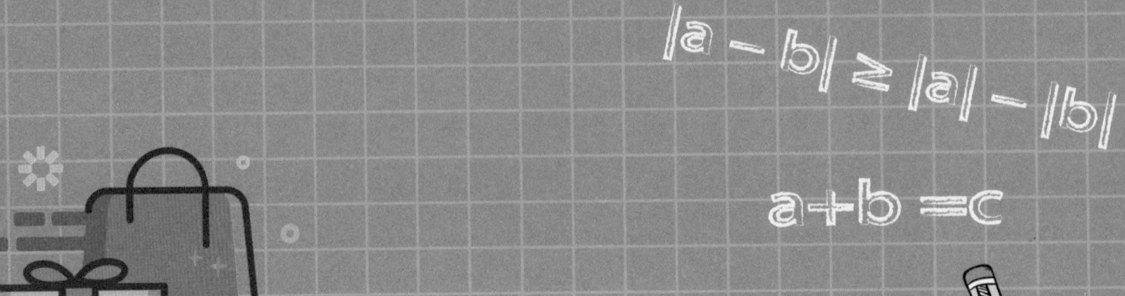

第 5 章

最大公约数

要求两个数的最大公约数，首先需要知道什么是最大公约数。假如有两个自然数 a 和 b，如果 a 能被 b 整除，那么 b 就被称为 a 的约数。两个自然数的公有约数中最大的一个，就是它们的最大公约数。

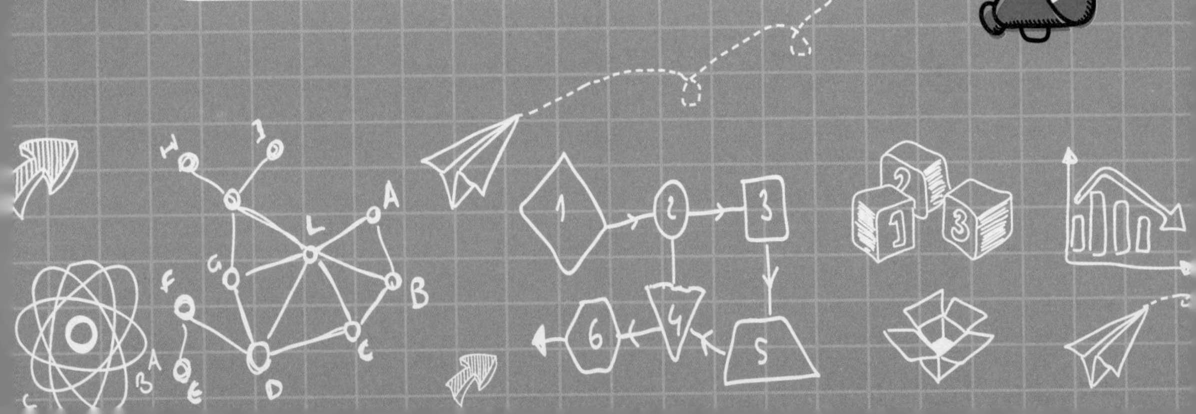

程序设定

设计一个程序，输入两个数字，求这两个数的最大公约数。例如，求数字 695 和 417 的最大公约数。

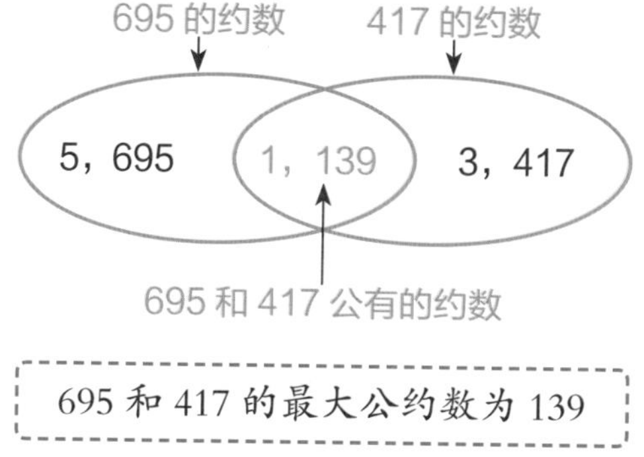

695 和 417 的最大公约数为 139

算法分析

求两个数的最大公约数常用的是辗转相除法。其步骤是用给定的两个正整数中较大的数作为被除数，较小的数作为除数，算出它们的余数，若余数不为 0，就用除数和余数构成新的一组数，继续相除，直到余数为 0，那么这时的除数就是这两个自然数的最大公约数。

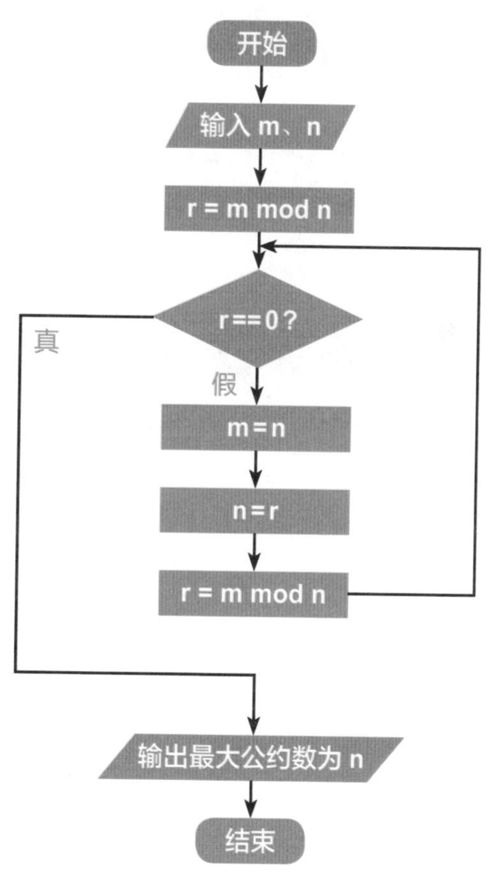

思路详解

要让计算机算出两个数的最大公约数，首先需要输入两个正整数，并分别赋给变量 m 和 n，然后用 m 除以 n 算出余数 r，接下来判断余数 r 是否等于 0，如果余数 r 不等于 0，就用 n 和 r 构成新的一组数，再次计算余数，直到余数 r 等于 0。

创建变量

首先创建 m、n、r 和“最大公约数”4 个变量。其中，变量 m 表示两个数中较大的数，变量 n 表示两个数中较小的数，变量 r 为较大数除以较小数的余数，变量“最大公约数”即为我们要求的最大公约数。

输入两个数赋给变量 m 和 n

求两个数的最大公约数，需要输入两个数并存储在创建的变量中。这一过程需要用到“侦测”模块下的“询问（）并等待”和“回答”积木块。“询问（）并等待”积木块用于侦测用户输入的数字，“回答”积木块用于存储输入的数字，结合这两个积木块，可以将输入的数字赋给变量。

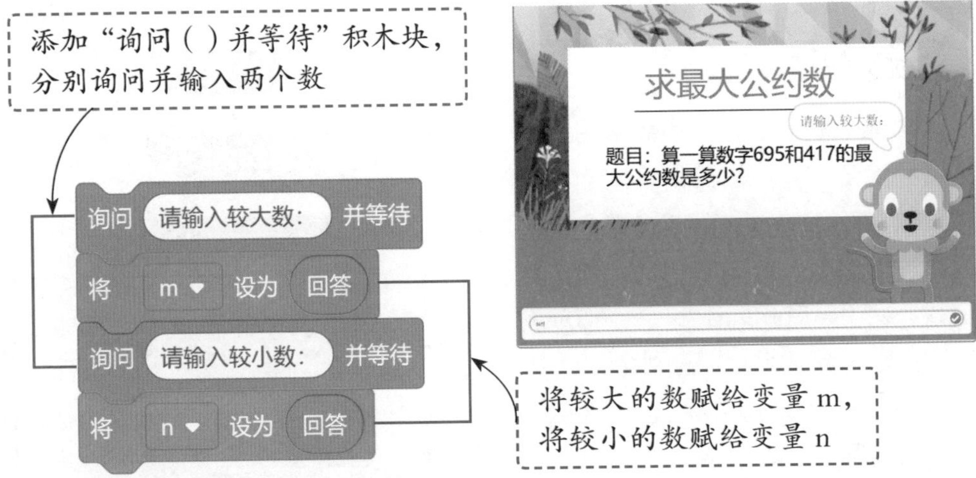

计算 m 除以 n 的余数 r

将两个数分别赋给变量 m 和 n 后，就可将它们相除，如果这两个数不能整除，就会产生余数。在 Scratch 中，使用“运算”模块下的“（）除以（）的余数”积木块即可求两个数的余数。

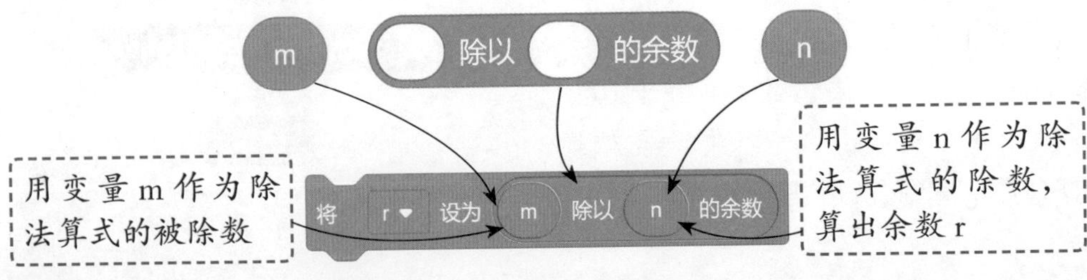

判断余数 r 是否等于 0

应用创建的算式求出两个数的余数后，接下来就需要对余数 r 进行判断。如果余数 r 等于 0，则此时 n 就为要求的最大公约数；如果余数 r 不等于 0，则将 n 的值赋给 m，将 r 的值赋给 n，再用 m 除以 n 计算余数 r，直到余数等于 0 为止。

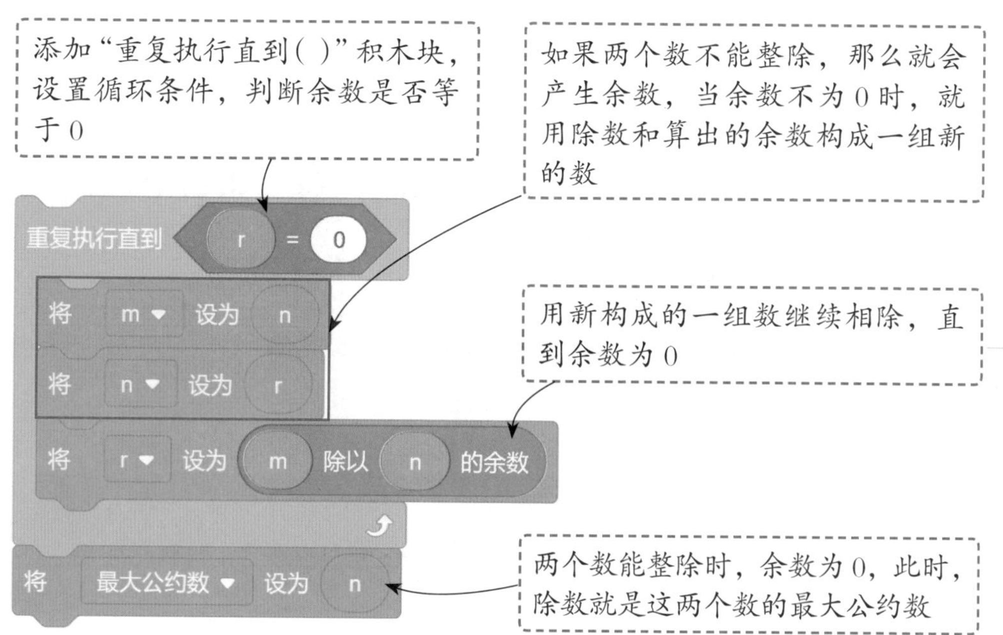

编程步骤

通过前面的分析，我们掌握了整个案例的设计思路及主要会用到的积木块，下面详细讲解这个程序的制作步骤。

1 创建新项目，添加背景素材库中的“Forest”背景。

2 删除默认的“背景 1”造型，将“Forest”造型的造型名更改为“输入”。

❶ 选中“背景 1”造型，单击“删除”按钮

❷ 输入新的造型名“输入”

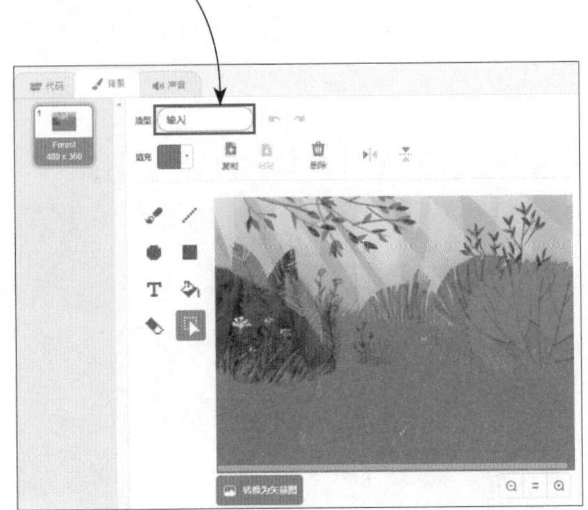

3 复制“输入”造型，将复制的造型移到造型列表的顶部，更改造型名为“求最大公约数”，并将背景转换为矢量图。

❶ 右击“输入”造型，在弹出的快捷菜单中单击“复制”命令

❷ 输入新的造型名“求最大公约数”

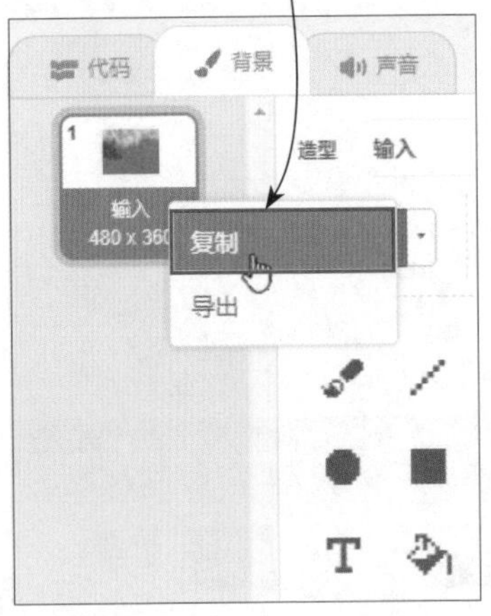

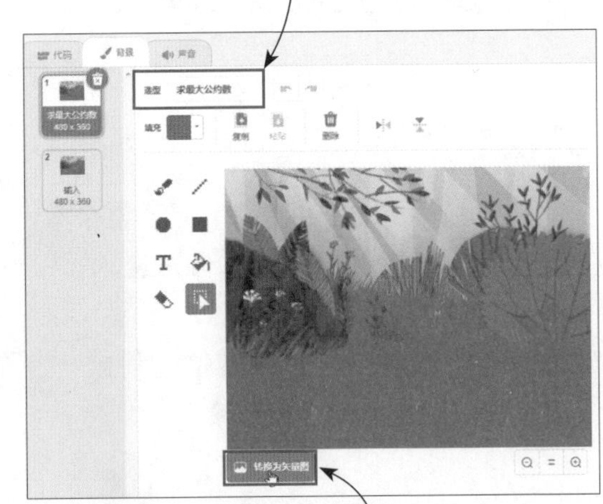

❸ 单击“转换为矢量图”按钮

4 使用“矩形”工具在背景中间绘制一个白色的矩形，然后使用“文本”工具在矩形上方输入标题文字“求最大公约数”。

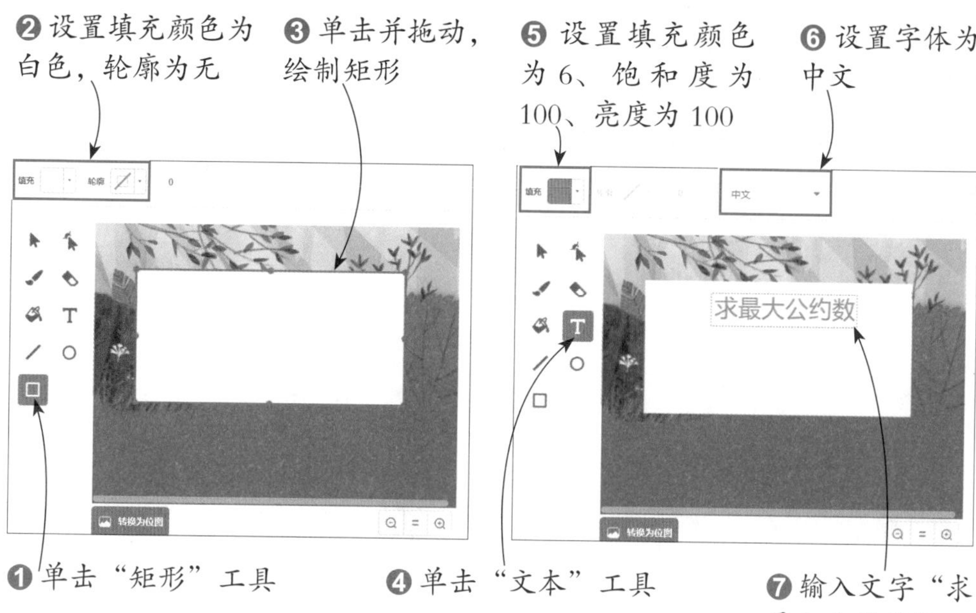

5 使用“线段”工具在标题下方绘制一根黑色的线条，再使用“文本”工具在线条下方输入题目内容。

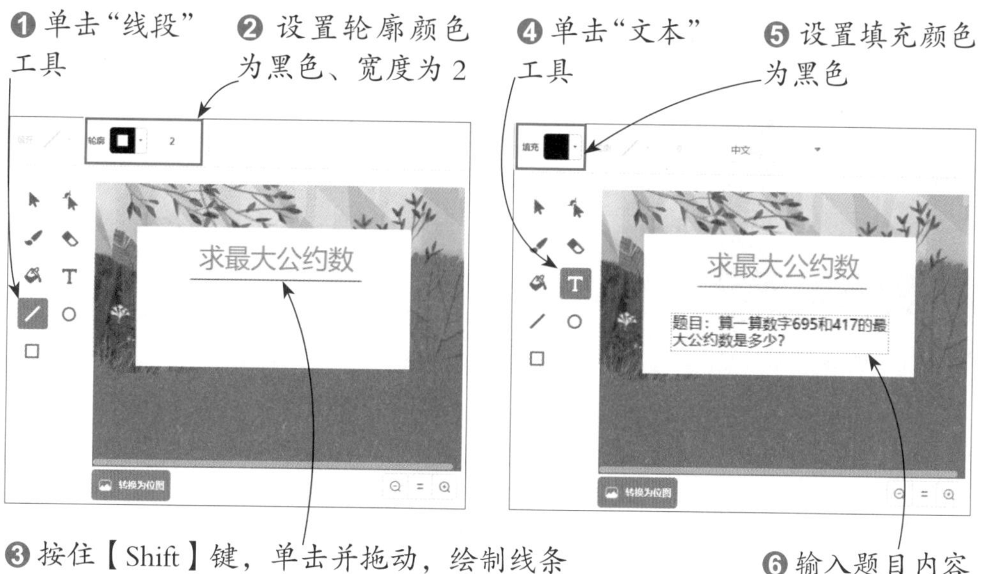

6 复制“求最大公约数”造型并将其重命名为“计算方法”，再结合“文本”工具和“线段”工具，编辑背景中的文字和线条。

❶ 右击“求最大公约数”造型，在弹出的快捷菜单中单击“复制”命令

❷ 输入新的造型名“计算方法”

❸ 更改背景中的文字，并适当更改线条的轮廓颜色及宽度

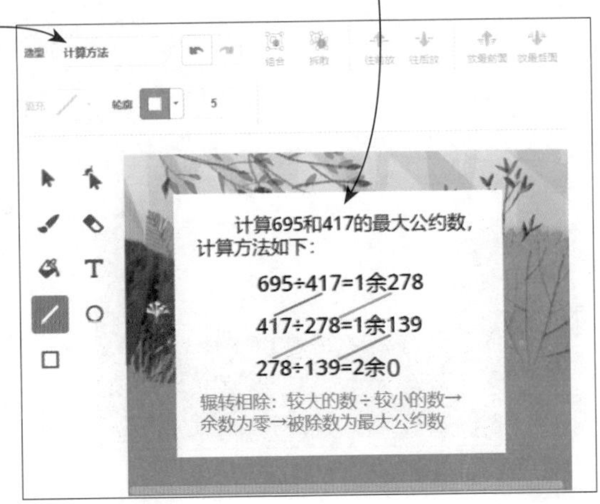

7 删除默认的“角色 1”，添加角色素材库中的“Monkey”角色，然后在角色列表中设置角色的位置。

❶ 单击“选择一个角色”按钮

❷ 单击“动物”标签

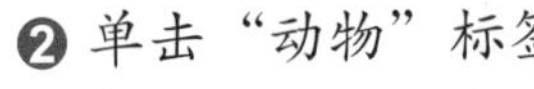

❸ 单击“Monkey”角色

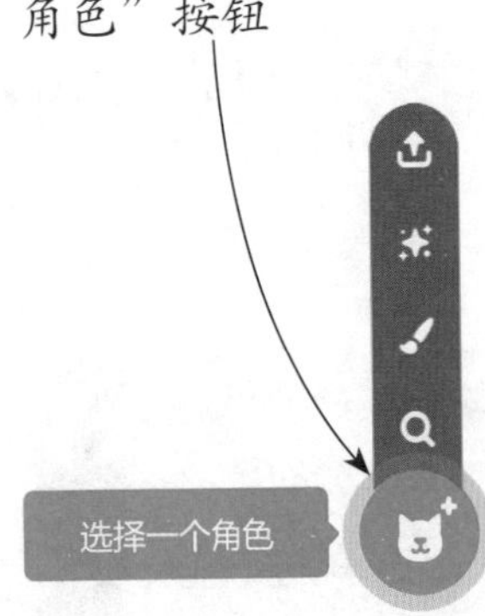

❹ 设置角色坐标 x 为 174、y 为 −83

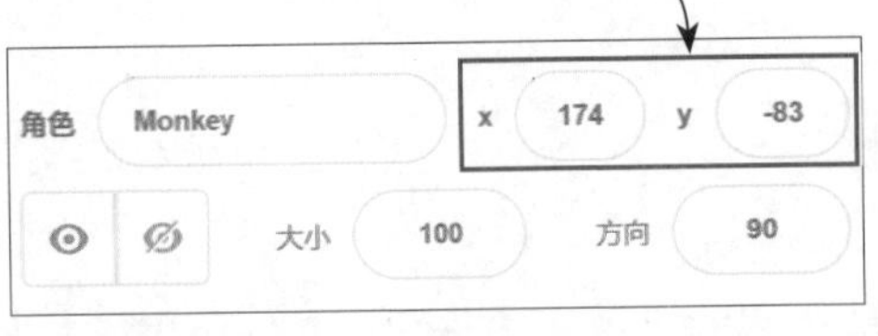

❺ 在舞台右下角显示添加的角色

8 计算两个数的最大公约数，需要求出两个数相除的余数，因此，根据算法建立 4 个变量“最大公约数”、m、n、r。

❶ 单击“变量”模块下的“建立一个变量”按钮

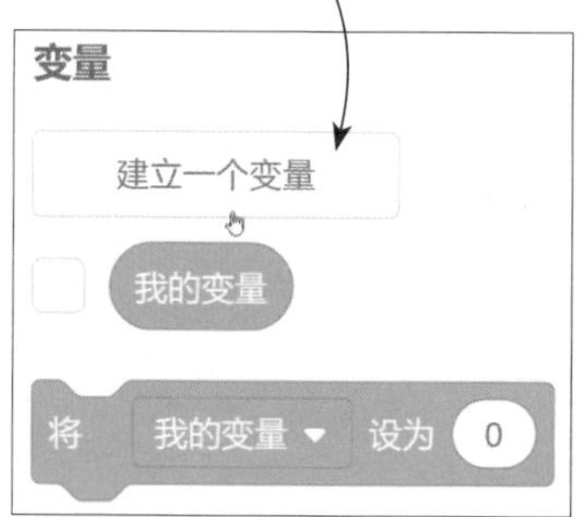

❷ 输入新变量名“最大公约数”

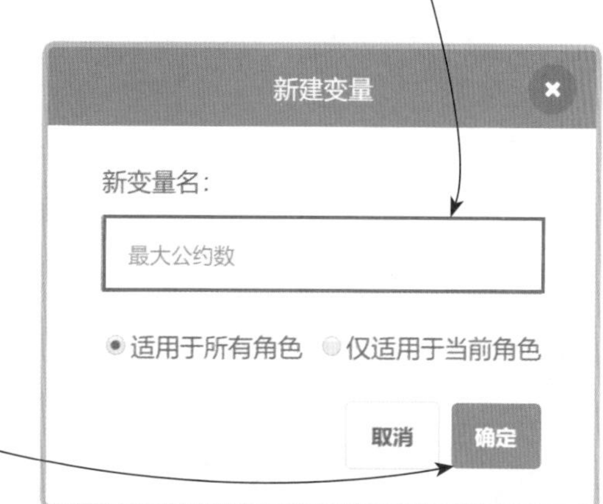

❸ 单击“确定”按钮

❹ 创建变量“最大公约数”

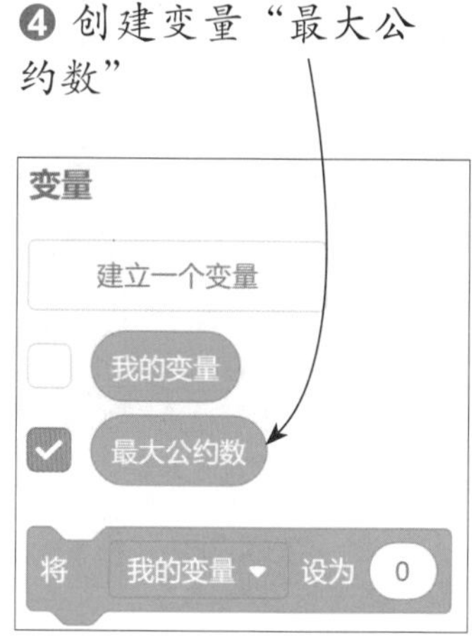

❺ 继续创建变量m、n、r

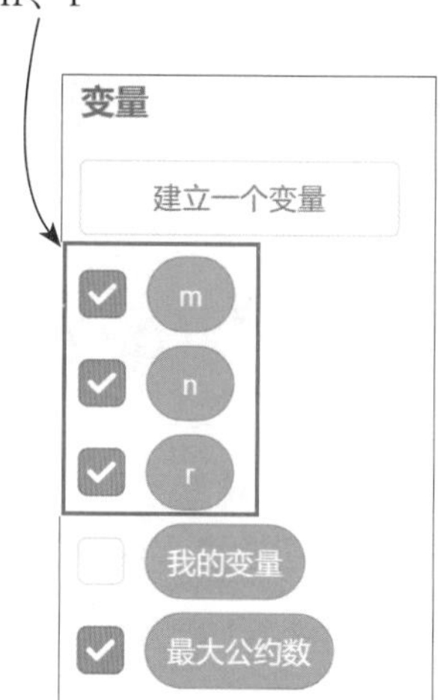

❻ 单击变量前的复选框，取消勾选状态

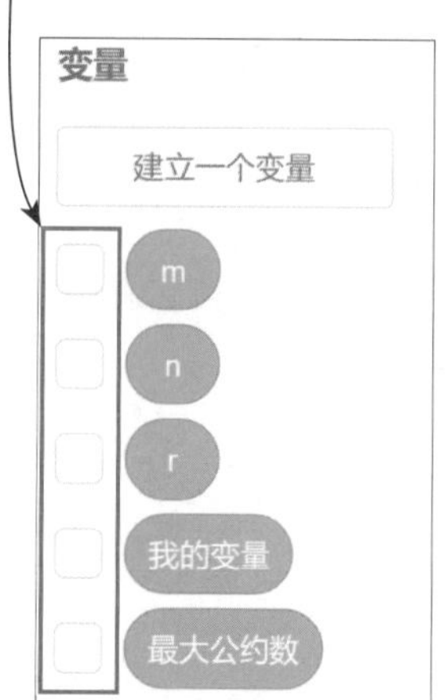

9 选中“Monkey”角色，为角色编写脚本。首先自制一个“算两个数的最大公约数”积木块。

❶ 单击“自制积木”模块下的“制作新的积木”按钮

自制积木

制作新的积木

❷ 输入自制积木名“算两个数的最大公约数”

❸ 单击“完成”按钮

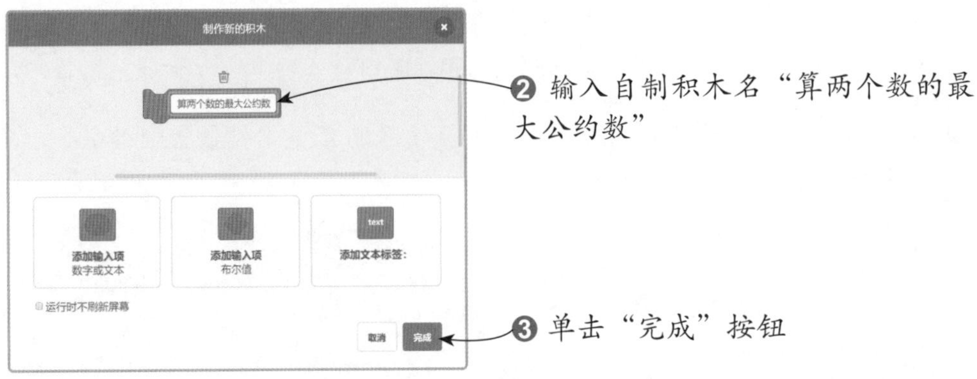

10 用变量 m 除以 n，算出余数，并将余数赋给变量 r。

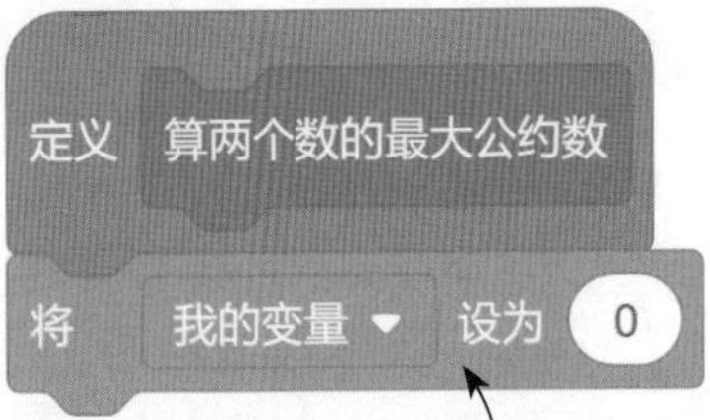

❶ 添加“变量”模块下的“将（ ）设为（ ）”积木块

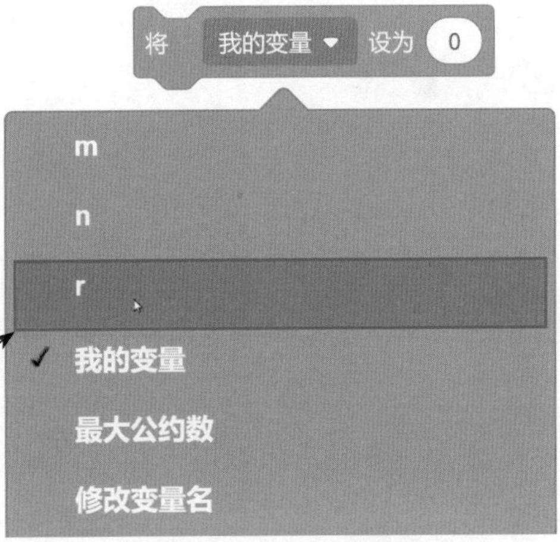

❷ 单击下拉按钮，在展开的列表中选择“r”选项

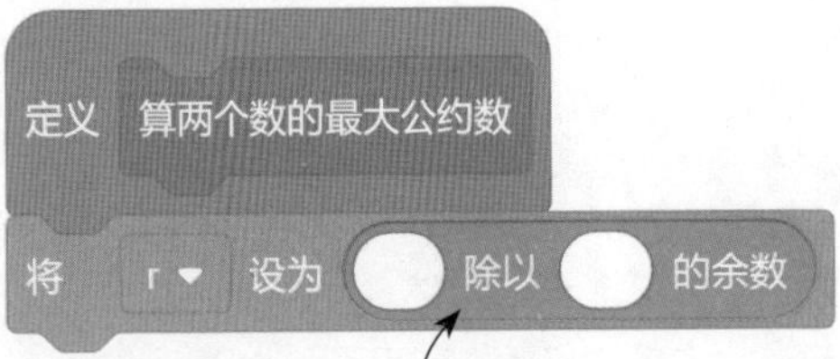

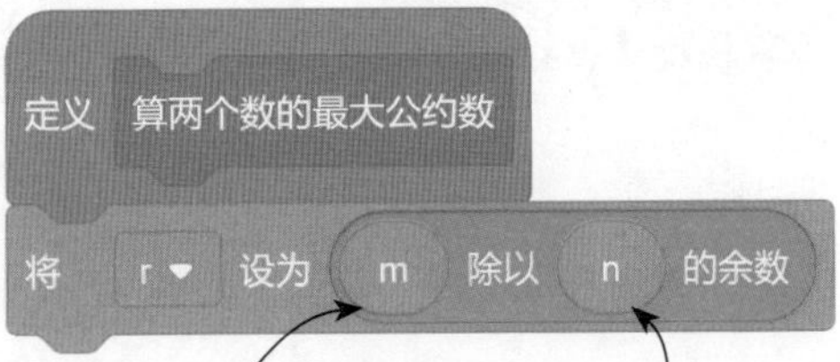

❸ 将“运算”模块下的“（ ）除以（ ）的余数”积木块拖到“将（r）设为（ ）”积木块的框中

❹ 将“变量”模块下的“m”积木块拖到“（ ）除以（ ）的余数”积木块的第 1 个框中

❺ 将“变量”模块下的“n”积木块拖到“（ ）除以（ ）的余数”积木块的第 2 个框中

11 接下来判断余数是否等于 0，添加“重复执行直到（）”积木块，将循环条件设为变量 r 等于 0。

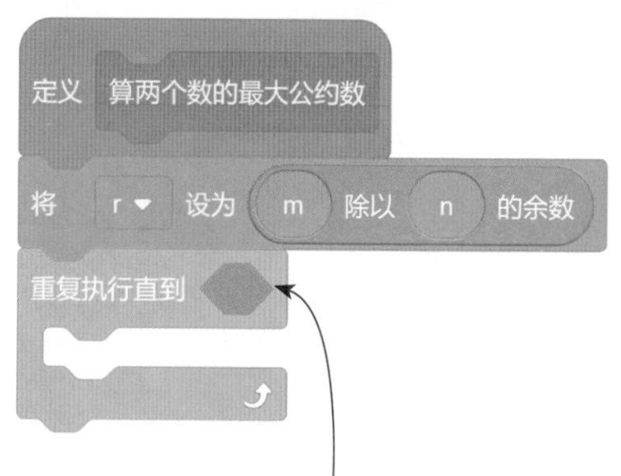

❶ 添加“控制”模块下的“重复执行直到（ ）”积木块

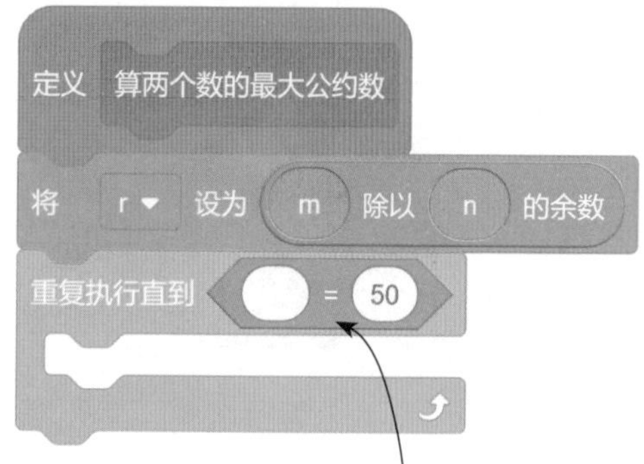

❷ 将“运算”模块下的“（ ）=（ ）”积木块拖到“重复执行直到（ ）”积木块的条件框中

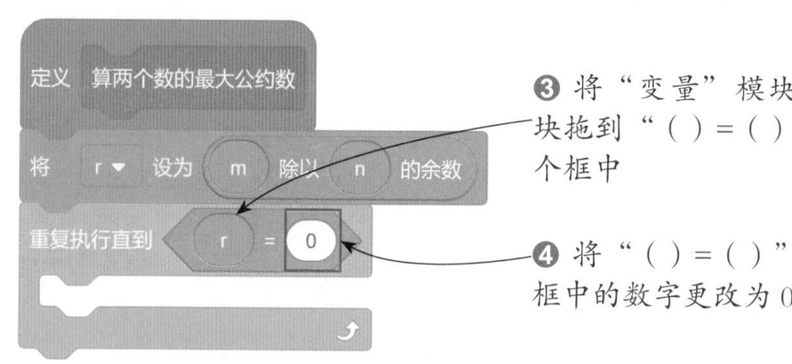

❸ 将“变量”模块下的“r”积木块拖到“（ ）=（ ）”积木块的第 1 个框中

❹ 将“（ ）=（ ）”积木块第 2 个框中的数字更改为 0

12 当变量 r 不等于 0，即余数不为 0 时，将变量 n 的值赋给变量 m，将变量 r 的值赋给变量 n，再次计算 m 除以 n 的余数。

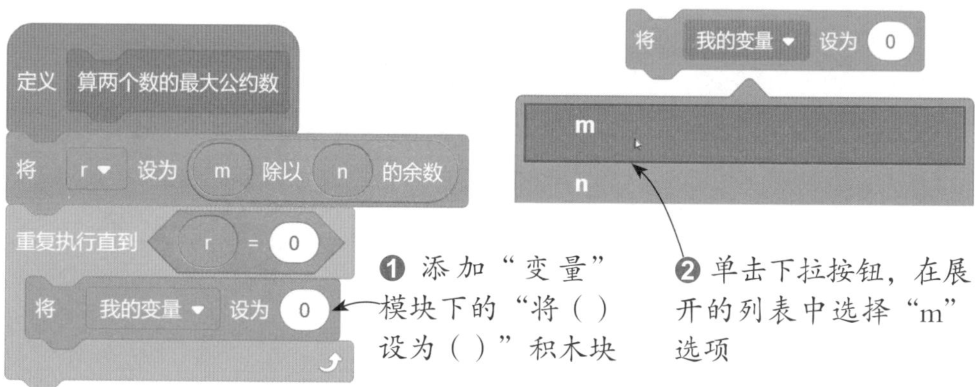

❶ 添加“变量”模块下的“将（ ）设为（ ）”积木块

❷ 单击下拉按钮，在展开的列表中选择“m”选项

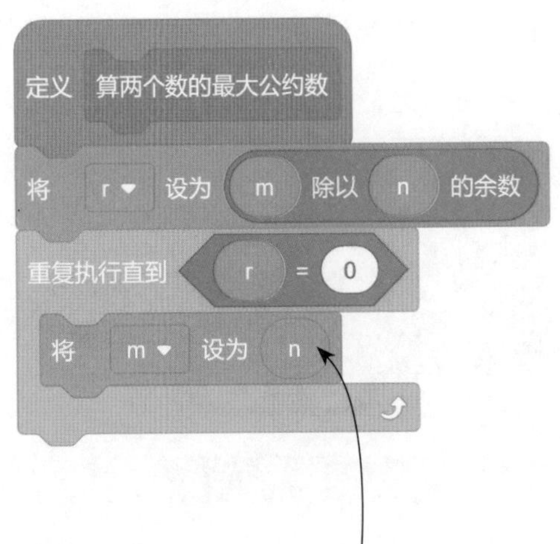

❸ 将“变量”模块下的“n”积木块拖到“将（m）设为（ ）”积木块的框中

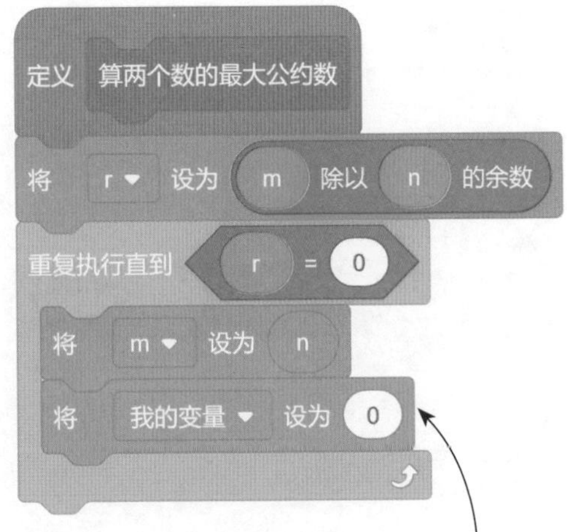

❹ 添加“变量”模块下的“将（ ）设为（ ）”积木块

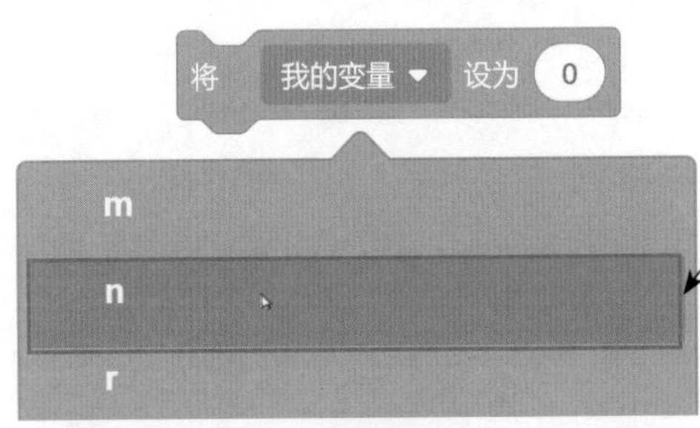

❺ 单击下拉按钮，在展开的列表中选择“n”选项

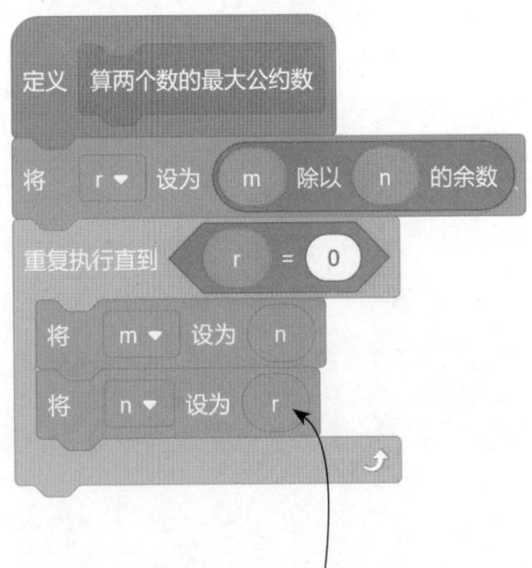

❻ 将“变量”模块下的“r”积木块拖到“将（n）设为（ ）”积木块的框中

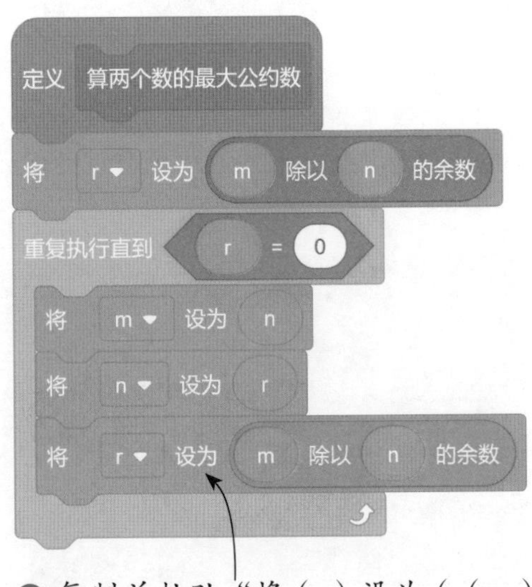

❼ 复制并粘贴“将（r）设为（（m）除以（n）的余数）”积木组

13 重复执行计算，直到变量 r 等于 0，即余数为 0，此时，变量 n 即为要求的最大公约数。

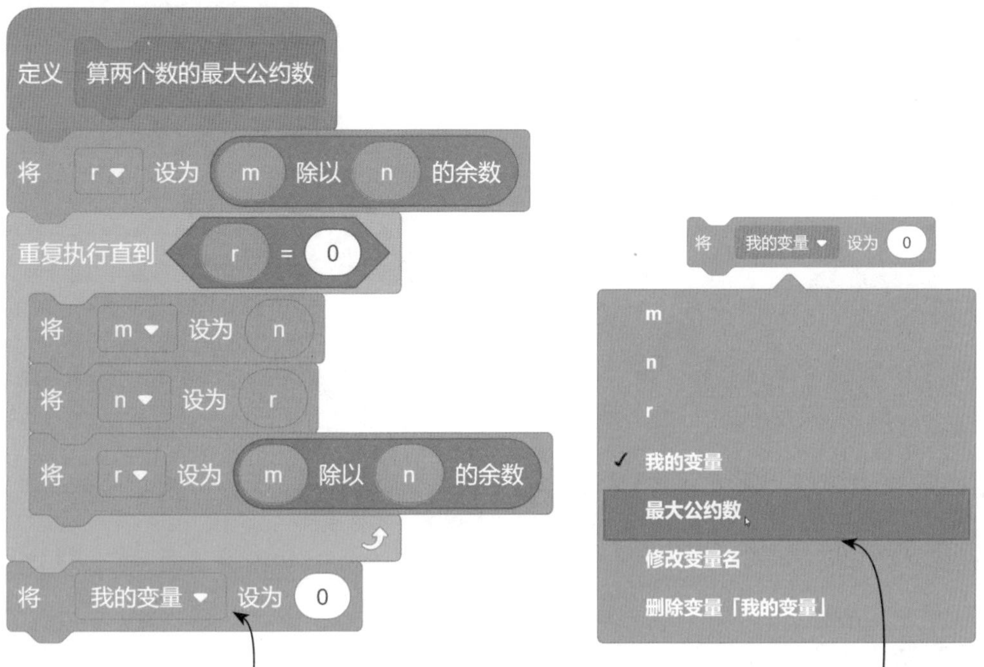

❶ 添加“变量”模块下的“将（ ）设为（ ）”积木块

❷ 单击下拉按钮，在展开的列表中选择“最大公约数”选项

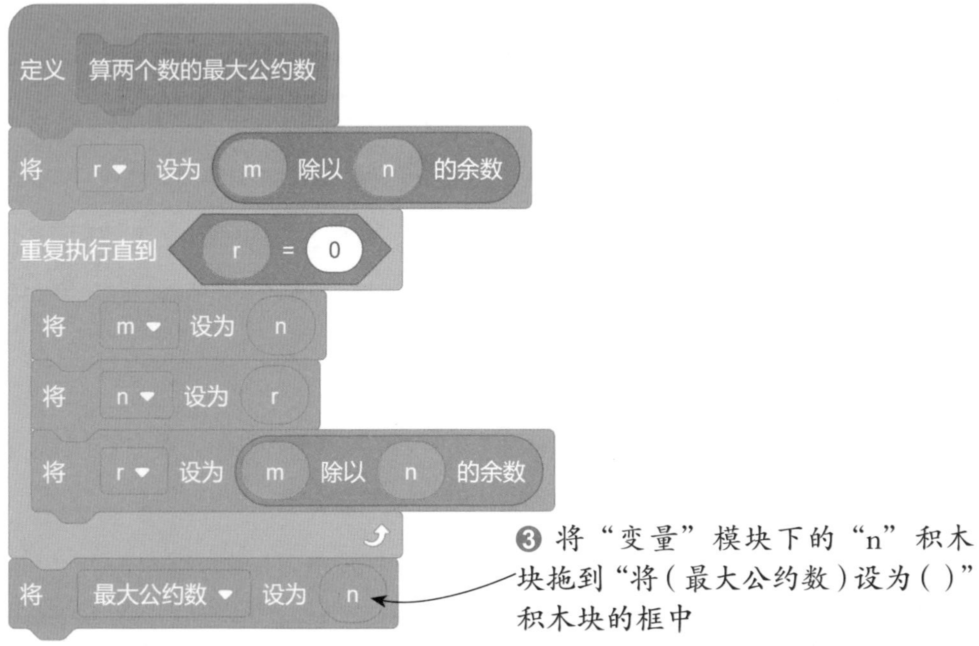

❸ 将“变量”模块下的“n”积木块拖到“将（最大公约数）设为（ ）”积木块的框中

14 接下来编写调用“算两个数的最大公约数”积木块的主程序。当单击🏴按钮时，切换为“求最大公约数”背景，显示题目内容。

❶ 添加“事件”模块下的“当🏴被点击”积木块

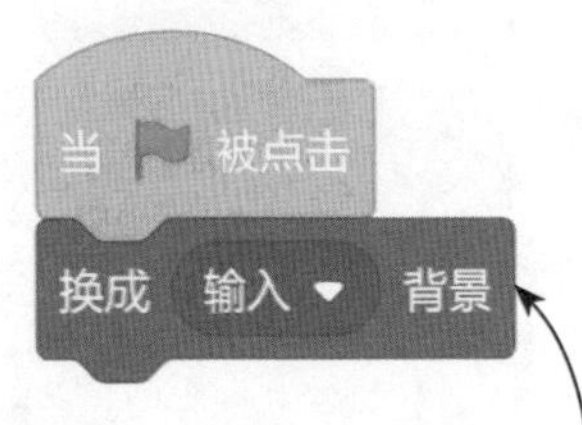

❷ 添加“外观”模块下的“换成（ ）背景”积木块

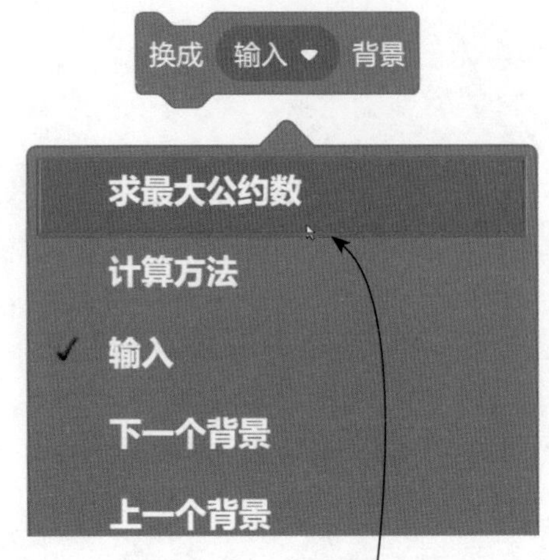

❸ 单击下拉按钮，在展开的列表中选择“求最大公约数”选项

15 询问“请输入较大数：”，根据题目输入两个数字中的较大数，将其赋给变量 m。

❶ 添加“侦测”模块下的“询问（ ）并等待”积木块

❷ 将“询问（ ）并等待”积木块框中的文字更改为“请输入较大数：”

❸ 添加“变量”模块下的“将（ ）设为（ ）”积木块

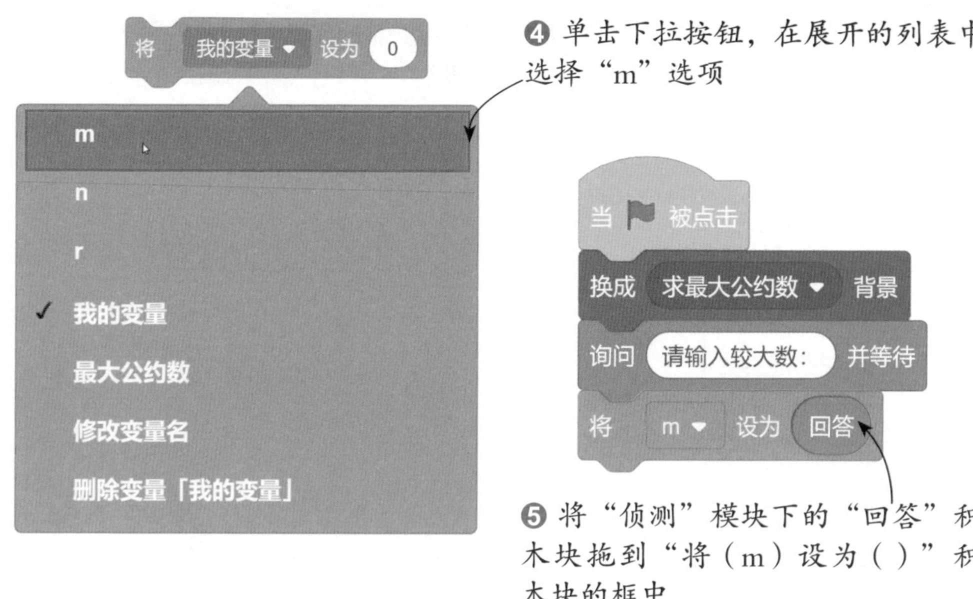

16 再次询问“请输入较小数：”，根据题目输入两个数字中的较小数，将其赋给变量 n。

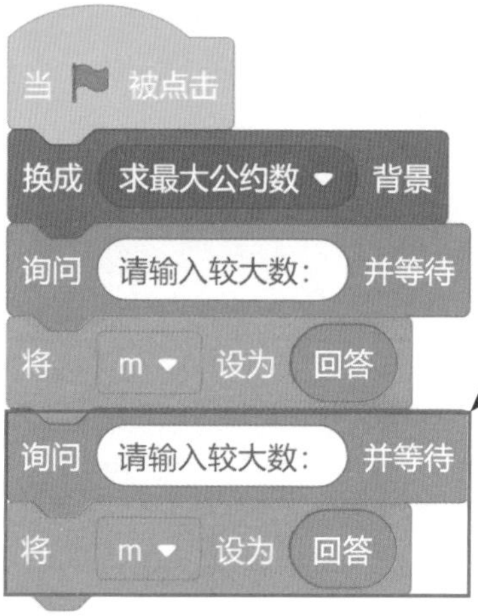

❶ 复制“询问 ( ) 并等待”和“将 ( ) 设为（ ）”积木组

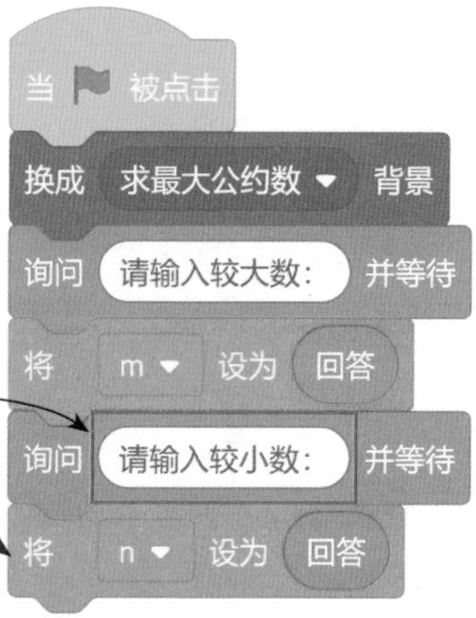

❷ 将“询问（ ）并等待”积木块框中的文字更改为“请输入较小数：”

❸ 把“将（ ）设为（ ）”积木块中的变量设置为“n”

17 对变量进行赋值后，即可开始计算两个数的最大公约数。添加“算两个数的最大公约数”积木块，计算最大公约数，然后说出计算结果。

❶ 添加“自制积木”模块下的“算两个数的最大公约数”积木块

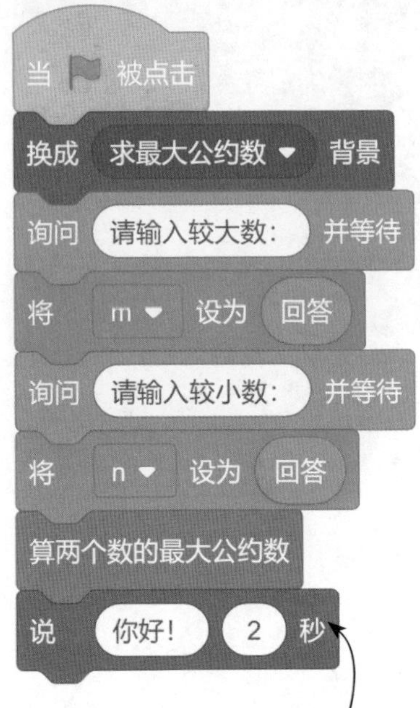

❷ 添加“外观”模块下的“说( )(2)秒”积木块

❸ 将“运算”模块下的“连接( )和( )”积木块拖到“说( )(2)秒”积木块的第 1 个框中

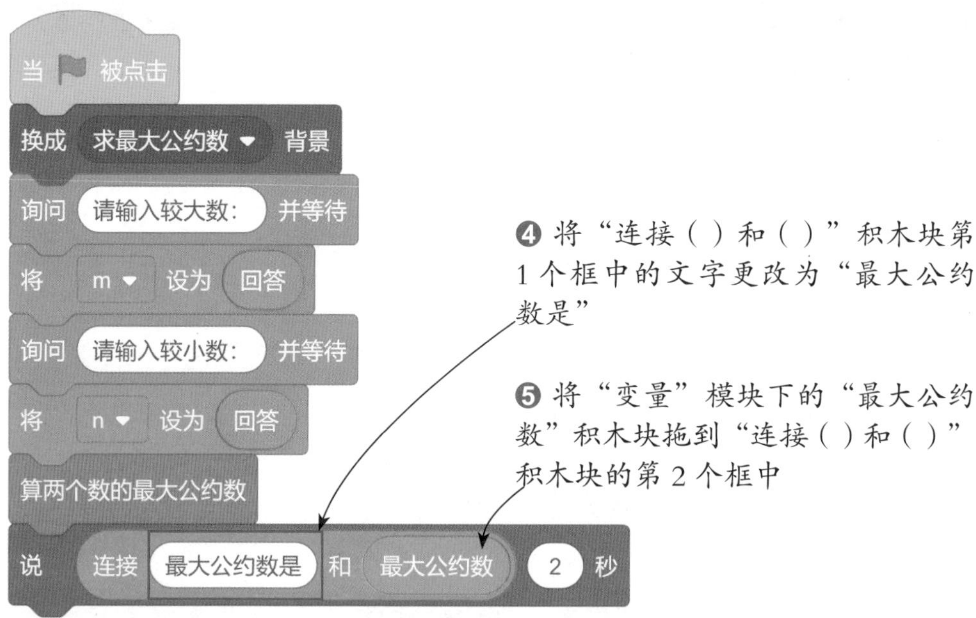

18 添加“换成（）背景”积木块，切换到“计算方法”背景，显示辗转相除法求最大公约数的过程。

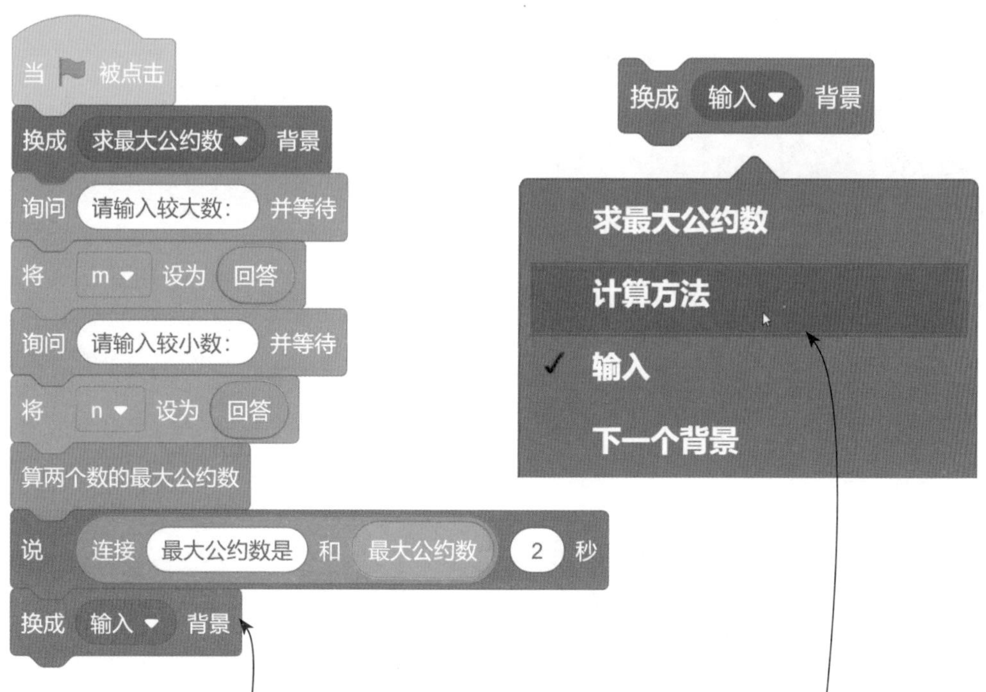

19 等待 10 秒，延长“计算方法”背景的显示时间，然后广播“重新输入”消息。

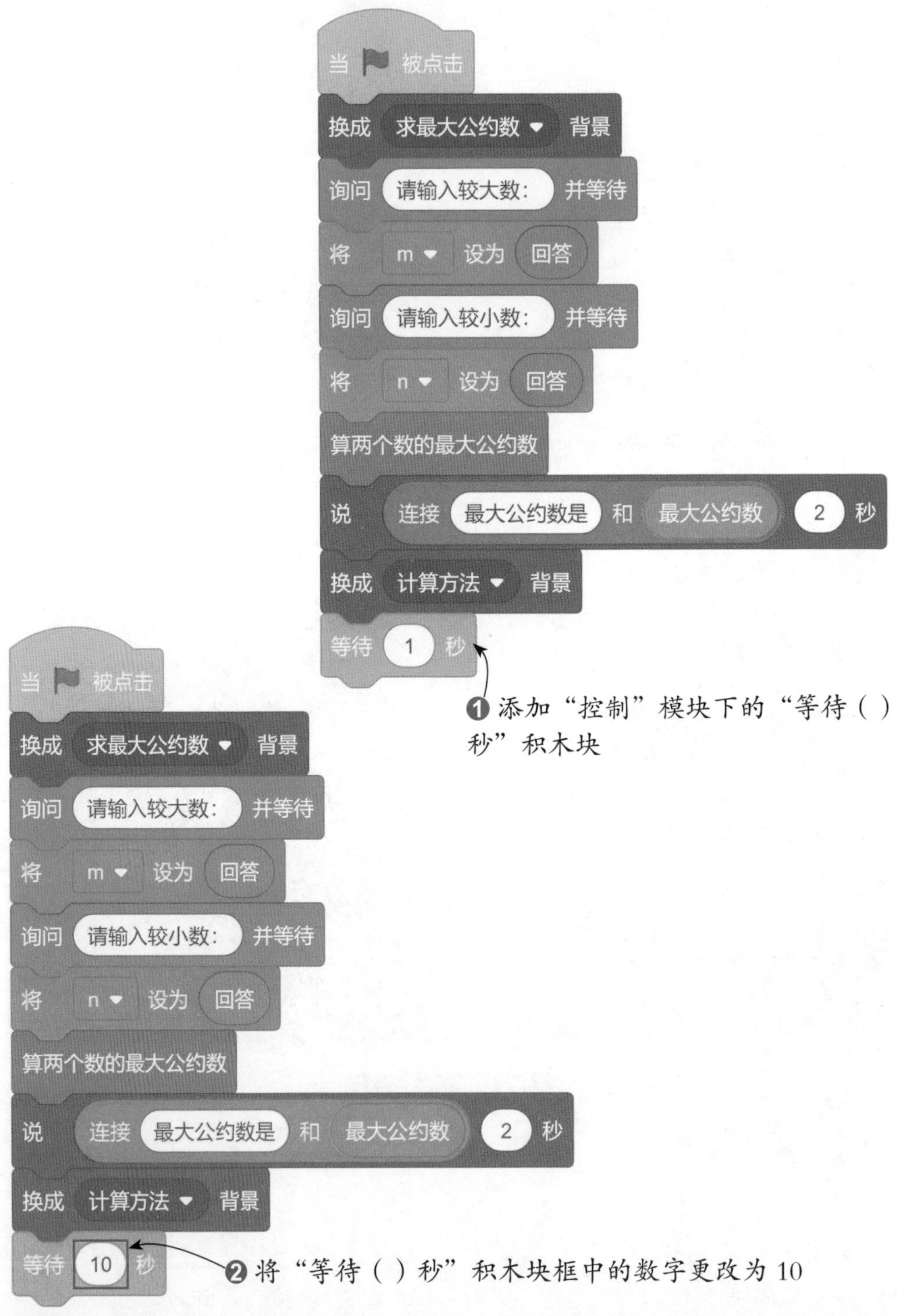

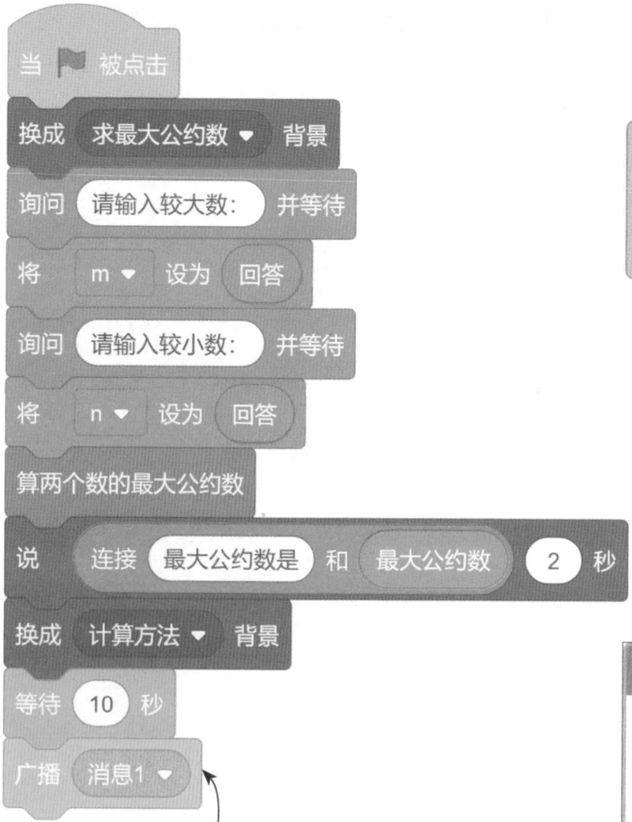

当 🏴 被点击
换成 求最大公约数 ▾ 背景
询问 请输入较大数: 并等待
将 m ▾ 设为 回答
询问 请输入较小数: 并等待
将 n ▾ 设为 回答
算两个数的最大公约数
说 连接 最大公约数是 和 最大公约数 2 秒
换成 计算方法 ▾ 背景
等待 10 秒
广播 消息1 ▾

❸ 添加“事件”模块下的“广播( )”积木块

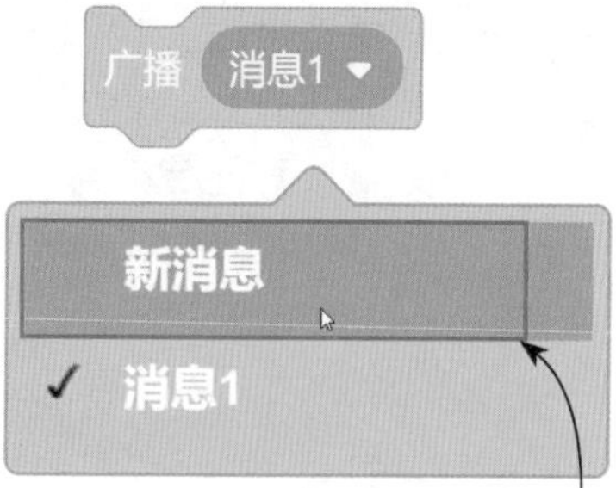

广播 消息1 ▾
新消息
✓ 消息1

❹ 单击下拉按钮，在展开的列表中选择“新消息”选项

❺ 输入新消息的名称“重新输入”

新消息
新消息的名称:
重新输入
取消 确定

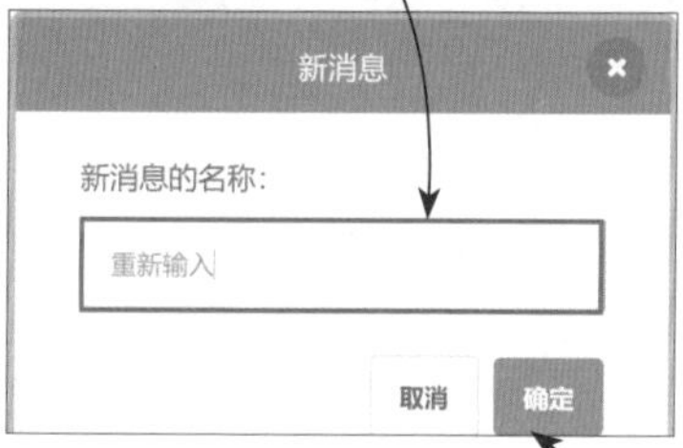

❻ 单击“确定”按钮

20 当接收到“重新输入”消息时，切换为“输入”背景，等待重新输入其他数字。

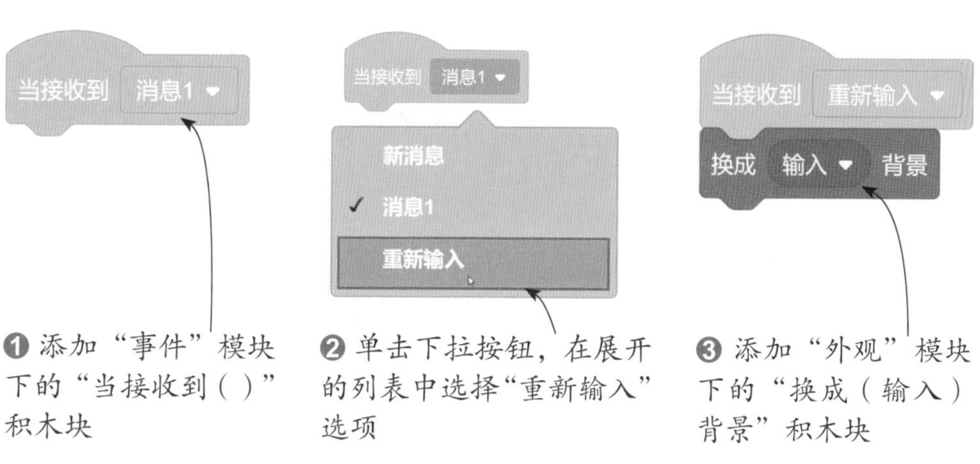

❶ 添加“事件”模块下的“当接收到( )”积木块

❷ 单击下拉按钮，在展开的列表中选择“重新输入”选项

❸ 添加“外观”模块下的“换成(输入)背景”积木块

21 添加“说（）（）秒”积木块，让角色说出“小朋友，再输入其他数字试试吧！”，然后复制“询问（）并等待”积木组，通过询问让小朋友输入其他要求最大公约数的数字。

❶ 添加“外观”模块下的“说( )(2)秒”积木块

❷ 将“说( )(2)秒”积木块第1个框中的文字更改为“小朋友，再输入其他数字试试吧！”

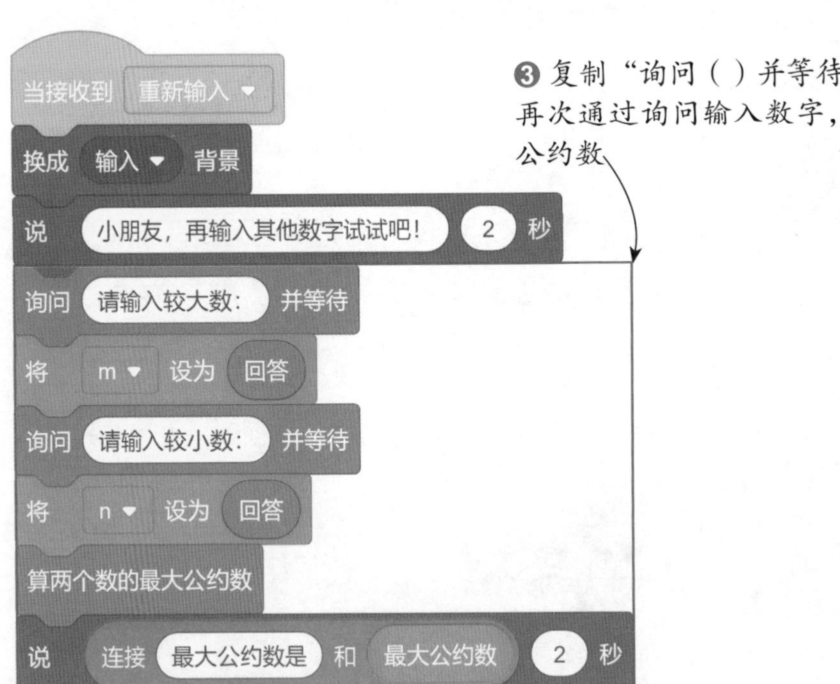

❸ 复制“询问( )并等待”积木组，再次通过询问输入数字，找出最大公约数

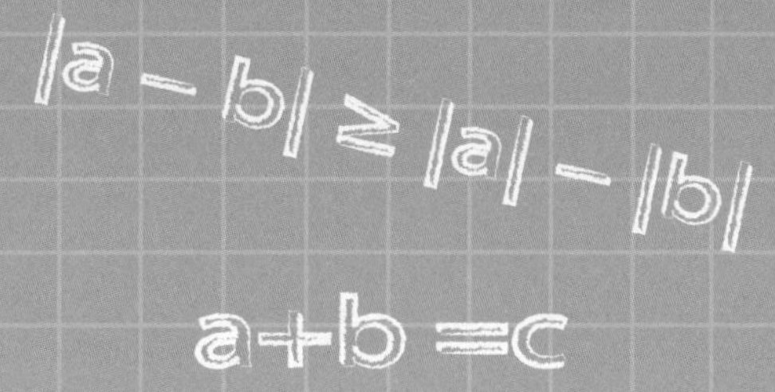

第 6 章

水仙花数

数学上有一种数叫水仙花数。所谓水仙花数是一个三位数，它的每一位上的数字的立方和等于该三位数本身。例如 153，它的百位数是 1，十位数是 5，个位数是 3，$1^3+5^3+3^3$ 正好等于 153，因此 153 就是水仙花数。

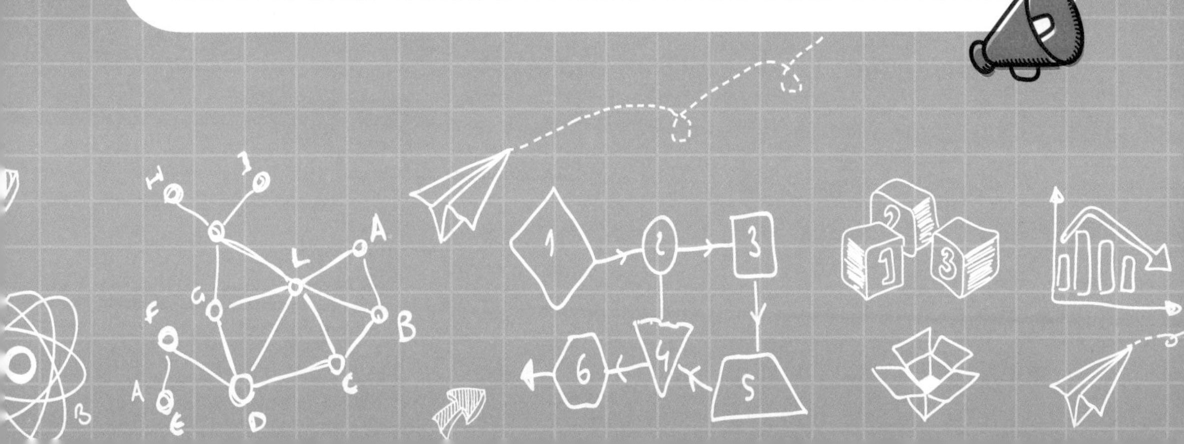

程序设定

编写一个程序，找出所有的水仙花数。

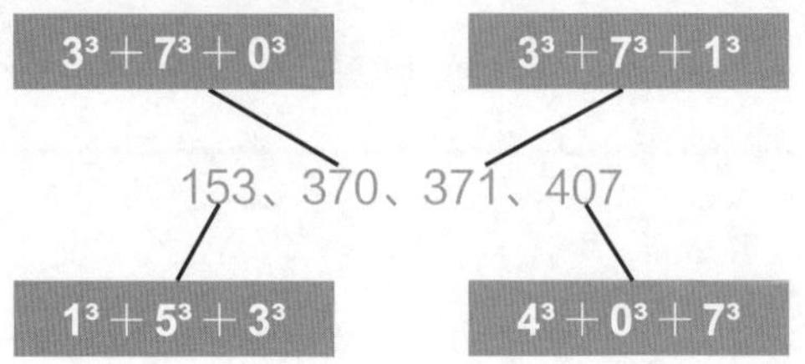

算法分析

水仙花数是一个三位数，因此可以通过循环的方式将所有的三位数都枚举出来，然后将每一个三位数拆解出百位、十位和个位上的数字，计算出它们的立方和，再判断这个立方和是否等于这个三位数本身，如果相等则说明这个数是水仙花数，如果不相等则说明它不是水仙花数。

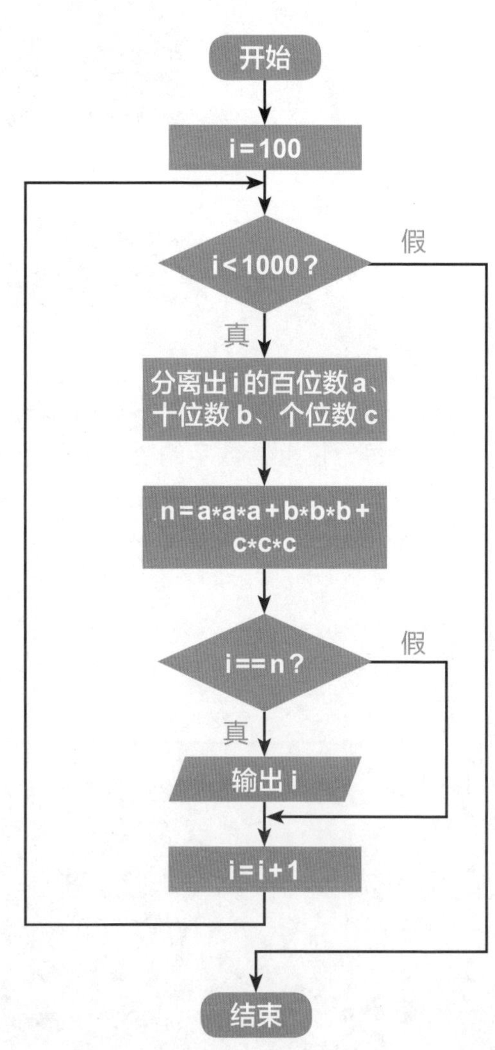

思路详解

寻找所有的水仙花数的程序编写分为几个步骤：创建变量并赋值；然后分别计算每一位上数字的立方值，求出立方和；最后通过比较判断是否为水仙花数。

创建变量 i，设置三位数初始值

创建变量 i，存储需要判断的三位数。水仙花数为三位数，可以确定变量 i 的取值范围为 100 ～ 999，所以在程序开始时将变量 i 的初始值设为 100。

创建变量 a、b、c，分别对应百位数、十位数、个位数

创建变量 a、b、c。将三位数拆开，将变量 a 的值设为三位数的百位数，变量 b 的值设为三位数的十位数，变量 c 的值设为三位数的个位数。

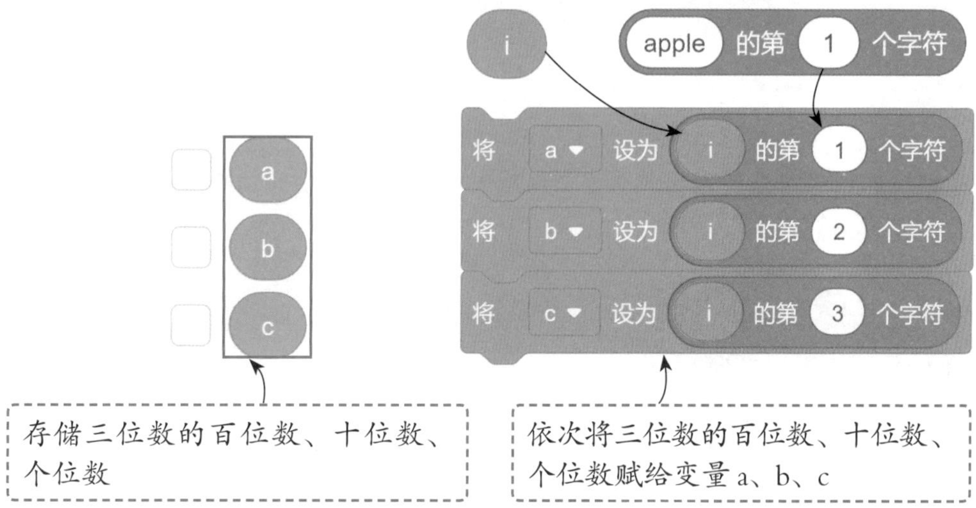

计算每一位上数字的立方和

创建变量 n，用于存储三位数每一位上数字的立方和。结合“运算”模块，算出百位数、十位数和个位数的立方值，将它们相加得到立方和，将算出的立方和赋给变量 n。

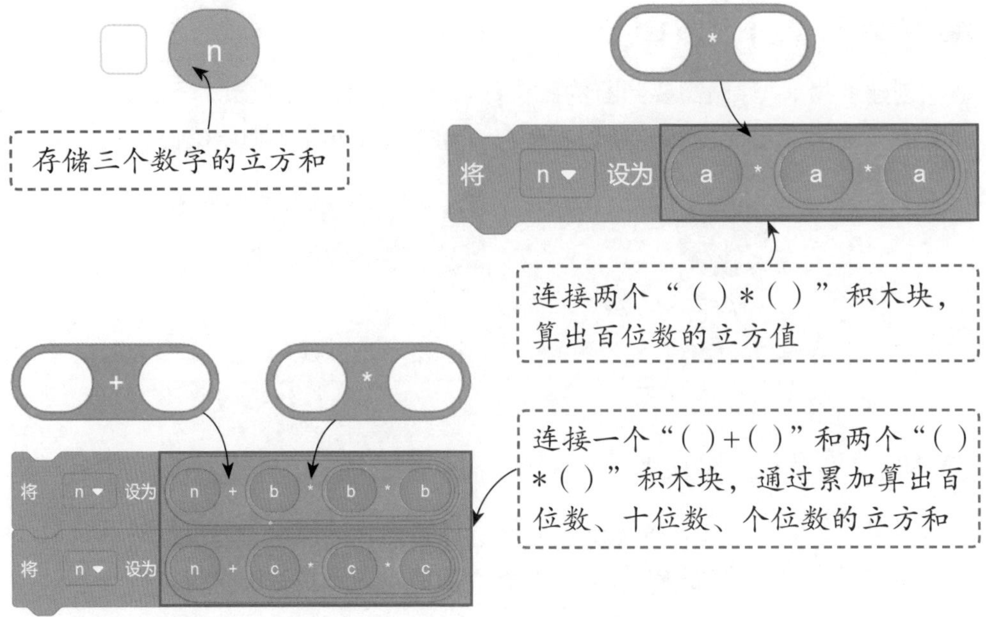

判断是否为水仙花数

用计算结果 n 与三位数 i 比较，如果它们相等，那么 n 或 i 就是水仙花数，将其添加到“水仙花数”列表。如果它们不相等，则说明 i 不是水仙花数，那么就将 i 的值增加 1，再继续进行计算和判断。

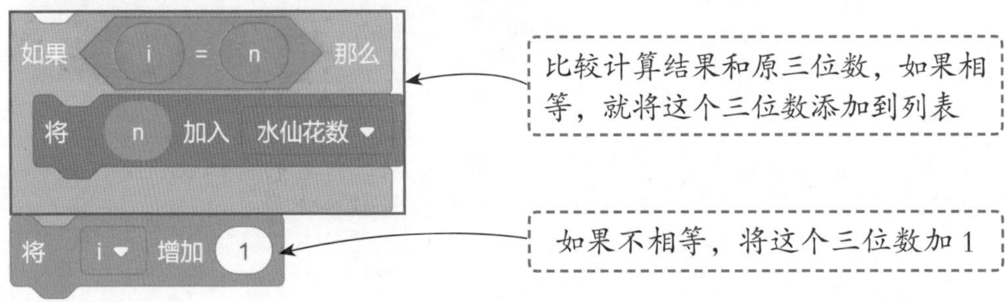

编程步骤

通过前面的分析，我们掌握了整个案例的设计思路及主要会用到的积木块，接下来详细讲解这个程序的制作步骤。

创建新项目，上传自定义的“花丛”背景，删除默认的“背景 1”。

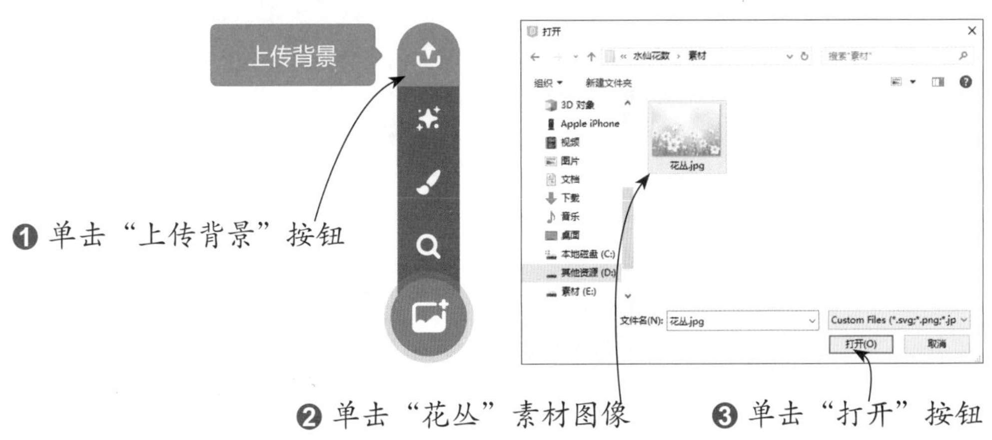

2 复制“花丛”背景，更改背景造型名为“概念”，并将背景转换为矢量图。

❶ 右击“花丛”背景，在弹出的快捷菜单中执行“复制”命令

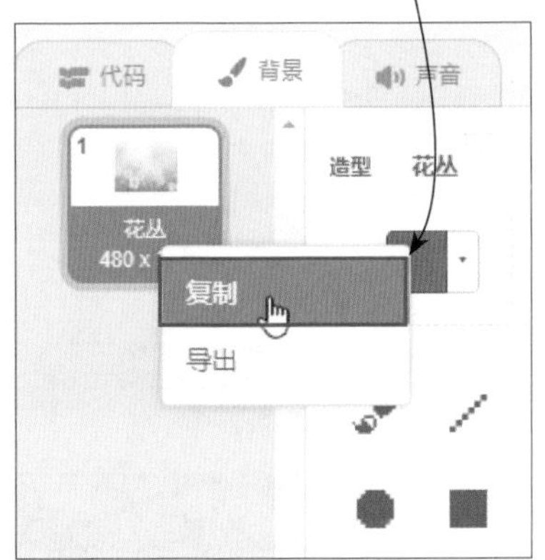

❷ 输入新的造型名“概念”

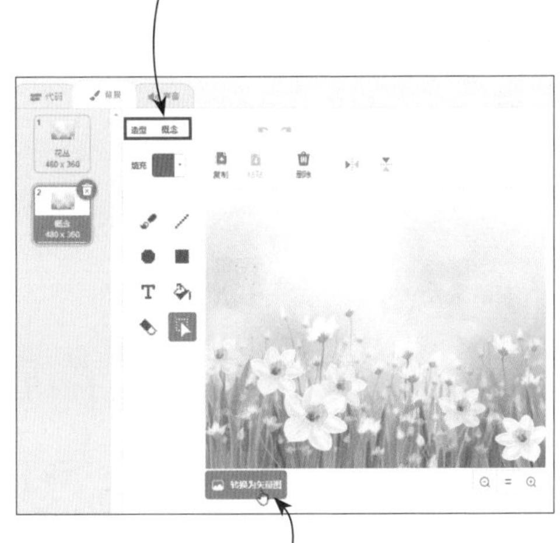

❸ 单击“转换为矢量图”按钮

3 在“概念”背景中用“矩形”工具绘制一个白色的矩形，然后用“文本”工具在矩形中间输入文字，介绍什么是水仙花数。

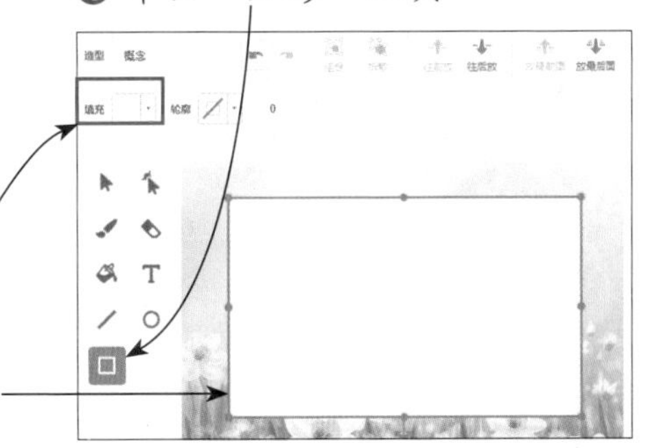

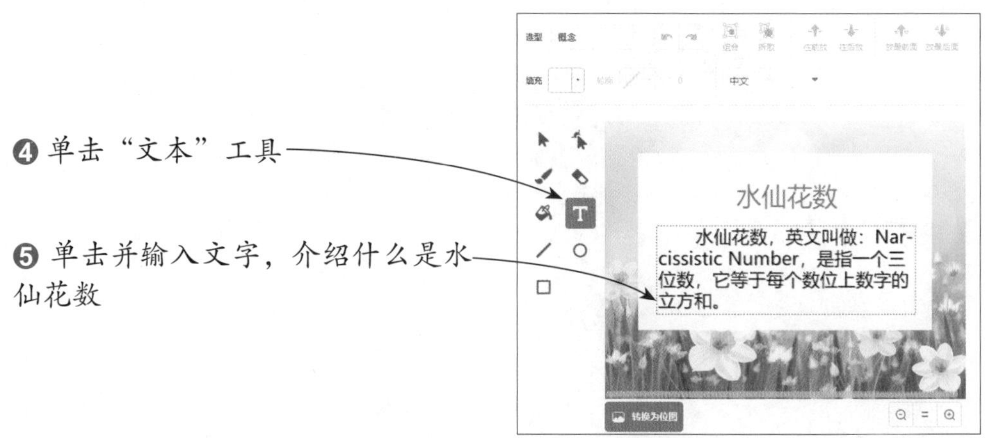

4 复制"概念"背景，更改背景造型名为"特点"，使用"文本"工具更改文字内容，介绍水仙花数的特点。

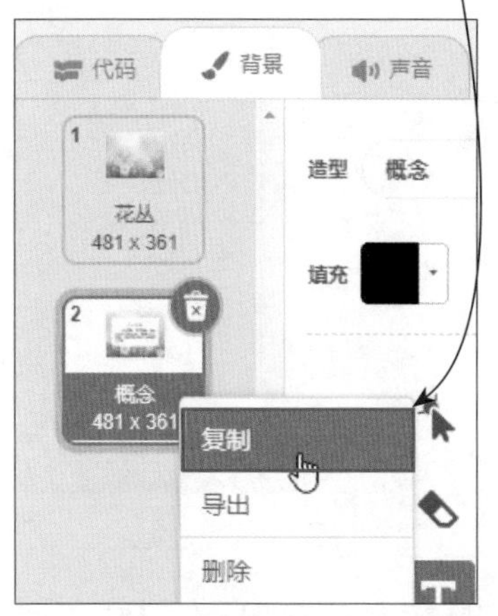

5 单击"代码"标签，切换到"代码"选项卡，为背景编写脚本。当单击⚑按钮时，切换为"概念"背景。

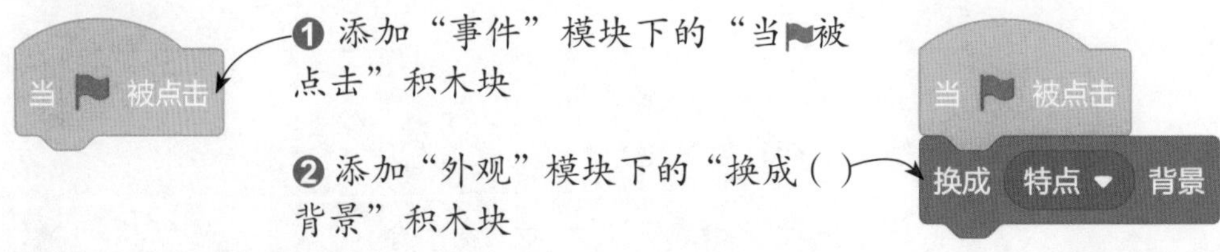

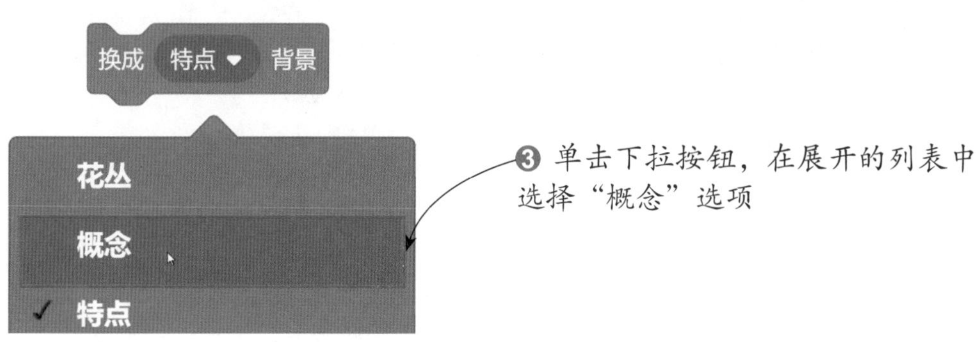

6 等待 8 秒后，切换为“花丛”背景，准备寻找水仙花数。

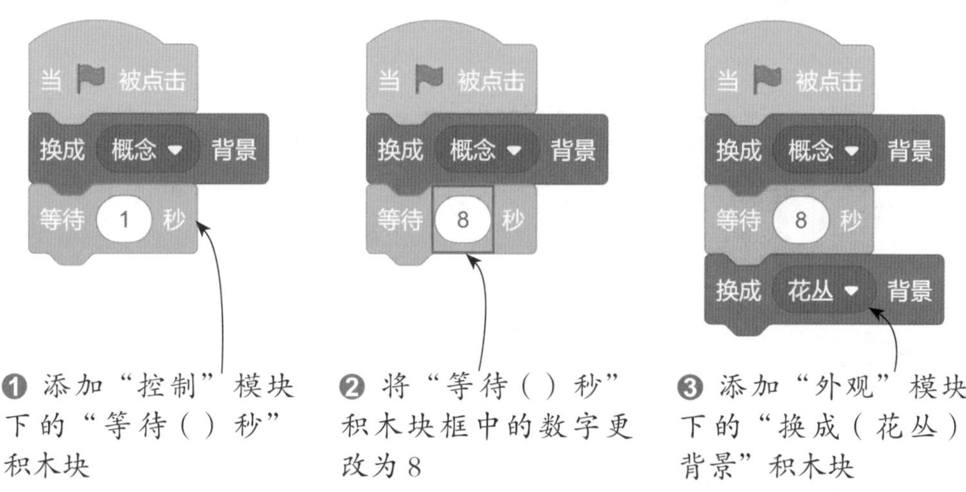

7 选择默认的“角色 1”，切换到“造型”选项卡，对角色进行水平翻转操作，然后更改角色的坐标。

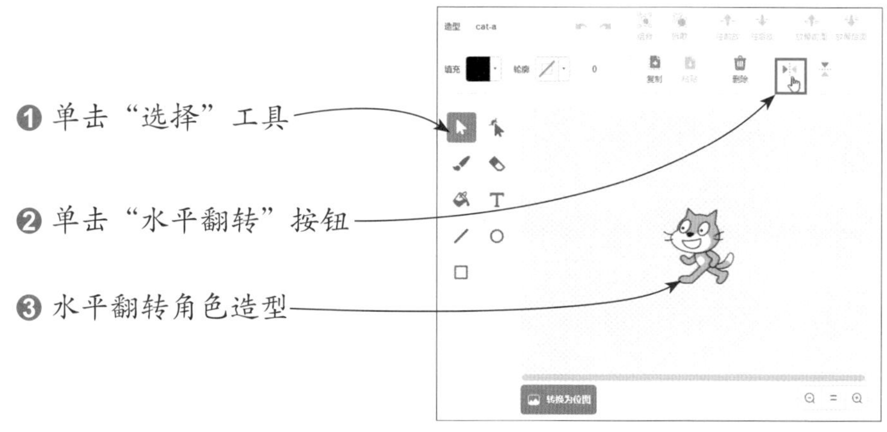

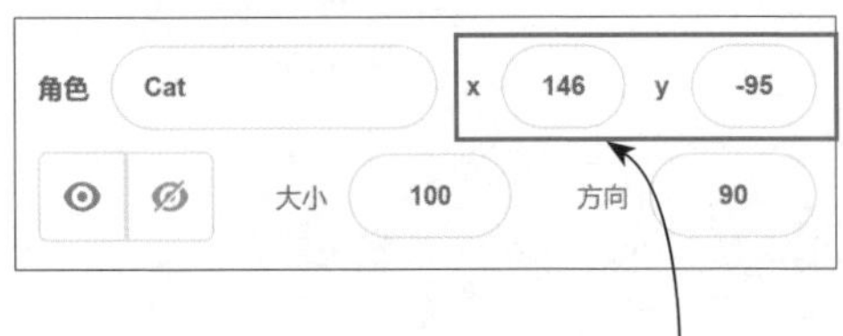

❹ 设置角色坐标 x 为 146、y 为 −95

❺ 在舞台右下方显示角色

8 添加角色素材库中的“Sun”角色，切换到“造型”选项卡，使用“文本”工具输入水仙花数 153。

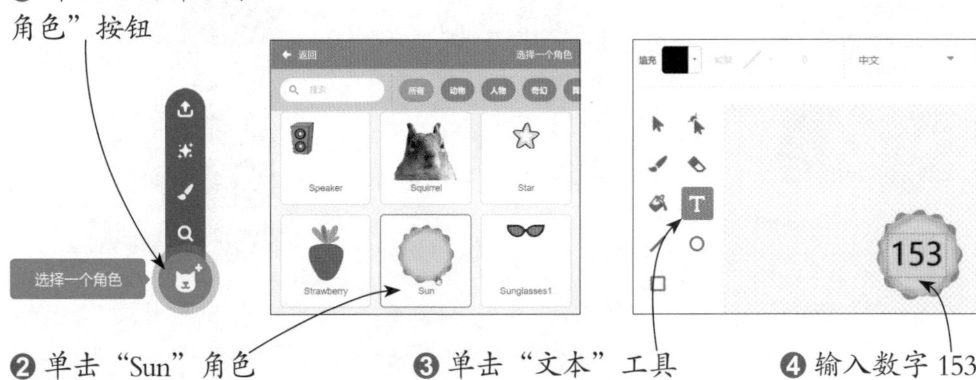

❶ 单击“选择一个角色”按钮

❷ 单击“Sun”角色

❸ 单击“文本”工具

❹ 输入数字 153

9 复制并粘贴 3 个角色图形，选中造型中间的数字，分别更改数字为 370、371 和 407，在角色列表中设置角色的名称、坐标和大小。

❶ 单击“选择”工具

❷ 选中图形和数字

❸ 单击“复制”按钮，复制图形和数字

❹ 单击“粘贴”按钮

❺ 粘贴复制的图形和数字

❻ 调整复制图形的位置，然后更改图形上的水仙花数

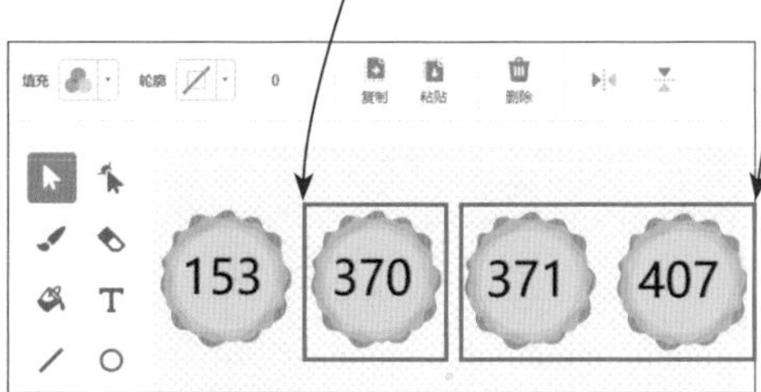

❼ 使用相同的方法复制出另外两组图形和数字，调整图形和数字的位置

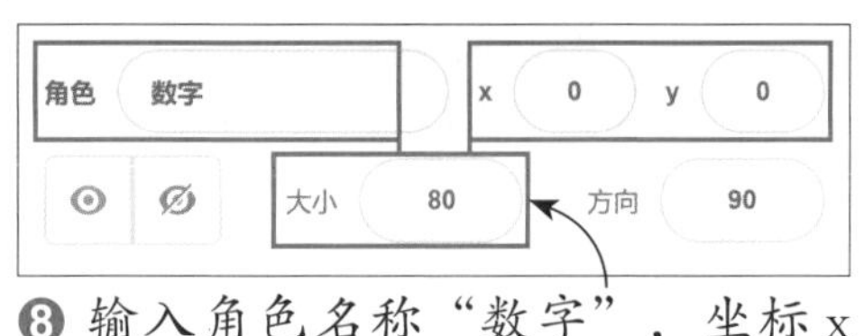

❽ 输入角色名称“数字”，坐标 x 和 y 均为 0，大小为 80

小提示

调整角色的位置

添加角色后如果需要调整角色的位置，可以在角色列表中输入 x 或 y 的值，也可以直接在舞台中拖动角色。

10 经过前面的步骤，完成了角色的编辑，接下来开始编写脚本。先根据程序需要，创建变量 a、b、c、i、n。

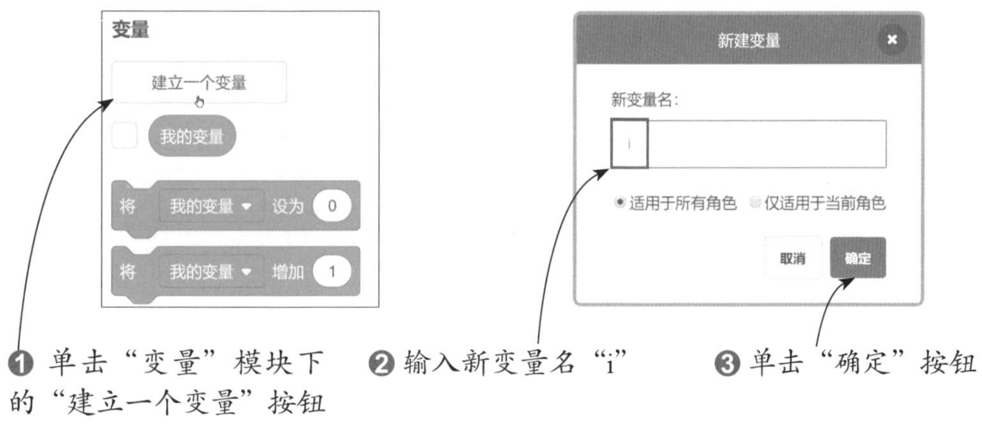

❶ 单击“变量”模块下的“建立一个变量”按钮

❷ 输入新变量名“i”

❸ 单击“确定”按钮

❹ 创建变量 i

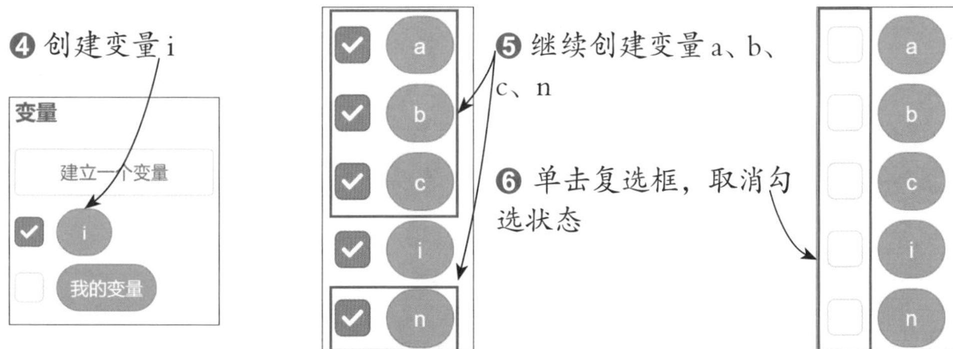

❺ 继续创建变量 a、b、c、n

❻ 单击复选框，取消勾选状态

11 新建一个列表，将其命名为“水仙花数”，用于存储找到的水仙花数。

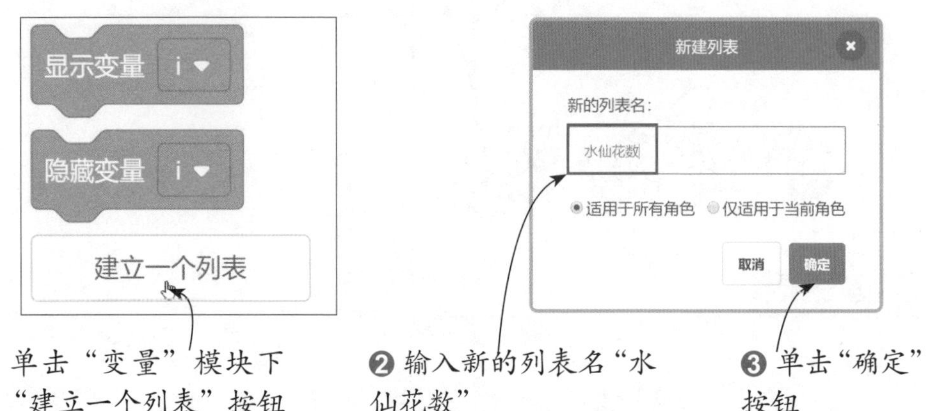

12 选择“角色 1”，为角色编写脚本。单击“自制积木”模块下的“制作新的积木”按钮，自定义“找水仙花数”积木块。

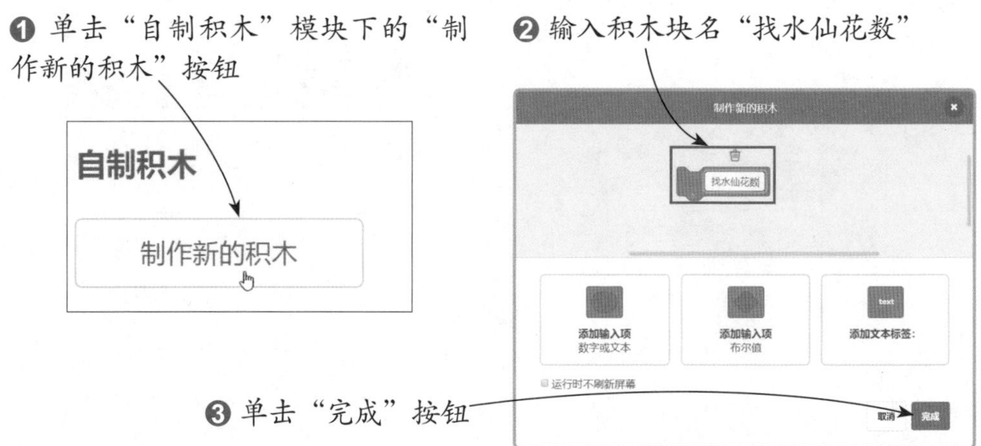

13 因为水仙花数是一个三位数，而最小的三位数是 100，所以设置变量 i 的初始值为 100。

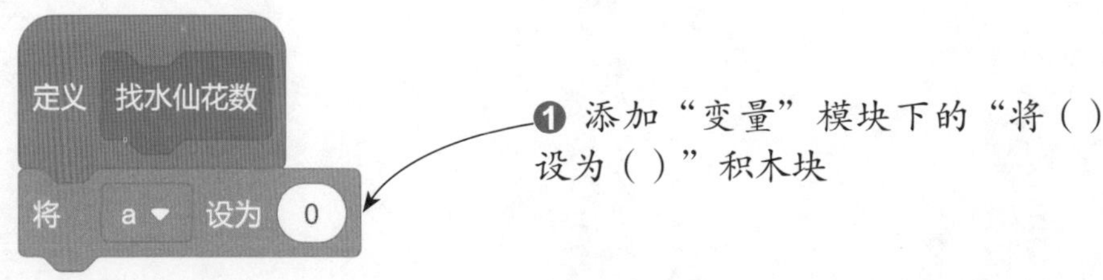

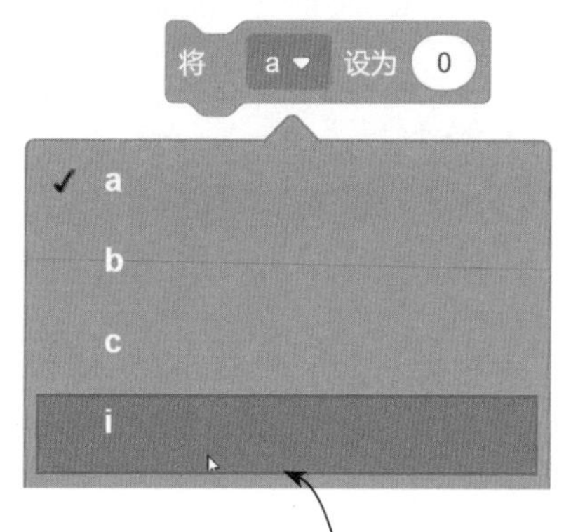

❷ 单击下拉按钮，在展开的列表中选择“i”选项

❸ 把“将（i）设为（ ）”积木块框中的数字更改为 100

14 添加“重复执行直到（）”积木块，重复执行查找操作，直到这个数字不再为三位数为止。

❶ 添加“控制”模块下的“重复执行直到（ ）”积木块

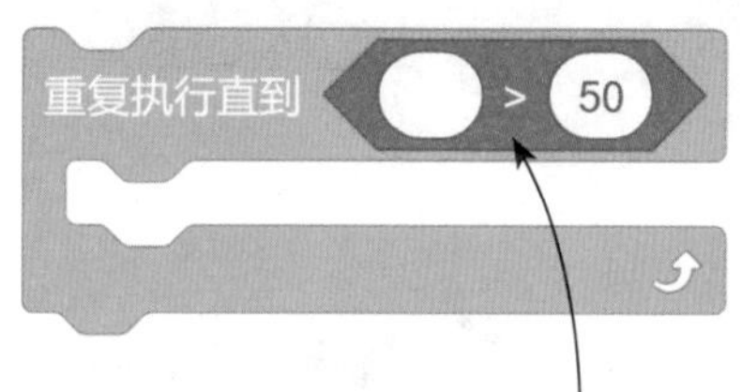

❷ 将“运算”模块下的“( ) > ( )”积木块拖到“重复执行直到（ ）”积木块的条件框中

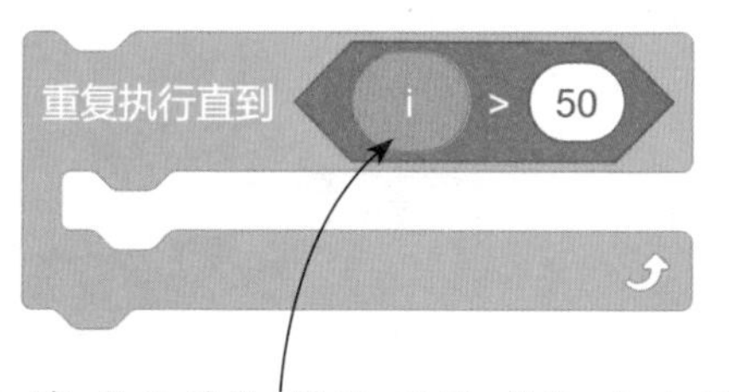

❸ 将“变量”模块下的“i”积木块拖到“( ) > ( )”积木块的第 1 个框中

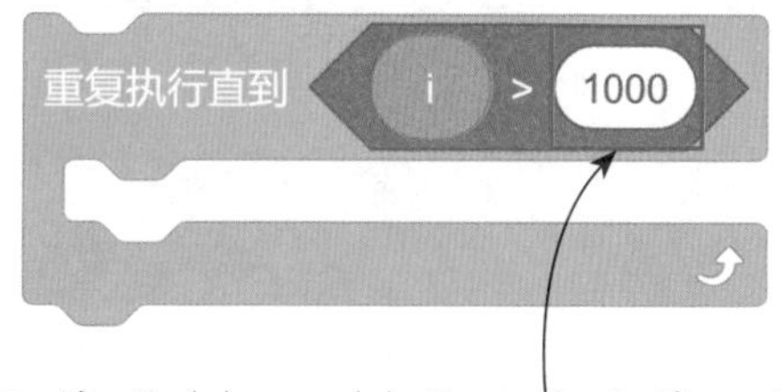

❹ 将“( ) > ( )”积木块第 2 个框中的数字更改为 1000

15 将三位数的百位数、十位数和个位数分别赋给变量 a、b、c。

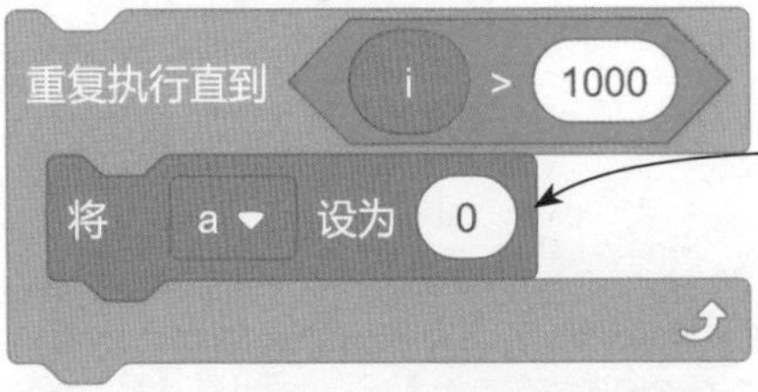

❶ 添加“变量”模块下的“将（a）设为（ ）”积木块

❷ 将“运算”模块下的“（ ）的第（1）个字符”积木块拖到“将（a）设为（ ）”积木块的框中

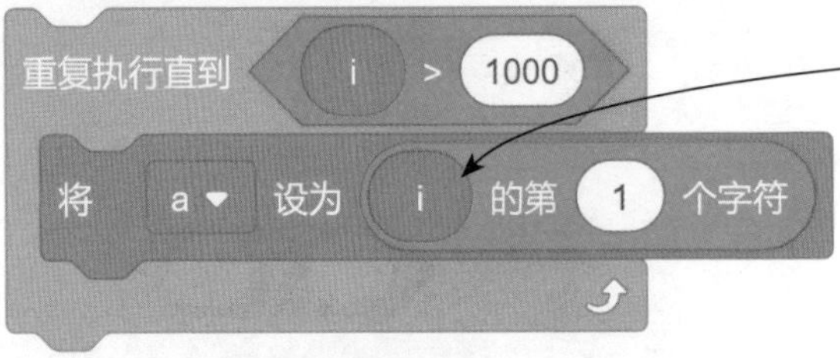

❸ 将“变量”模块下的“i”积木块拖到“（ ）的第（1）个字符”积木块的第 1 个框中

❹ 复制两个“将（ ）设为（ ）”积木组

❺ 把“将（ ）设为（ ）”积木块中要设置的变量依次更改为 b、c

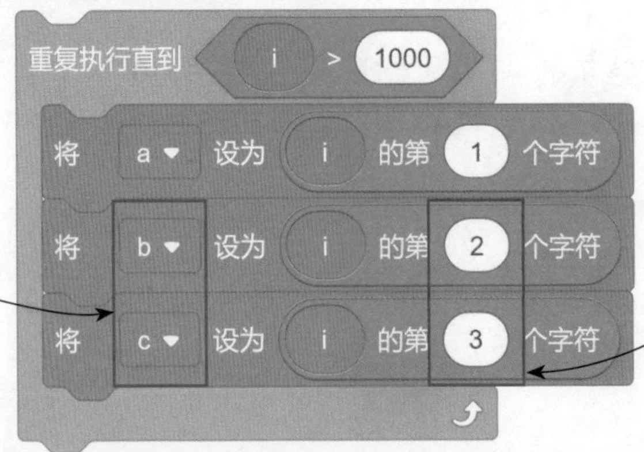

❻ 将“（i）的第（ ）个字符”积木块中的数字依次更改为 2、3

小提示

复制积木组

当需要添加多个相同的积木组时，若每次都从积木区拖动到脚本区会非常耗费时间，这时，最简便的方法就是复制积木组。右击积木组中的第一个积木块，在弹出的快捷菜单中执行“复制”命令，在鼠标指针旁会出现一个完全相同的积木组缩览图，在需要添加该积木组的位置单击即可。

16 添加两个“（）*（）”积木块，通过连续相乘，算出百位数的立方值。

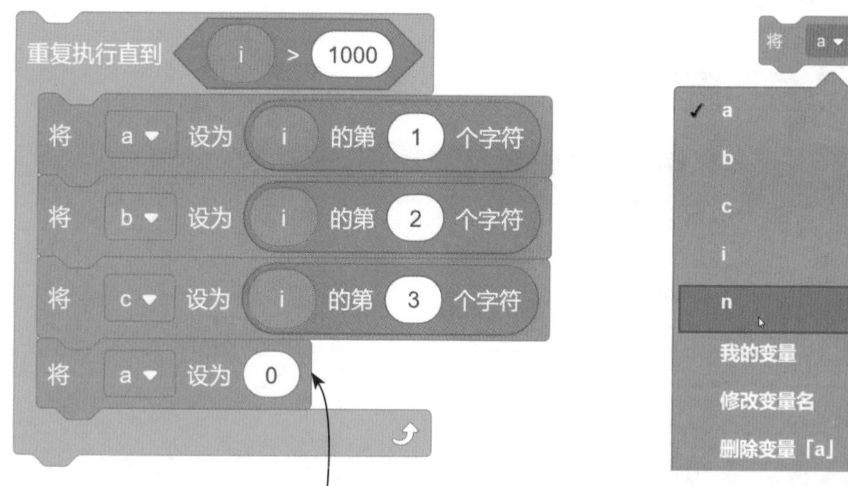

❶ 添加“变量”模块下的“将（ ）设为（ ）”积木块

❷ 单击下拉按钮，在展开的列表中选择“n”选项

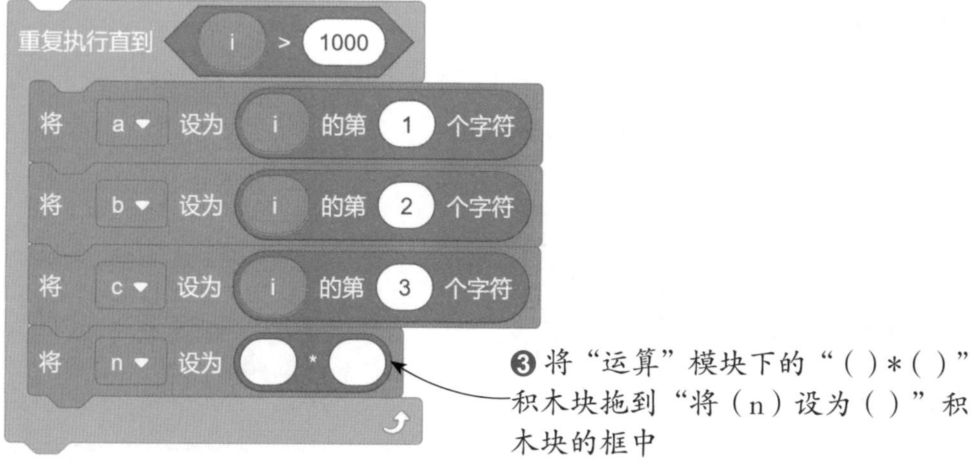

❸ 将“运算”模块下的“（ ）*（ ）”积木块拖到“将（n）设为（ ）”积木块的框中

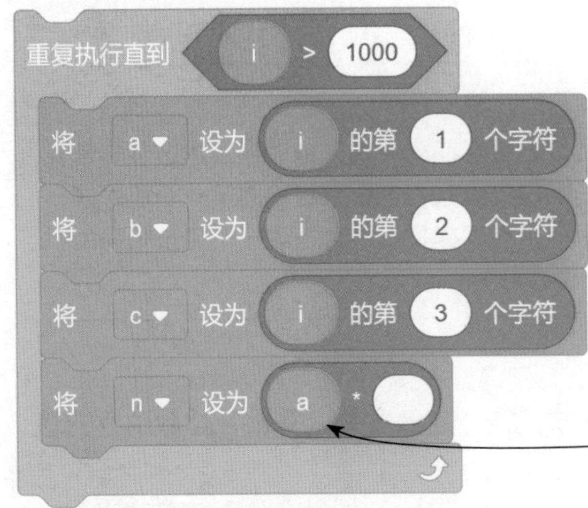

❹ 将“变量”模块下的“a”积木块拖到“( ) * ( )”积木块的第 1 个框中

❺ 将“运算”模块下的“( )*( )”积木块拖到已添加的“( )*( )”积木块的第 2 个框中

❻ 将“变量”模块下的“a”积木块分别拖到第 2 个“( )*( )”积木块的第 1 个框和第 2 个框中

17 添加一个“ () + () ”积木块和两个“ () * () ”积木块，用计算出的百位数立方值加上十位数的立方值。

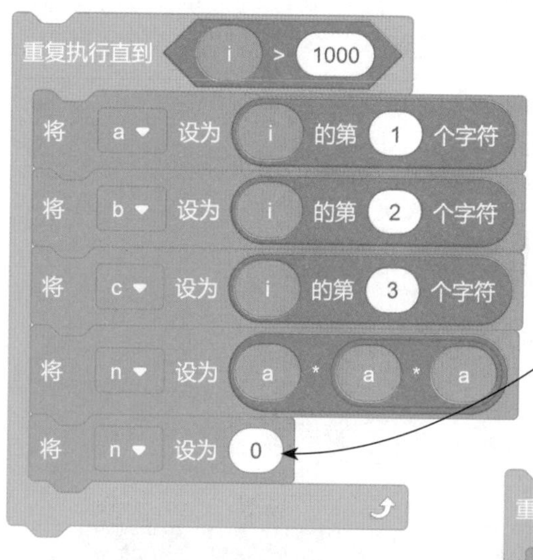

❶ 添加“变量”模块下的“将(n)设为( )”积木块

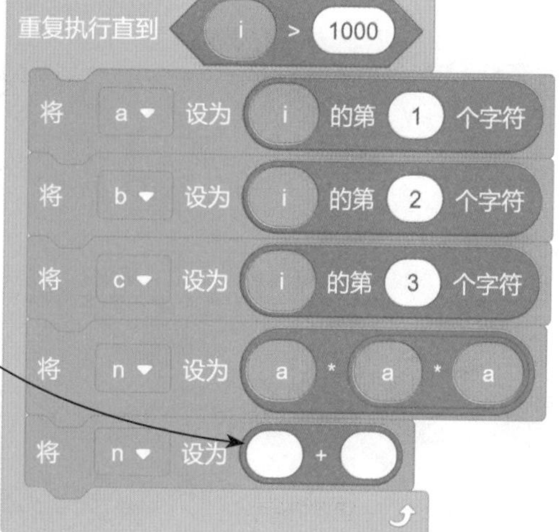

❷ 将“运算”模块下的“( )+( )”积木块拖到“将(n)设为( )”积木块的框中

❸ 将“变量”模块下的“n”积木块拖到“( )+( )”积木块的第 1 个框中

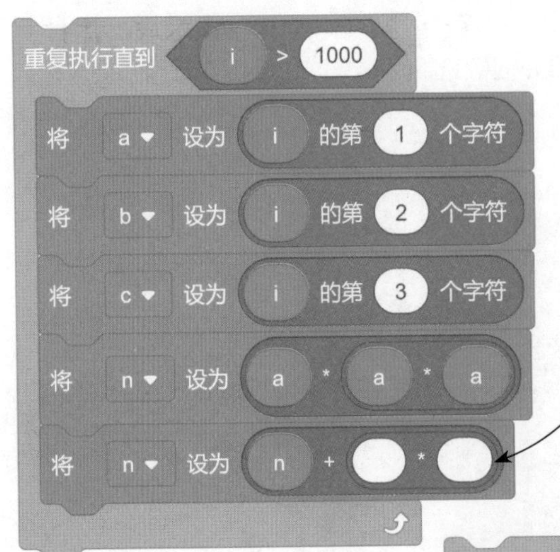

❹将“运算”模块下的“( )*( )”积木块拖到“( )+( )”积木块的第 2 个框中

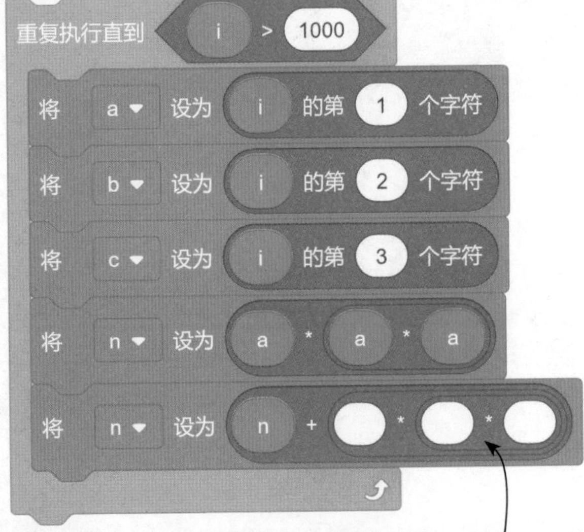

❺将“运算”模块下的“( )*( )”积木块拖到已添加的“( )*( )”积木块的第 2 个框中

❻将“变量”模块下的“b”积木块依次拖到“( )*(( )*( ))”积木组的框中

18 复制“将（）设为（）”积木组，替换积木组中的变量 b，用计算出的百位数与十位数的立方和加上个位数的立方值，算出总的立方和。

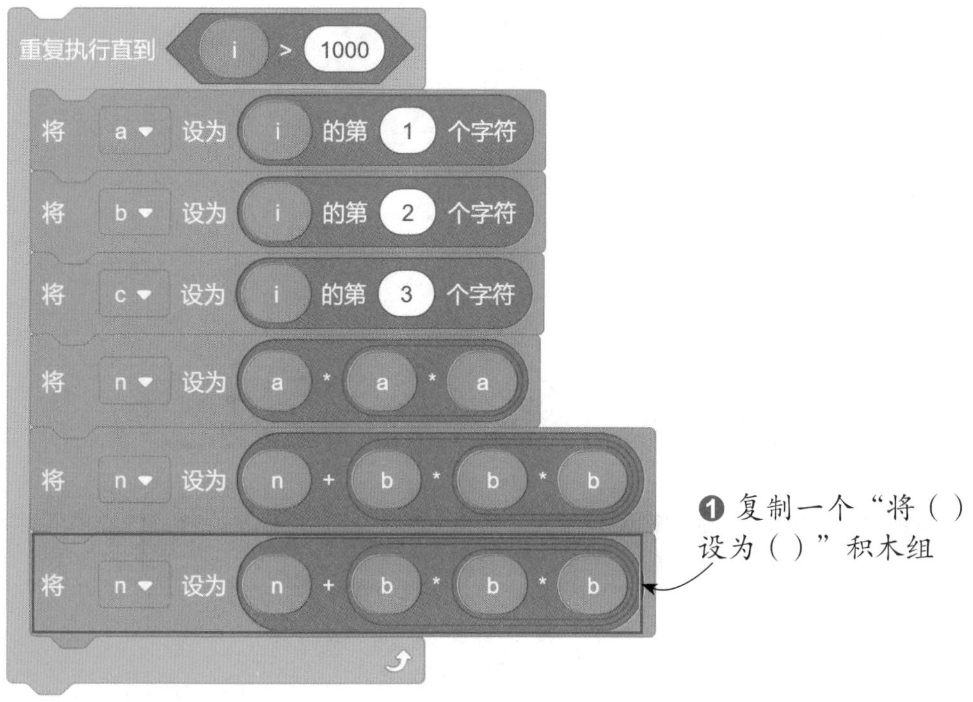

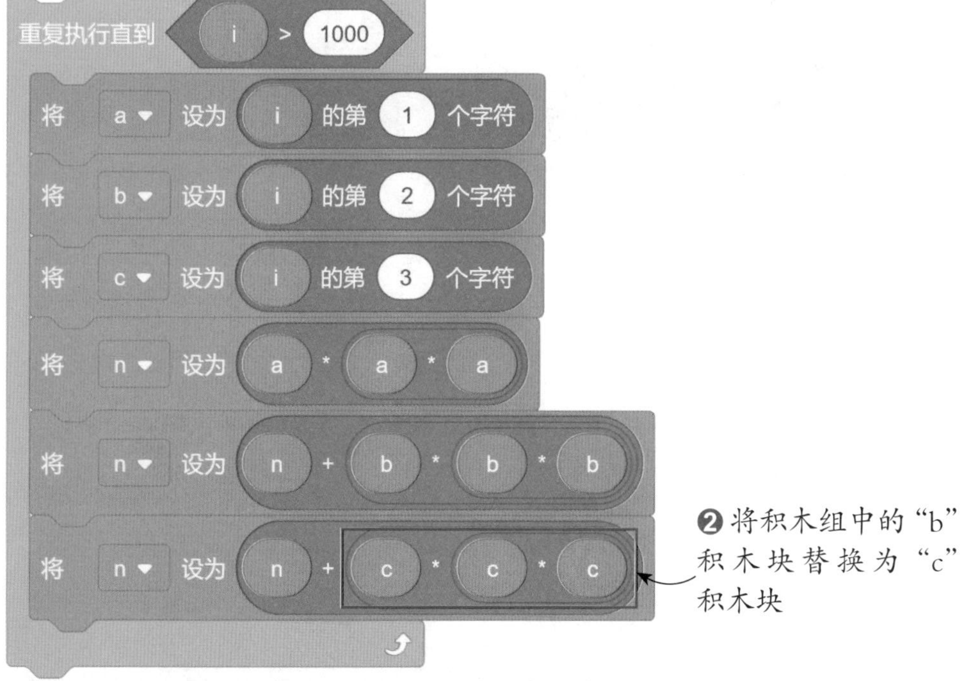

19 将计算出的立方和与这个三位数进行比较，如果相等，则说明这个三位数为水仙花数，将它加入“水仙花数”列表。

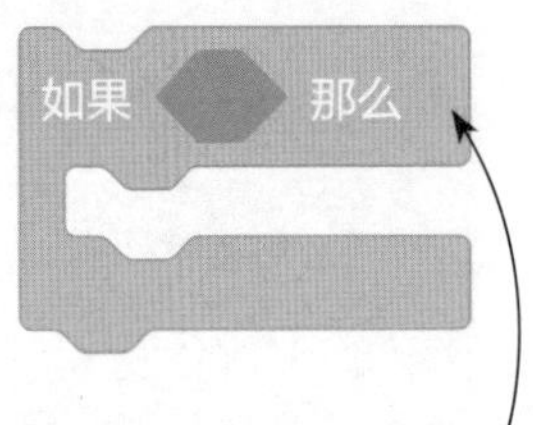

❶ 添加“控制”模块下的“如果……那么……”积木块

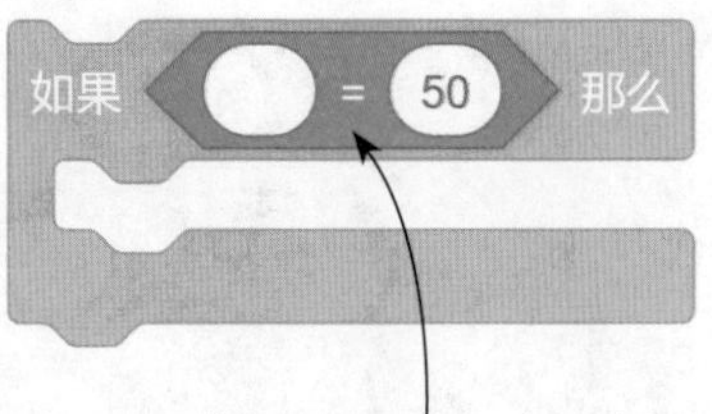

❷ 将“运算”模块下的“( ) = ( )”积木块拖到“如果……那么……”积木块的条件框中

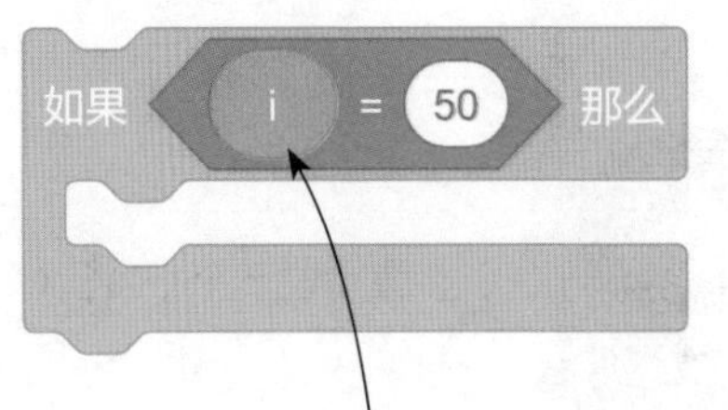

❸ 将“变量”模块下的“i”积木块拖到“( ) = ( )”积木块的第 1 个框中

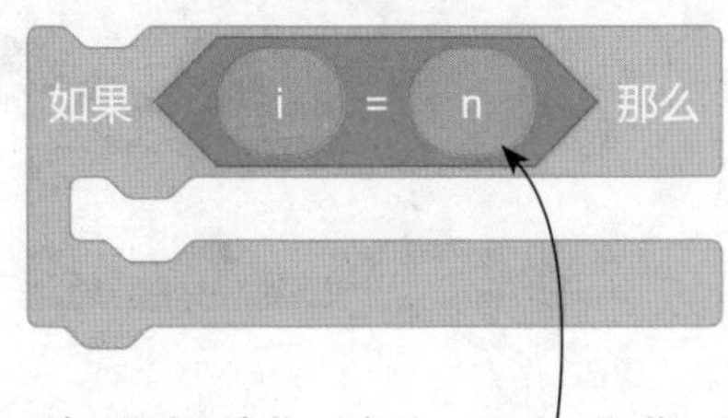

❹ 将“变量”模块下的“n”积木块拖到“( ) = ( )”积木块的第 2 个框中

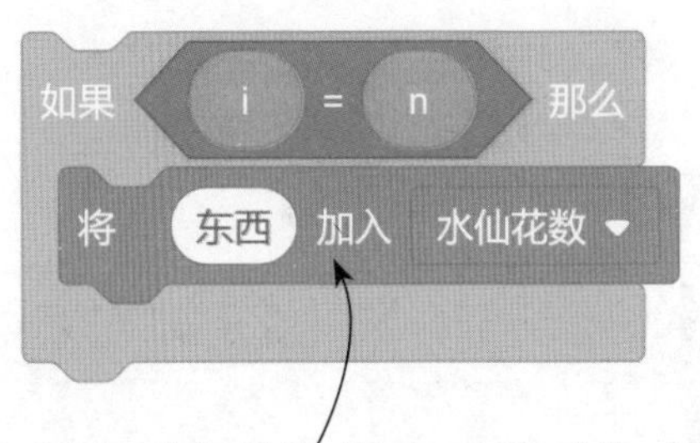

❺ 添加“变量”模块下的“将 ( ) 加入 (水仙花数)”积木块

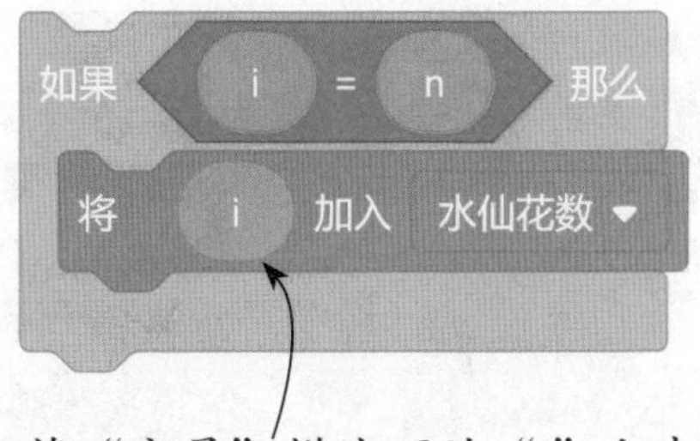

❻ 将“变量”模块下的“i”积木块拖到“将 ( ) 加入 (水仙花数)”积木块的框中

20 如果这个三位数与计算出的立方和不相等，则说明它不是水仙花数，就将这个三位数加 1，对下一个数进行计算和判断。

❶ 添加“变量”模块下的“将 ( ) 增加 (1)”积木块

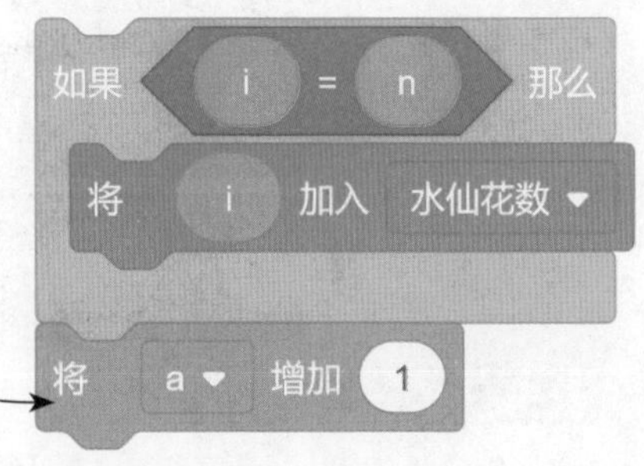

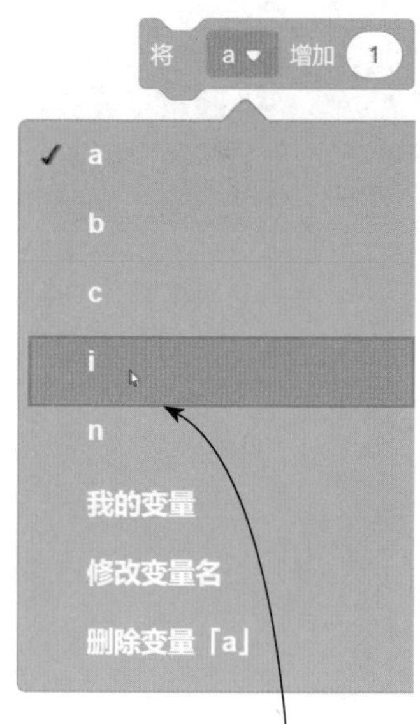

❷ 单击下拉按钮，在展开的列表中选择“i”选项

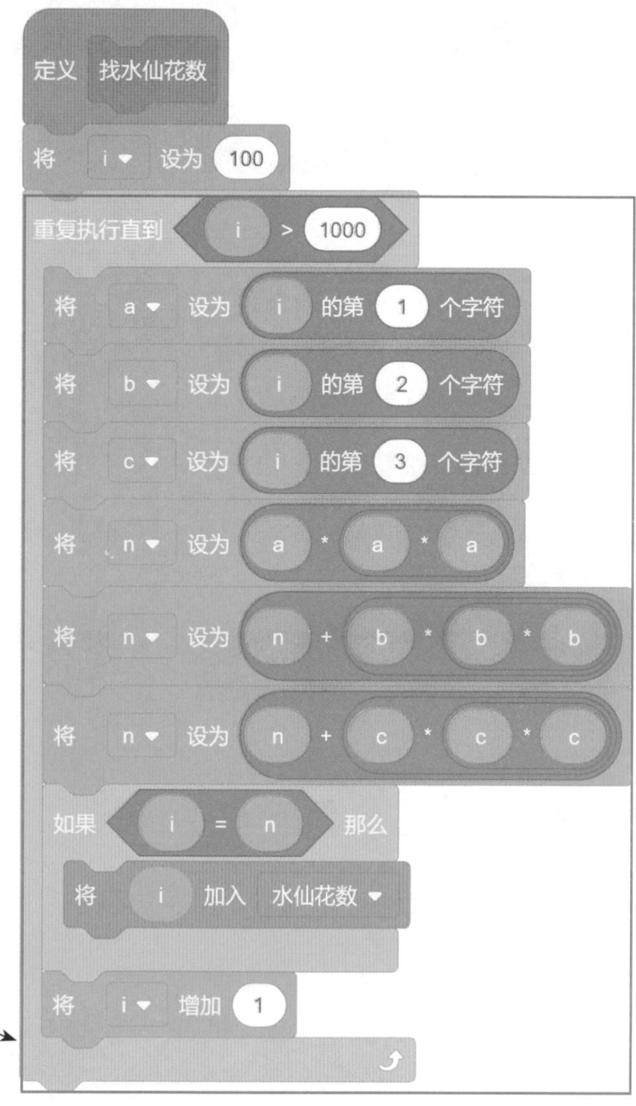

❸ 将积木组组合起来，得到寻找水仙花数的完整脚本

21 接下来就要通过调用“找水仙花数”积木块，找出水仙花数。当切换为“花丛”背景时，让角色说出“哪些是水仙花数呢？”，然后添加“找水仙花数”积木块。

❶ 添加“事件”模块下的“当背景换成（花丛）”积木块

❷ 添加“外观”模块下的“思考（ ）（2）秒”积木块

❸ 在“思考( )(2)秒”积木块的第1个框中输入“哪些是水仙花数呢？”

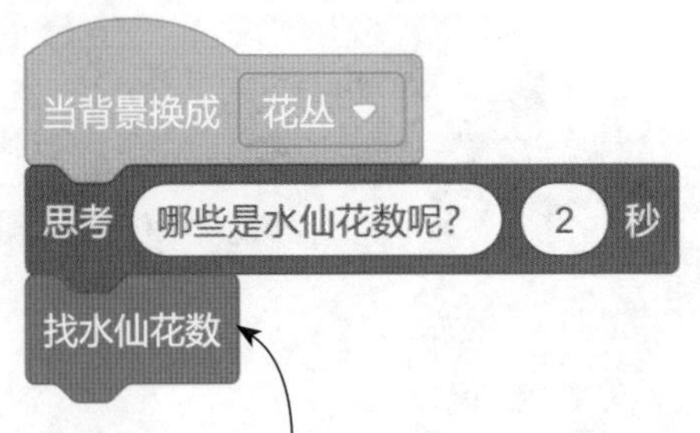

❹ 添加“自制积木”模块下的“找水仙花数”积木块，调用自制积木块

22 当找出水仙花数后，让角色说出“水仙花数有：”。

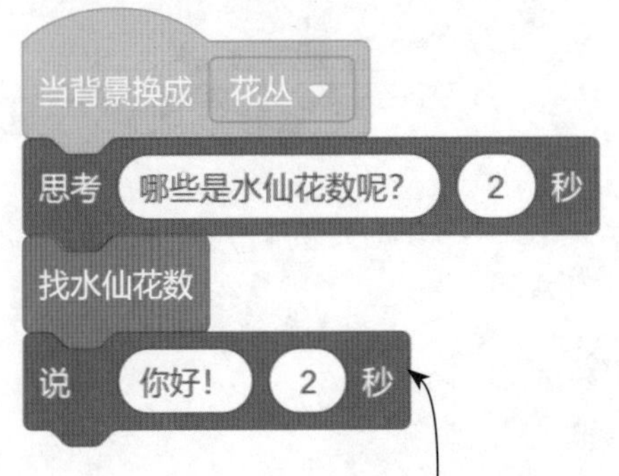

❶ 添加“外观”模块下的“说( )(2)秒”积木块

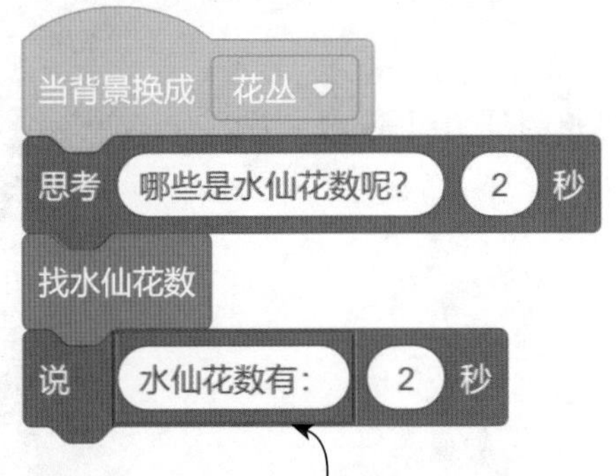

❷ 在“说( )(2)秒”积木块的第1个框中输入“水仙花数有：”

23 添加“重复执行直到（）”积木块，让角色依次说出“水仙花数”列表中的水仙花数，每说出一个水仙花数就将其从列表中删除，直到说出所有的水仙花数。

❶ 添加“控制”模块下的“重复执行直到( )”积木块

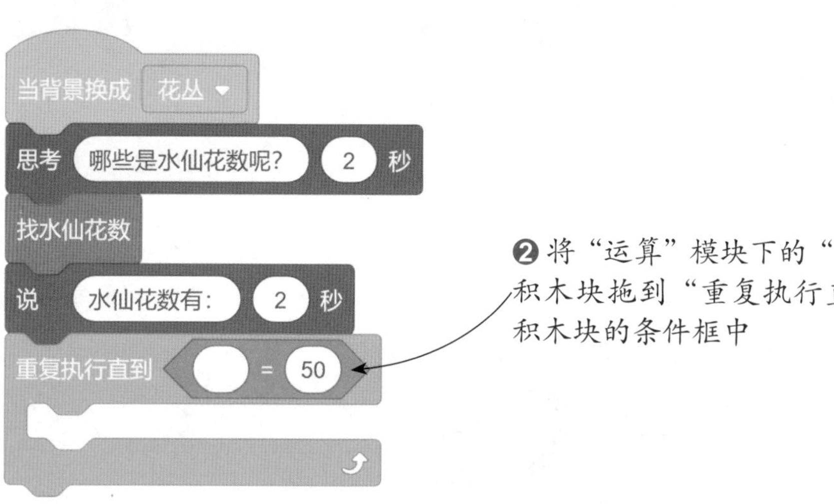
当背景换成 花丛
思考 哪些是水仙花数呢? 2 秒
找水仙花数
说 水仙花数有: 2 秒
重复执行直到 = 50
❷ 将“运算”模块下的“( ) = ( )”积木块拖到“重复执行直到 ( )”积木块的条件框中

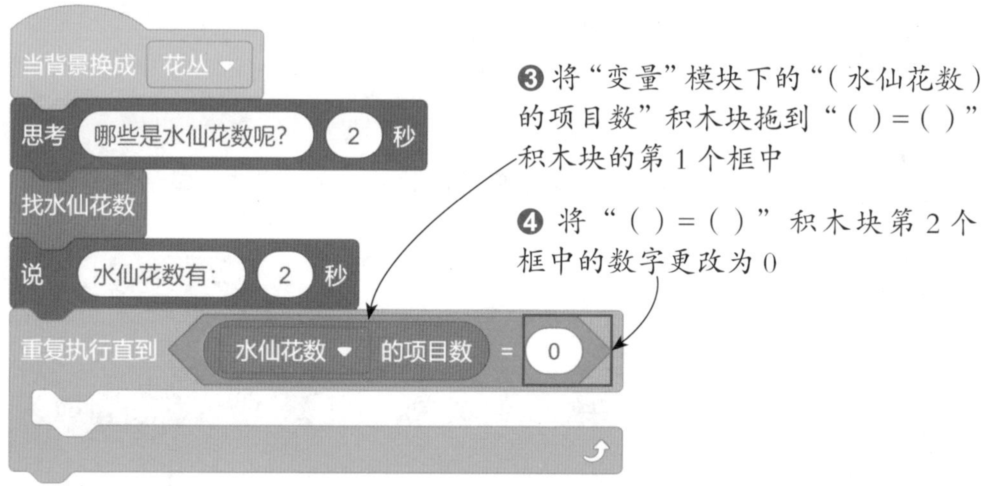
当背景换成 花丛
思考 哪些是水仙花数呢? 2 秒
找水仙花数
说 水仙花数有: 2 秒
重复执行直到 水仙花数 的项目数 = 0
❸ 将“变量”模块下的“(水仙花数)的项目数”积木块拖到“( ) = ( )”积木块的第 1 个框中
❹ 将“( ) = ( )”积木块第 2 个框中的数字更改为 0

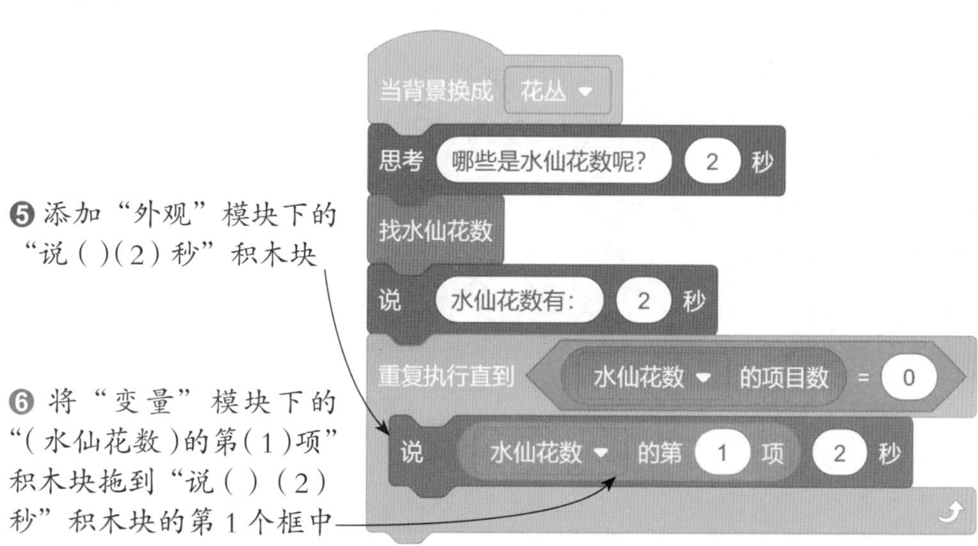
当背景换成 花丛
思考 哪些是水仙花数呢? 2 秒
找水仙花数
说 水仙花数有: 2 秒
重复执行直到 水仙花数 的项目数 = 0
说 水仙花数 的第 1 项 2 秒
❺ 添加“外观”模块下的“说 ( )(2) 秒”积木块
❻ 将“变量”模块下的“(水仙花数)的第(1)项”积木块拖到“说 ( ) (2) 秒”积木块的第 1 个框中

当背景换成 花丛
思考 哪些是水仙花数呢? 2 秒
找水仙花数
说 水仙花数有: 2 秒
重复执行直到 水仙花数 的项目数 = 0
说 水仙花数 的第 1 项 2 秒
删除 水仙花数 的第 1 项
❼ 添加"变量"模块下的"删除(水仙花数)的第(1)项"积木块

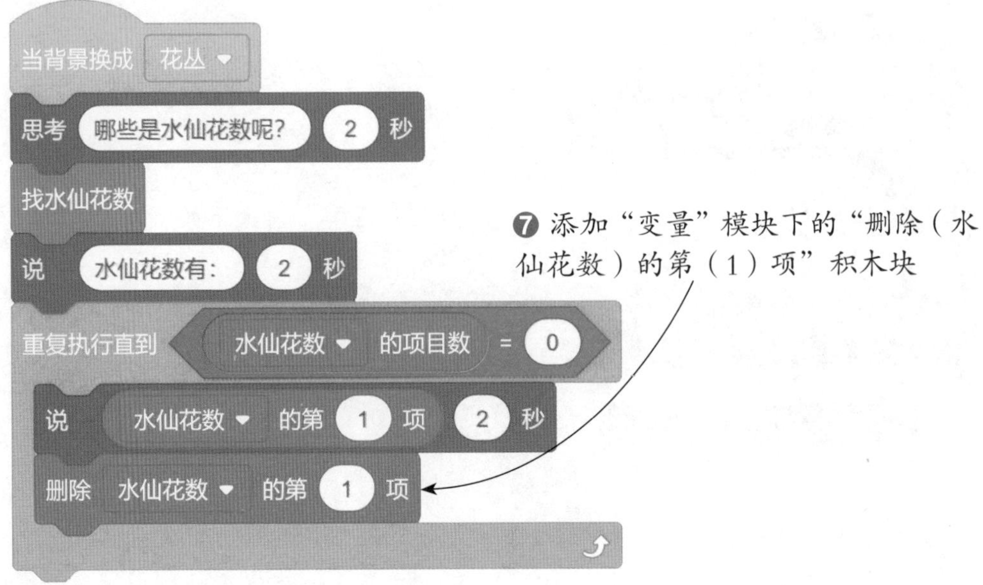

24 当角色说完"水仙花数"列表中的所有数字后，广播"显示"消息。

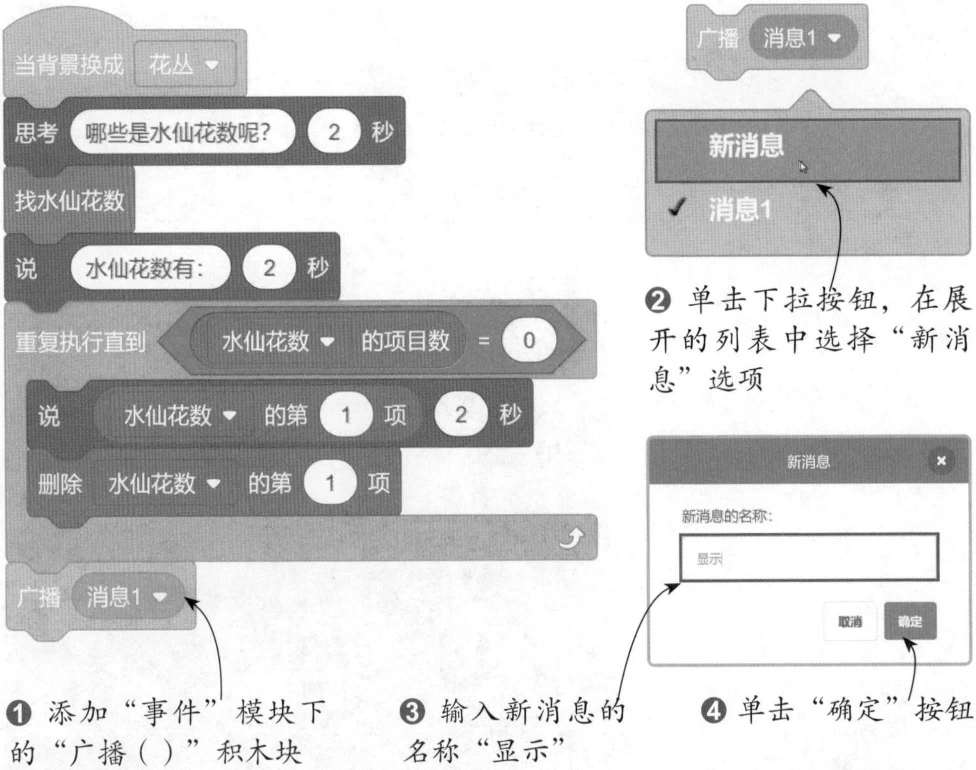

当背景换成 花丛
思考 哪些是水仙花数呢? 2 秒
找水仙花数
说 水仙花数有: 2 秒
重复执行直到 水仙花数 的项目数 = 0
说 水仙花数 的第 1 项 2 秒
删除 水仙花数 的第 1 项
广播 消息1
广播 消息1
新消息
消息1
❷ 单击下拉按钮，在展开的列表中选择"新消息"选项
新消息
新消息的名称:
显示
取消
确定
❶ 添加"事件"模块下的"广播( )"积木块
❸ 输入新消息的名称"显示"
❹ 单击"确定"按钮

25 选择“数字”角色，为角色编写脚本。当单击⚑按钮时，隐藏角色，当接收到默认角色广播的“显示”消息时，显示角色，在舞台中显示所有的水仙花数，等待 3 秒后隐藏角色，切换为“特点”背景，展示水仙花数的特点。

❶ 添加“事件”模块下的“当⚑被点击”积木块

❸ 添加“事件”模块下的“当接收到（显示）”积木块

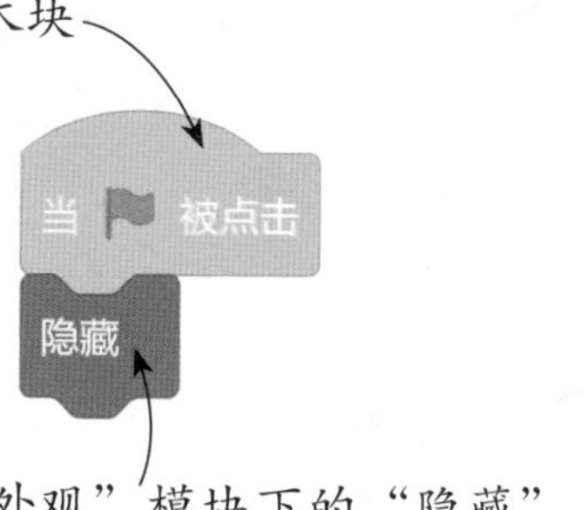

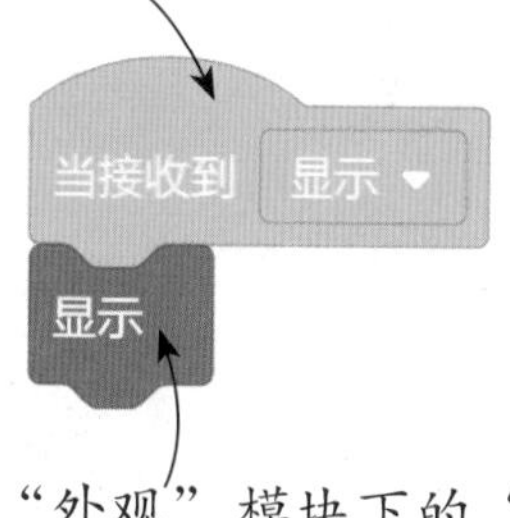

❷ 添加“外观”模块下的“隐藏”积木块

❹ 添加“外观”模块下的“显示”积木块

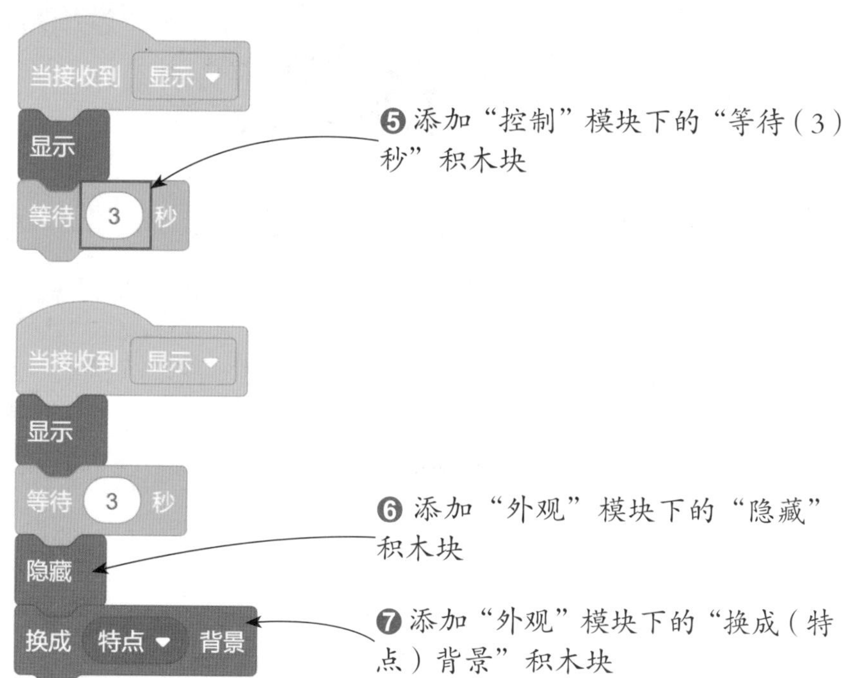

❺ 添加“控制”模块下的“等待（3）秒”积木块

❻ 添加“外观”模块下的“隐藏”积木块

❼ 添加“外观”模块下的“换成（特点）背景”积木块

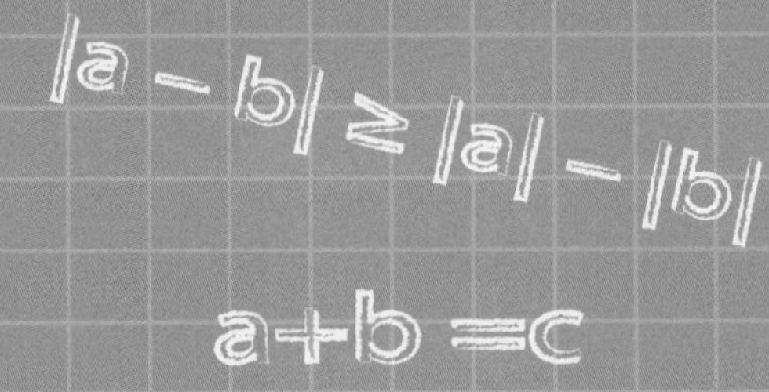

第 7 章

进制转换

对于进制，我们都很熟悉，比如时间，每 60 秒进一分钟，每 60 分钟进一小时，每 12 个月进一年等。比如数学中使用最多的十进制，计算机里常用的二进制、八进制等。二进制是计算机技术中广泛采用的一种数制，它是用 0 和 1 两个数码来表示的数。八进制和十六进制的基础也是二进制，采用八进制或十六进制可以减少数据的长度。因此，在编程时需要进行进制转换。

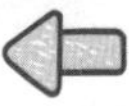

程序设定

设计一个程序，输入一个十进制正整数，将这个数转换为二进制数。

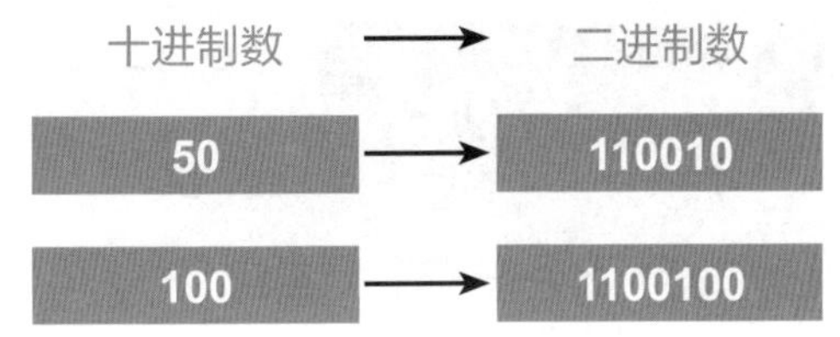

算法分析

十进制整数转换为二进制整数采用除二取余法。除二取余法就是用十进制整数除以 2，得到一个商和余数；再用得到的商除以 2，又得到一个商和余数，如此进行，直到商小于 1 为止。将先得到的余数作为二进制数的低位有效位，后得到的余数作为二进制数的高位有效位，倒序排列起来，得到最终的二进制数。

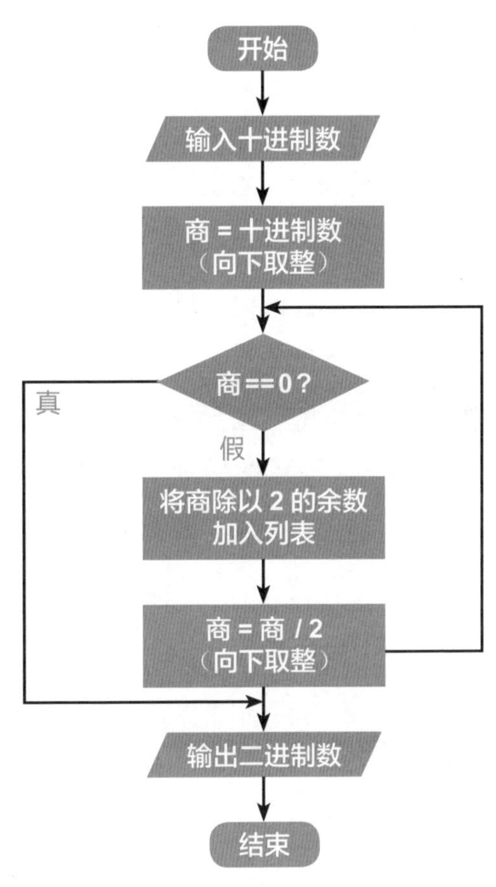

思路详解

将十进制整数转换为二进制数，先要输入一个十进制数，然后通过循环用这个数除以 2，判断商是否等于 0，如果等于 0 就倒序输出二进制数，如果不等于 0，则继续用得出的商除以 2，直到商等于 0 为止。

创建“二进制”列表

为方便查看转换后的二进制数，在程序中创建一个“二进制”空列表，用于存储转换后的二进制数。当开始运行程序时，先隐藏这个列表，并清空该列表的全部项目。

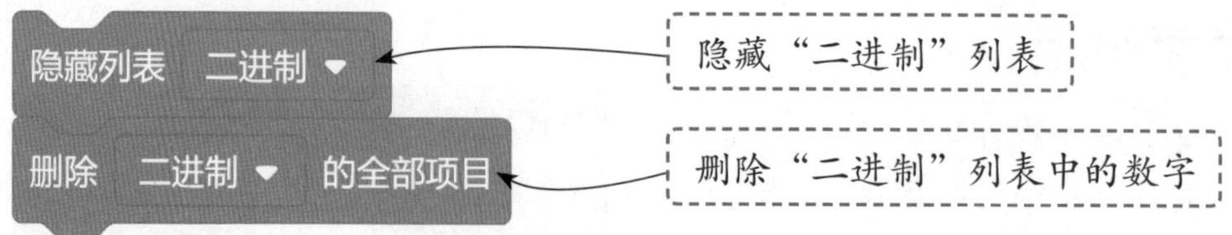

创建变量“十进制数”并赋值

要将十进制正整数转换为二进制数，首先要将需要转换的数字告知计算机。在编写程序时，首先创建一个变量“十进制数”，使用“侦测”模块下的“询问（）并等待”积木块，询问并输入要转换的正整数，然后将输入的数字赋给变量“十进制数”。

创建变量“商”并设置初始值

在程序中再创建一个变量“商”，在开始计算前，先将输入的十进制数向下取整（即舍去小数部分），然后将这个数赋给变量“商”。

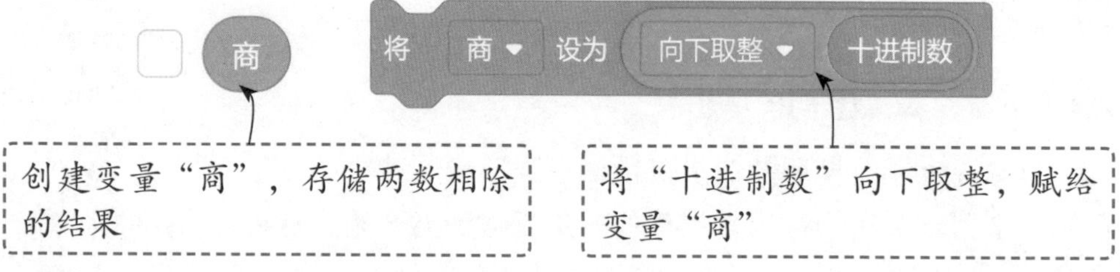

判断商是否等于 0

接下来就要重复执行计算操作。添加“重复执行直到（）”积木块，设置

一个条件循环，将条件设置为商等于 0。当商不等于 0 时，执行“重复执行直到（）”积木块中嵌套的脚本，先使用这个十进制数除以 2，算出商和余数，将余数插入到“二进制”列表中的当前第 1 项之前，然后再用商除以 2，直到商为 0 时，跳出循环。

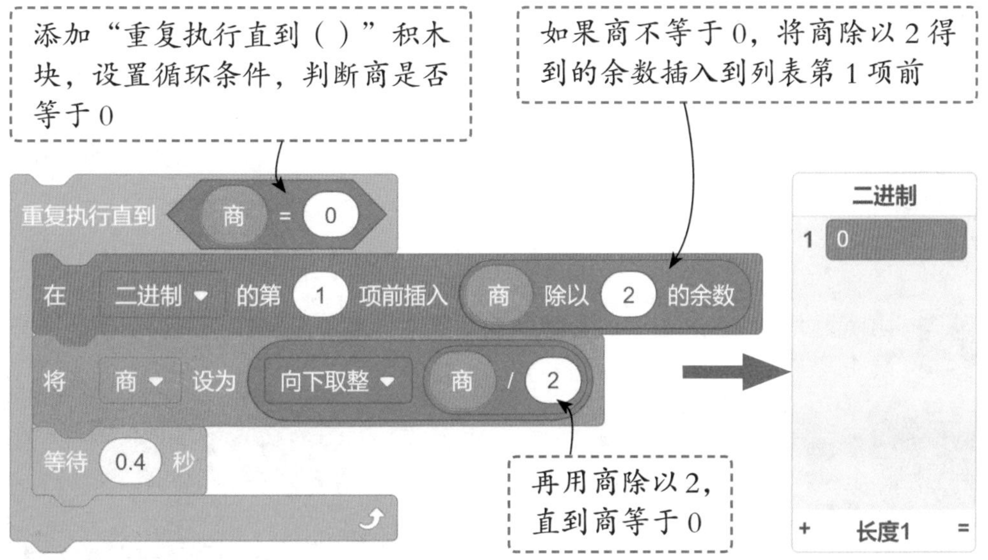

编程步骤

通过前面的分析，我们掌握了整个案例的设计思路及主要会用到的积木块，下面详细讲解这个程序的制作步骤。

1 创建新项目，上传自定义的“背景 1”～“背景 4”背景，删除默认的“背景 1”造型，然后将上传的背景造型依次命名为“背景 1”“背景 2”“背景 3”“背景 4”。

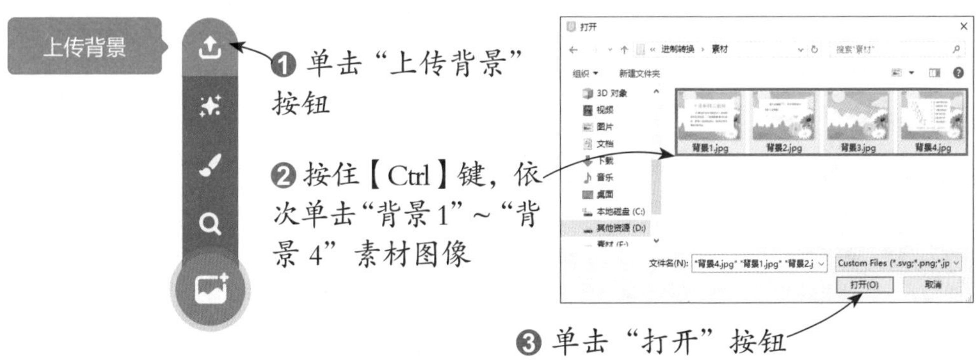

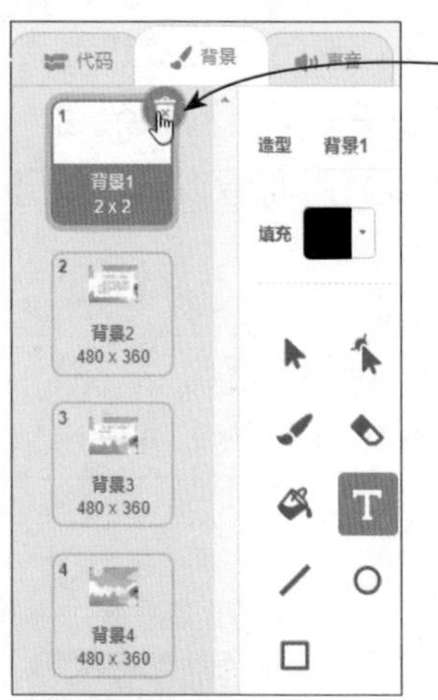

❹ 选中“背景 1”，单击右上角的“删除”按钮

❺ 依次将背景造型命名为“背景 1”“背景 2”“背景 3” “背景 4”

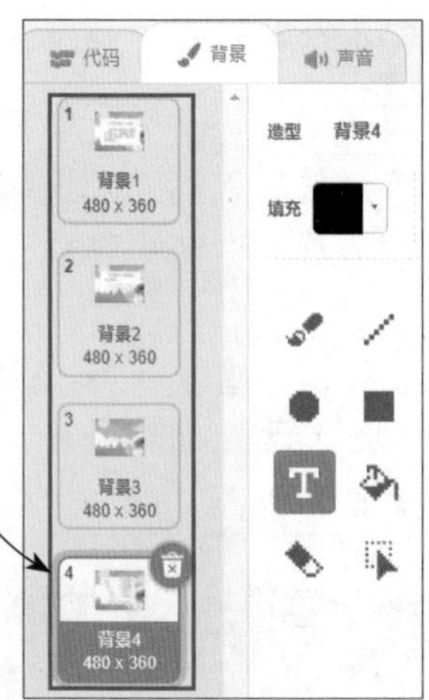

2 切换到“代码”选项卡，为背景编写脚本。当单击🏁按钮时，切换为“背景 1”背景。

❶ 添加“事件”模块下的“当🏁被点击”积木块

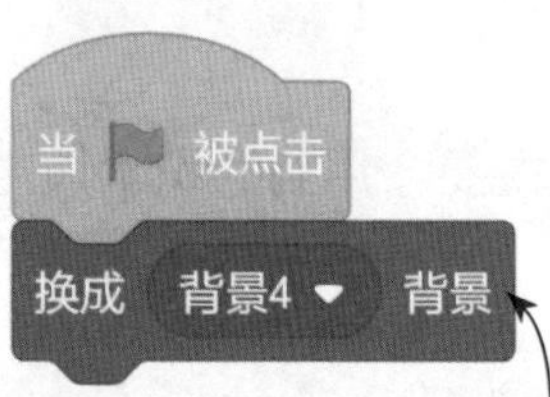

❷ 添加“外观”模块下的“换成（ ）背景”积木块

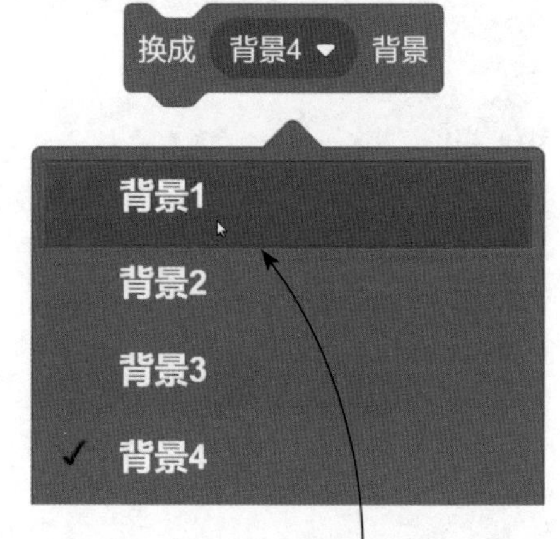

❸ 单击下拉按钮，在展开的列表中选择“背景 1”选项

3 等待 10 秒后，切换为“背景 2”背景，显示题目“输入正整数 50，将它转换成对应的二进制数。”。

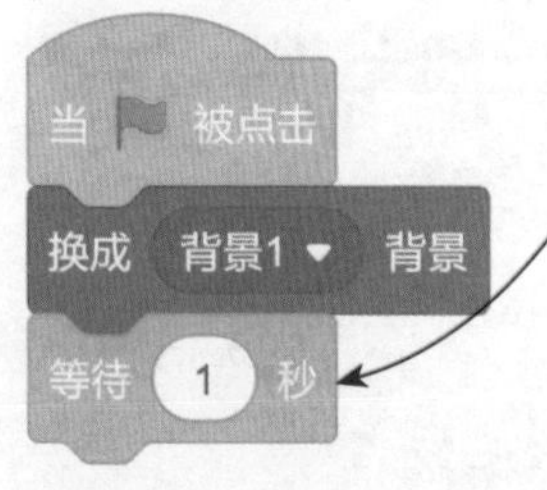

❶ 添加“控制”模块下的“等待（ ）秒”积木块

❷ 将“等待（ ）秒”积木块框中的数字更改为 10

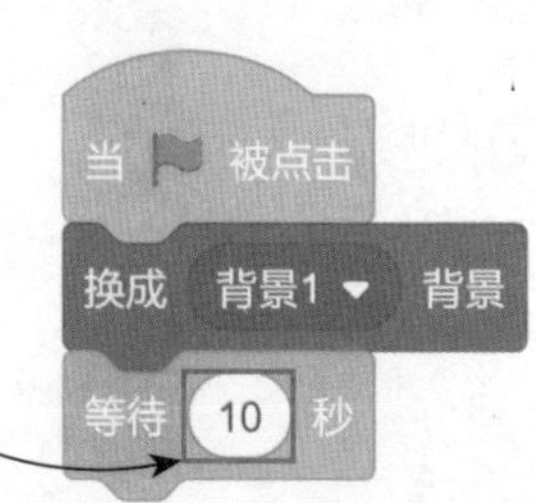

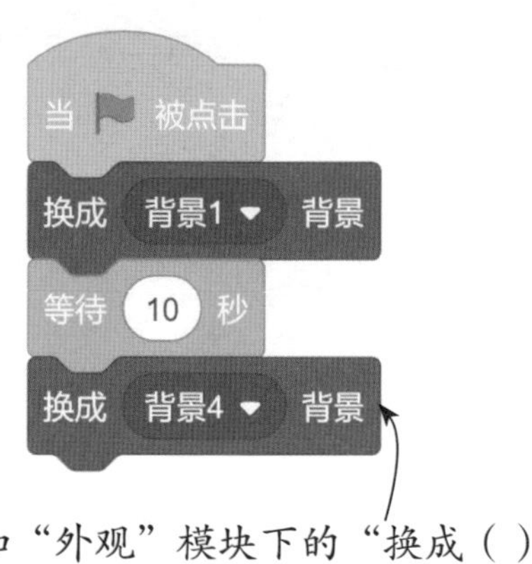

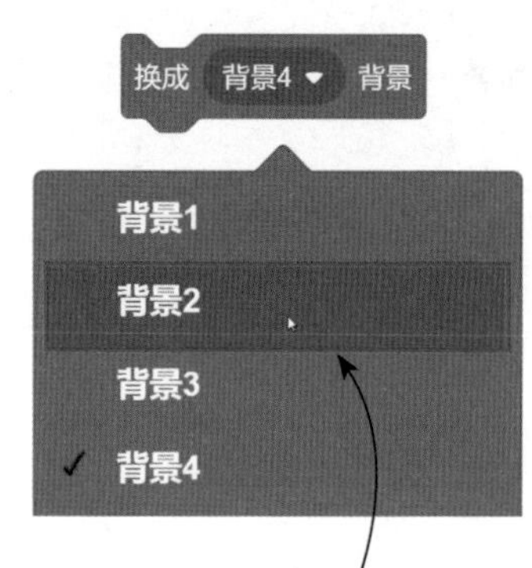

❸ 添加“外观”模块下的“换成（ ）背景”积木块

❹ 单击下拉按钮，在展开的列表中选择“背景 2”选项

4 在角色列表中选中默认的“角色 1”，调整角色的坐标，将角色移到舞台左下角。

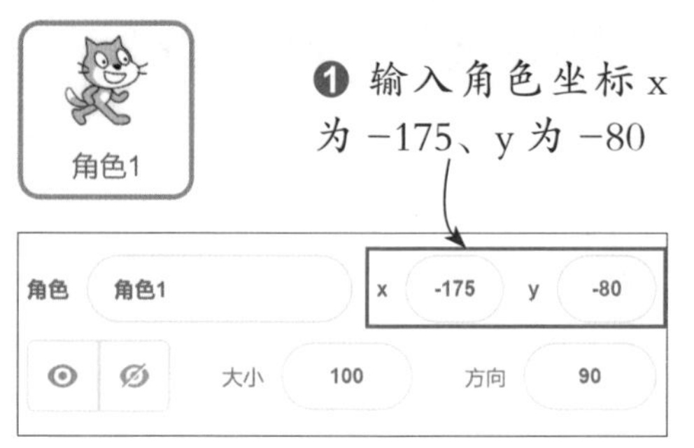

❶ 输入角色坐标 x 为 −175、y 为 −80

❷ 在舞台左下角显示设置后的角色

5 要将十进制数转换为二进制数，需要将十进制数不断地除以 2 直到商为 0，因此在计算前，先创建变量“十进制数”和“商”。

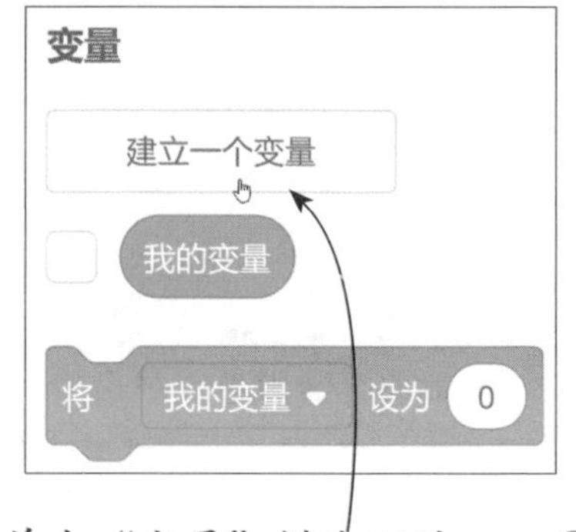

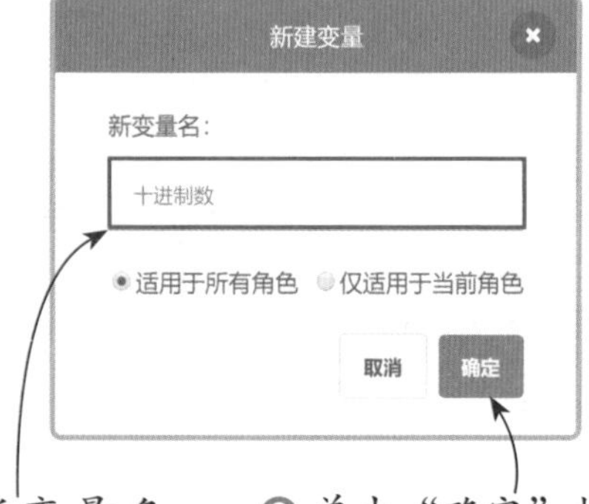

❶ 单击“变量”模块下的“建立一个变量”按钮

❷ 输入新变量名“十进制数”

❸ 单击“确定”按钮

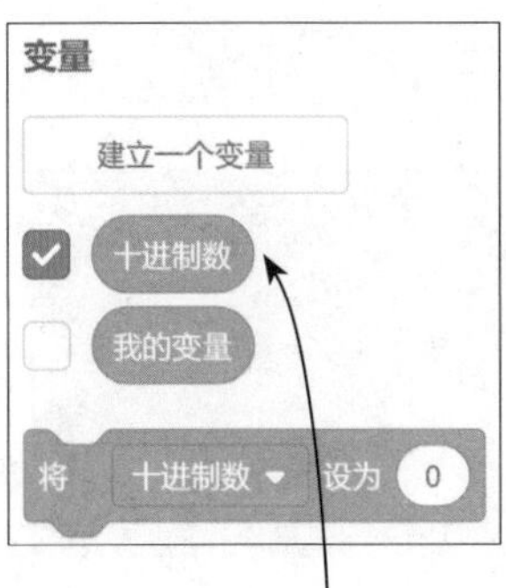

❹ 创建变量“十进制数”

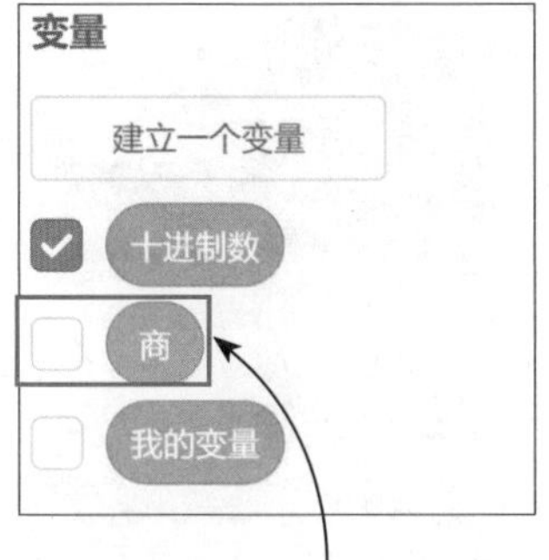

❺ 继续创建变量“商”，单击变量前的复选框，取消勾选状态，隐藏变量

6 创建“二进制”列表，用于显示转换后的二进制数。将创建的“二进制”列表移到舞台右侧的适当位置。

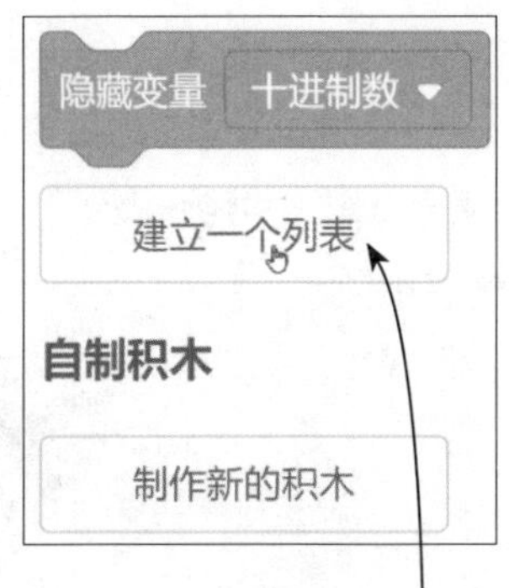

❶ 单击“变量”模块下的“建立一个列表”按钮

❷ 输入新的列表名“二进制”

❸ 单击“确定”按钮

❹ 在舞台左上角显示创建的“二进制”空列表

❺ 将列表拖到舞台右侧，并调整列表的高度

小提示

列表的显示与隐藏

在程序中创建列表后，默认情况下列表将显示在舞台左侧，如果需要将其隐藏，可以单击列表前的复选框，取消其勾选状态。如果想要在程序的运行过程中显示或隐藏列表，则需要使用“显示列表（）”积木块或“隐藏列表（）”积木块。

显示列表 二进制 ▾　　隐藏列表 二进制 ▾

7 创建“转换”积木块，用于完成进制的转换。

❶ 单击“自制积木”模块下的“制作新的积木”按钮

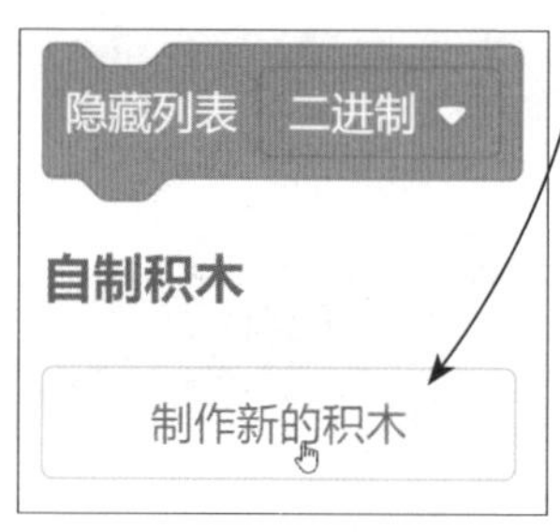

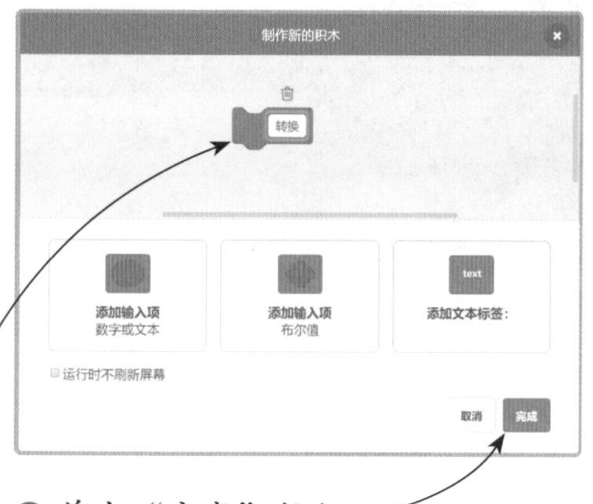

❷ 输入新积木名“转换”　❸ 单击“完成”按钮

8 当接收到转换的指令时，将商的初始值设置为输入的十进制数，并向下取整，保证这个数为整数。

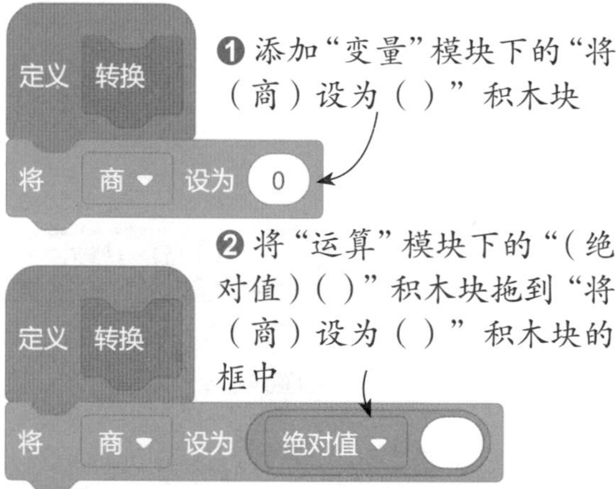

❶ 添加“变量”模块下的“将（商）设为（）”积木块

❷ 将“运算”模块下的“(绝对值)()”积木块拖到“将（商）设为（）”积木块的框中

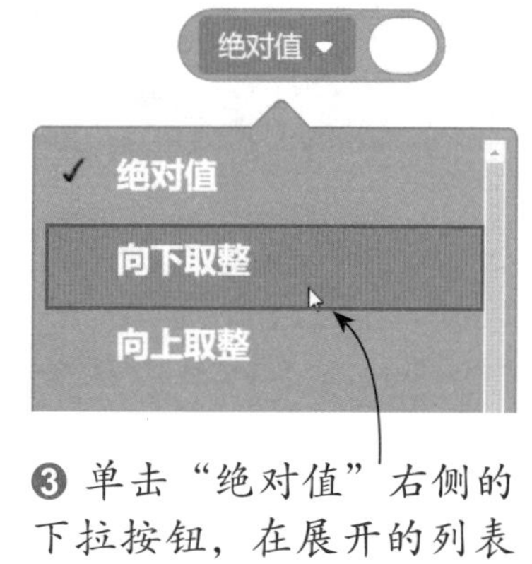

❸ 单击“绝对值”右侧的下拉按钮，在展开的列表中选择“向下取整”选项

❹ 将“变量”模块下的“十进制数”积木块拖到“向下取整（ ）”积木块的框中

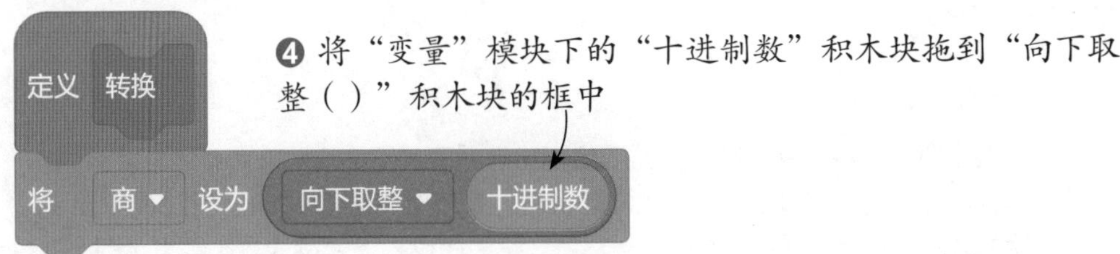

9 将一个十进制数除以2，得到的商再除以2，依此类推，直到商等于0为止，然后倒取除得的余数，即得到相应的二进制数。

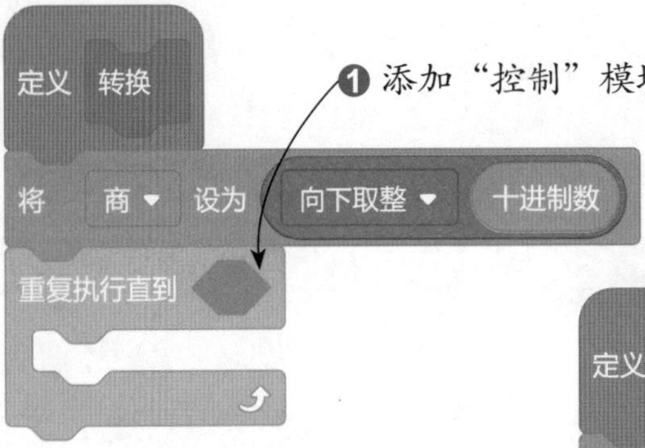

❶ 添加“控制”模块下的“重复执行直到（ ）”积木块

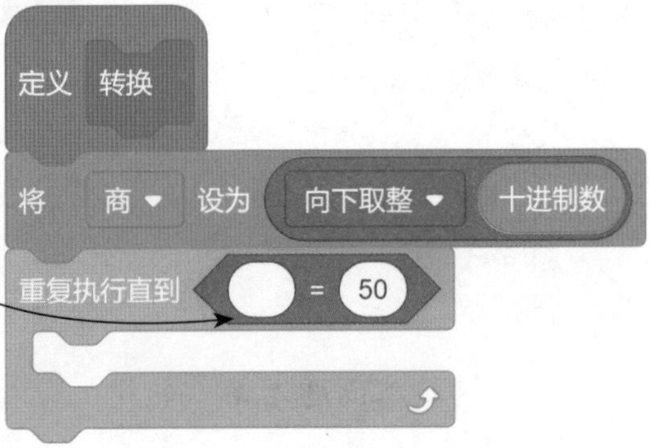

❷ 将“运算”模块下的“（ ）=（ ）”积木块拖到“重复执行直到（ ）”积木块的条件框中

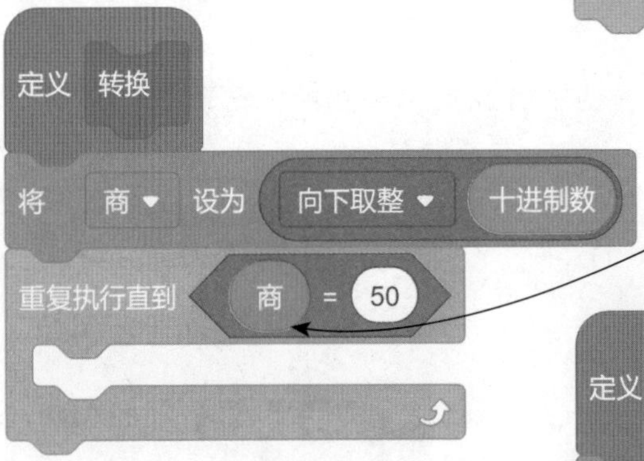

❸ 将“变量”模块下的“商”积木块拖到“（ ）=（ ）”积木块的第 1 个框中

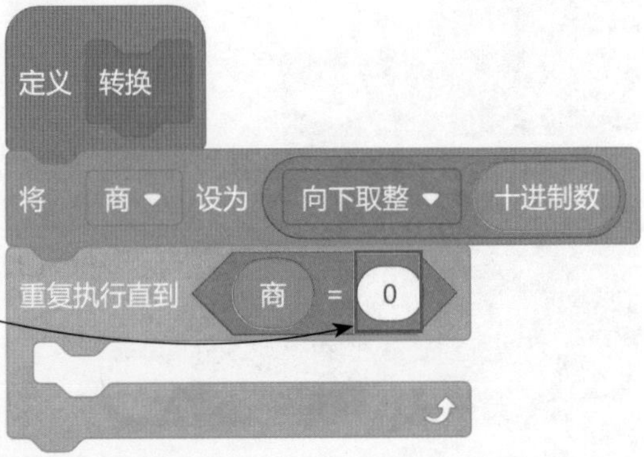

❹ 将“（ ）=（ ）”积木块第 2 个框中的数字更改为 0

10 当商不等于 0 时，将这个十进制数除以 2 得到的余数依次添加到“二进制”列表。

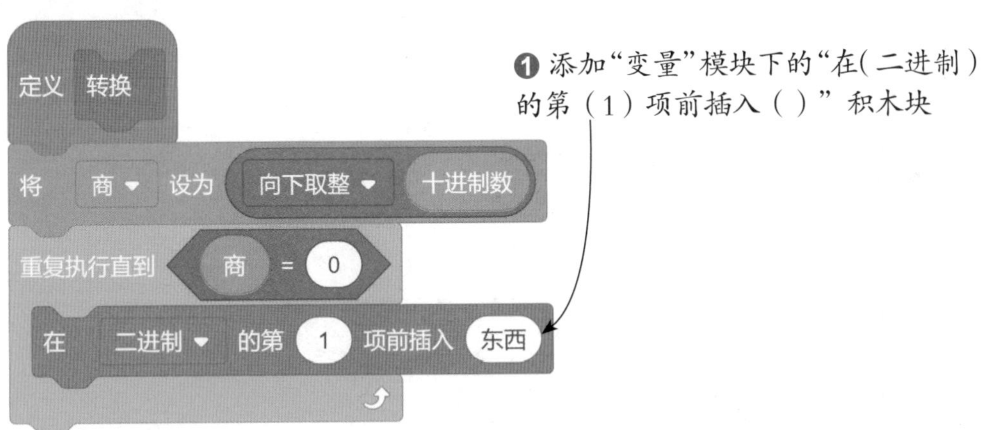

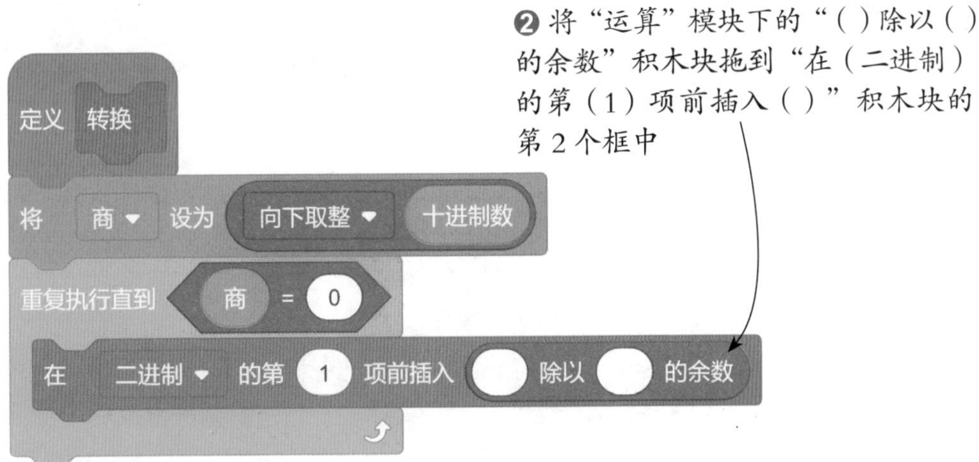

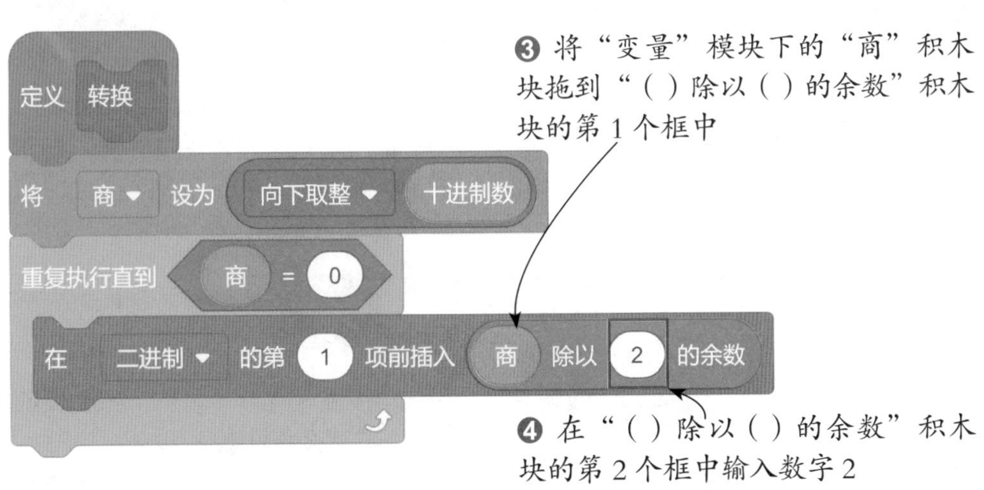

11 将余数添加到列表后，重新将除以 2 之后的数字赋给商，直到最后计算出的商等于 0，并且每次计算除以 2 后，等待一段时间，让其余数逐个显示在列表中。

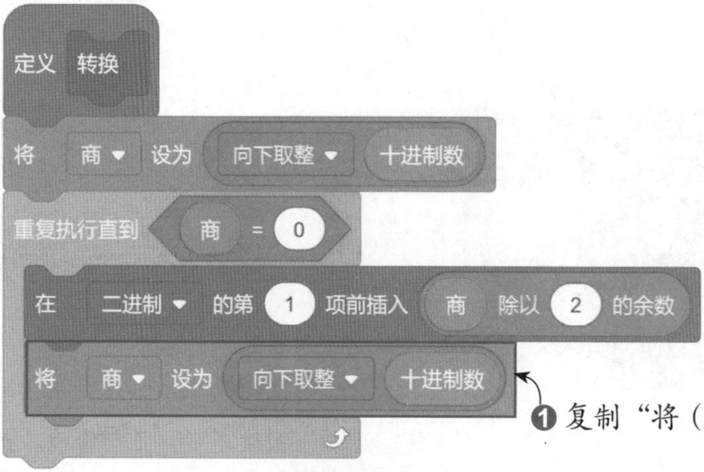
定义 转换
将 商 设为 向下取整 十进制数
重复执行直到 商 = 0
在 二进制 的第 1 项前插入 商 除以 2 的余数
将 商 设为 向下取整 十进制数
❶复制“将（ ）设为（ ）”积木组

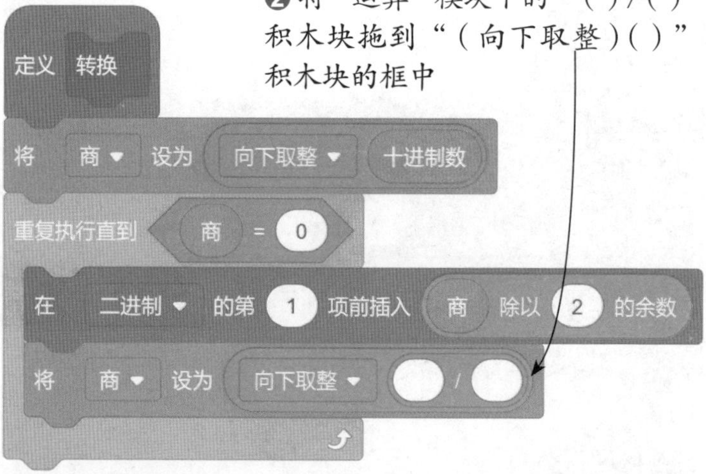
❷将“运算”模块下的“（ ）/（ ）”积木块拖到“（向下取整）（ ）”积木块的框中
定义 转换
将 商 设为 向下取整 十进制数
重复执行直到 商 = 0
在 二进制 的第 1 项前插入 商 除以 2 的余数
将 商 设为 向下取整 /

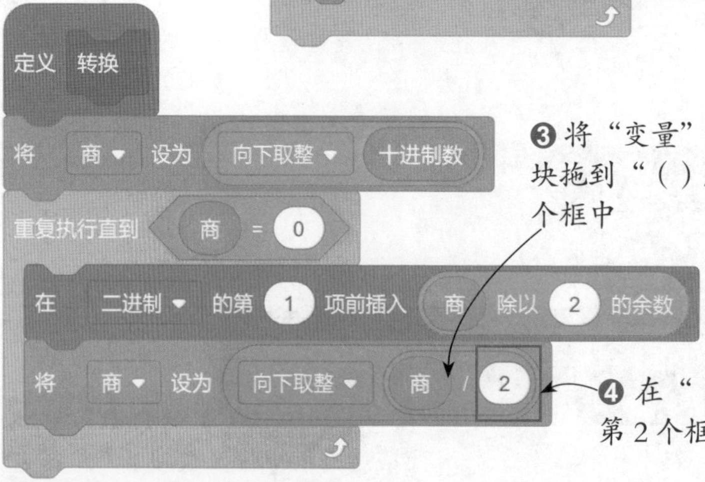
定义 转换
将 商 设为 向下取整 十进制数
重复执行直到 商 = 0
在 二进制 的第 1 项前插入 商 除以 2 的余数
将 商 设为 向下取整 商 / 2
❸将“变量”模块下的“商”积木块拖到“（ ）/（ ）”积木块的第 1 个框中
❹在“（ ）/（ ）”积木块的第 2 个框中输入数字 2

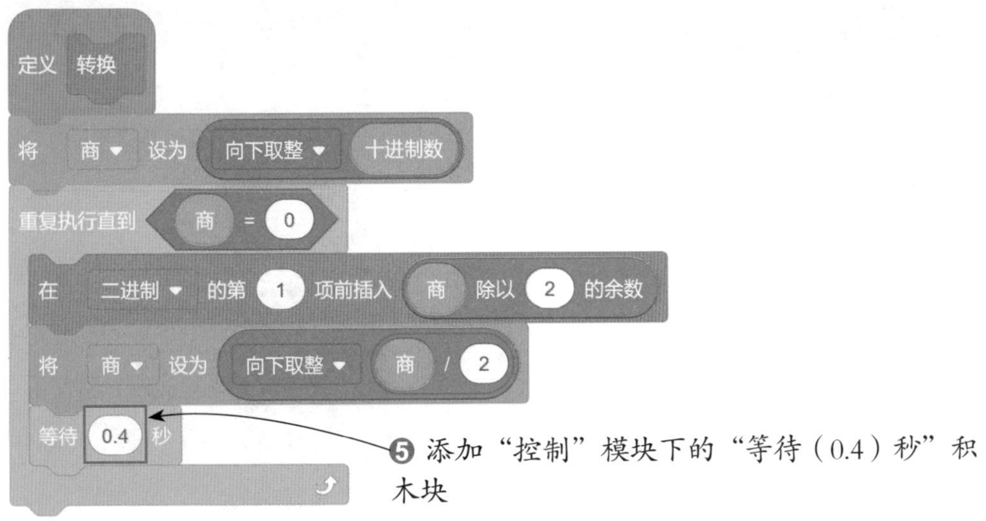

❺ 添加“控制”模块下的“等待（0.4）秒”积木块

12 接下来编写调用计算过程的主程序。当单击按钮时，隐藏“角色 1”，同时隐藏“二进制”列表，并删除该列表中的所有项目。

❶ 添加“事件”模块下的“当被点击”积木块

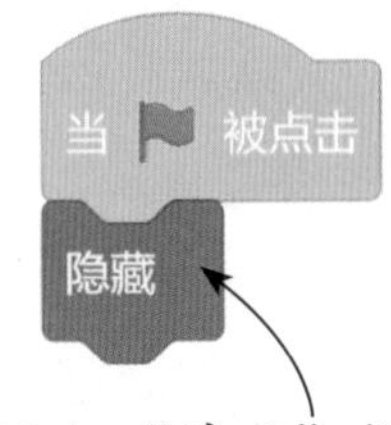

❷ 添加“外观”模块下的“隐藏”积木块

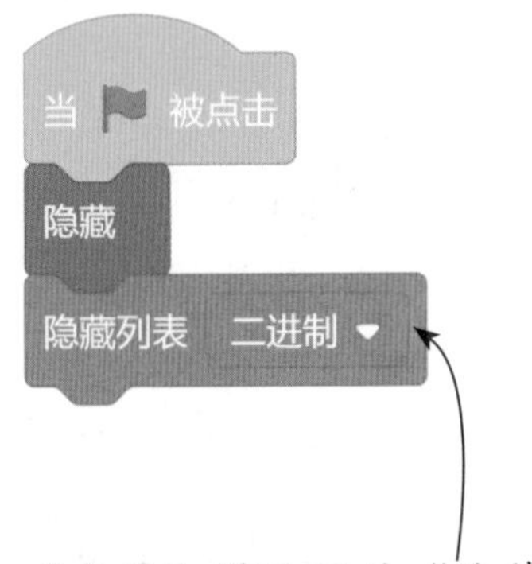

❸ 添加“变量”模块下的“隐藏列表（二进制）”积木块

❹ 添加“变量”模块下的“删除（二进制）的全部项目”积木块

13 切换为“背景 2”背景时，重新显示隐藏的“角色 1”。

❶ 添加“事件”模块下的“当背景换成（ ）”积木块

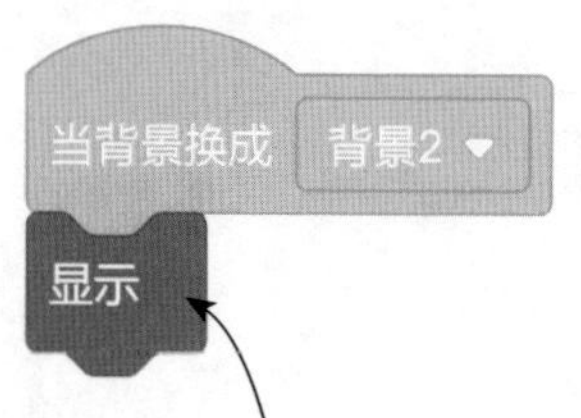

❸ 添加“外观”模块下的“显示”积木块

❷ 单击下拉按钮，在展开的列表中选择“背景 2”选项

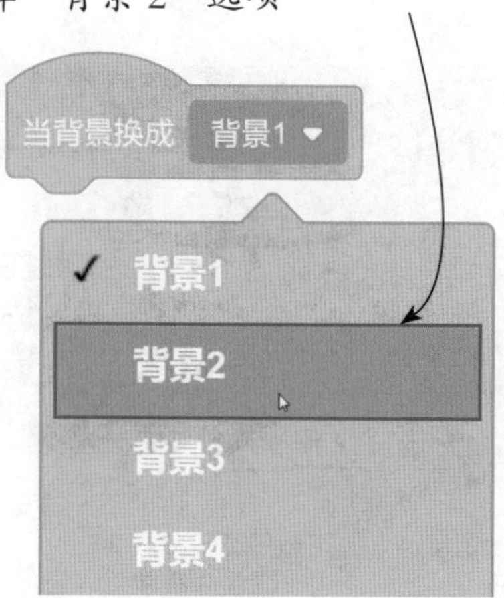

14 添加“询问（）并等待”积木块，等待输入题目中出现的正整数 50，输入后将数字 50 赋给变量“十进制数”。

❶ 添加“侦测”模块下的“询问（ ）并等待”积木块

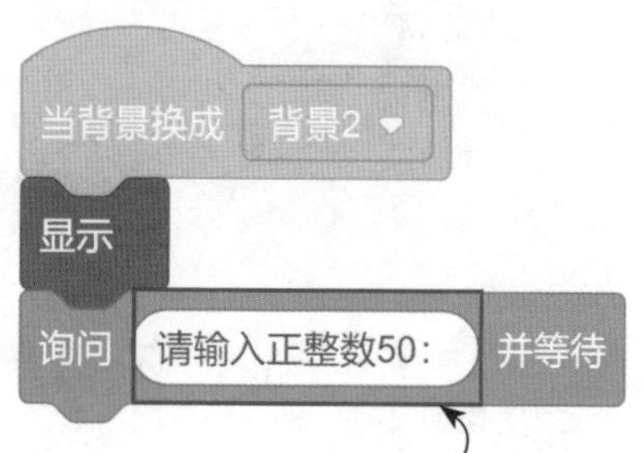

❷ 将“询问（ ）并等待”积木块框中的文字更改为“请输入正整数 50：”

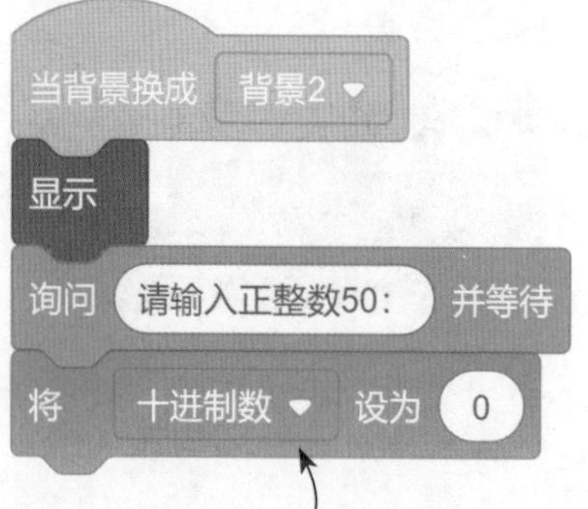

❸ 添加“变量”模块下的“将（十进制数）设为（ ）”积木块

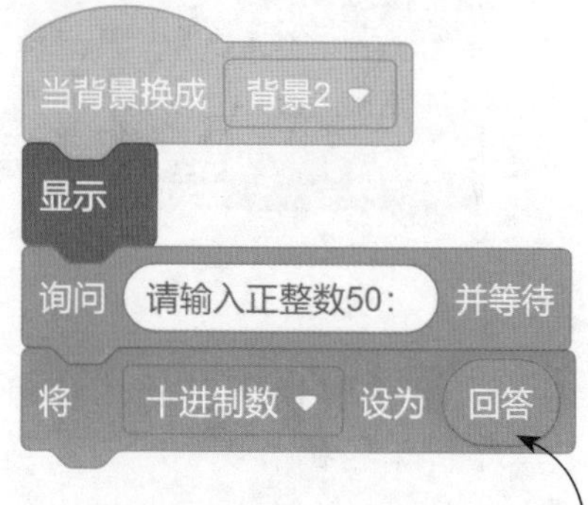

❹ 将“侦测”模块下的“回答”积木块拖到“将（十进制数）设为（ ）”积木块的框中

15 切换为“背景 3”背景时，在舞台右侧显示“二进制”空列表。

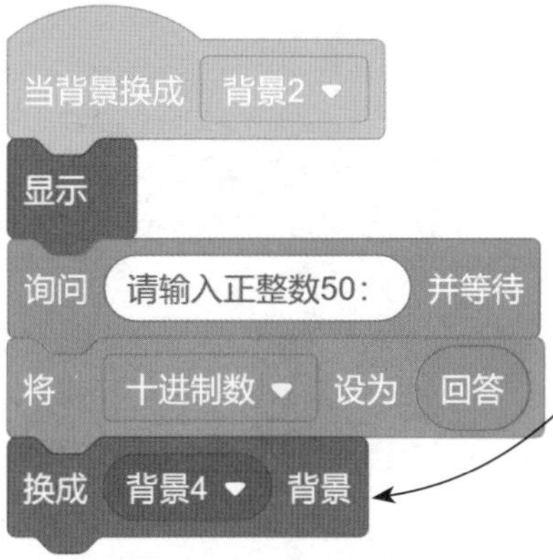
当背景换成 背景2
显示
询问 请输入正整数50: 并等待
将 十进制数 设为 回答
换成 背景4 背景

❶ 添加“外观”模块下的“换成（）背景”积木块

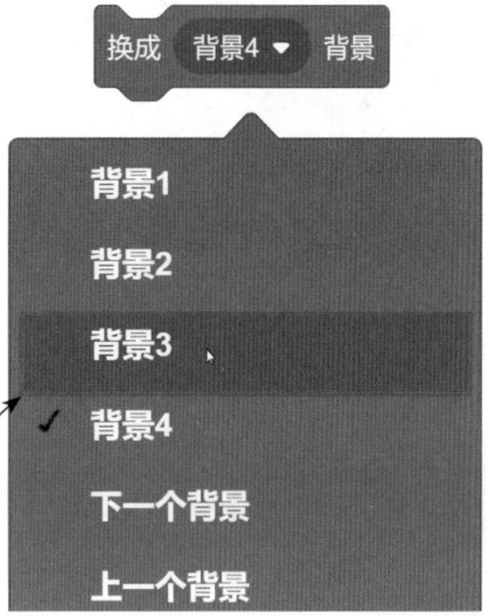
换成 背景4 背景
背景1
背景2
背景3
背景4
下一个背景
上一个背景

❷ 单击下拉按钮，在展开的列表中选择“背景 3”选项

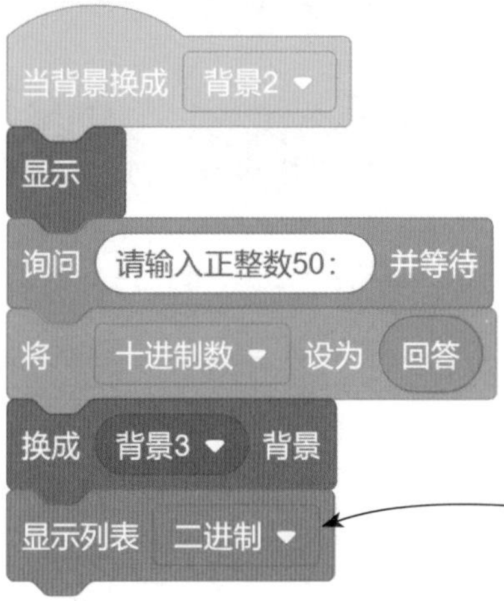
当背景换成 背景2
显示
询问 请输入正整数50: 并等待
将 十进制数 设为 回答
换成 背景3 背景
显示列表 二进制

❸ 添加“变量”模块下的“显示列表（二进制）”积木块

16 添加“自制积木”模块下的“转换”积木块，调用计算过程，计算完成后切换为“背景 4”背景，显示计算的过程，等待 5 秒，让角色说出“点我试试其他数字吧！”。

当背景换成 背景2
显示
询问 请输入正整数50: 并等待
将 十进制数 设为 回答
换成 背景3 背景
显示列表 二进制
转换

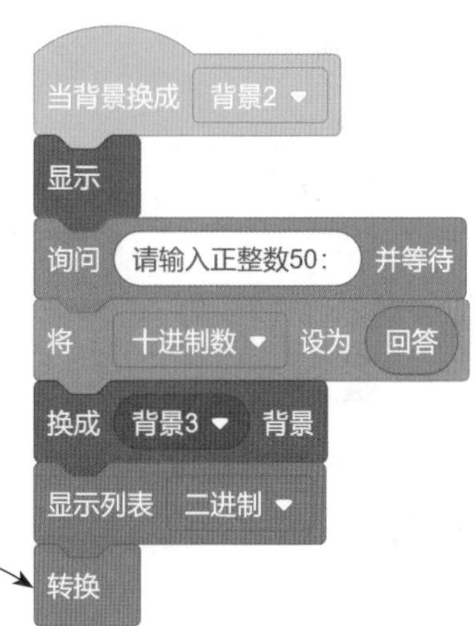

❶ 添加“自制积木”模块下的“转换”积木块

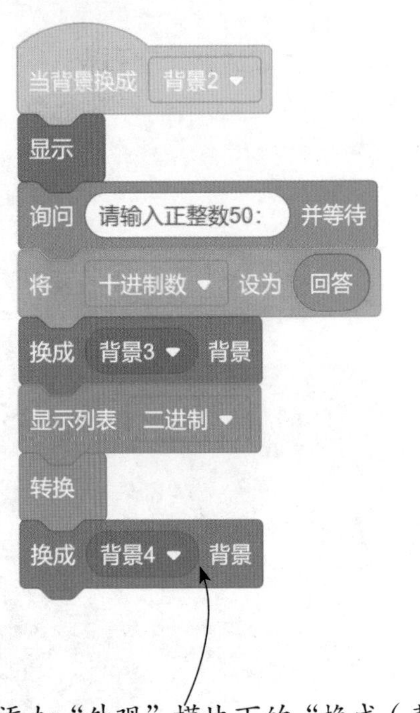

❷ 添加“外观”模块下的“换成（背景 4）背景”积木块

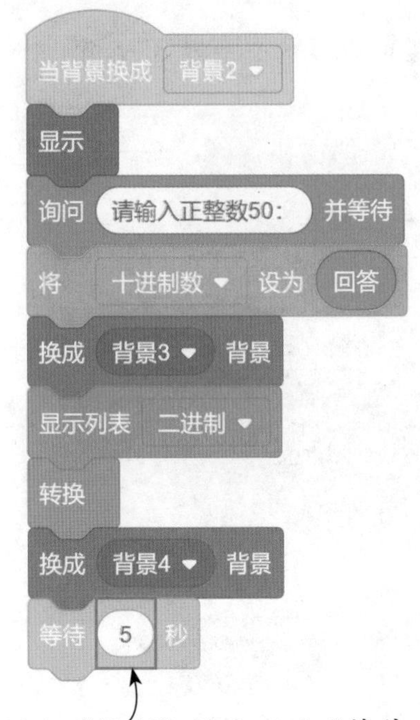

❸ 添加“控制”模块下的“等待（5）秒”积木块

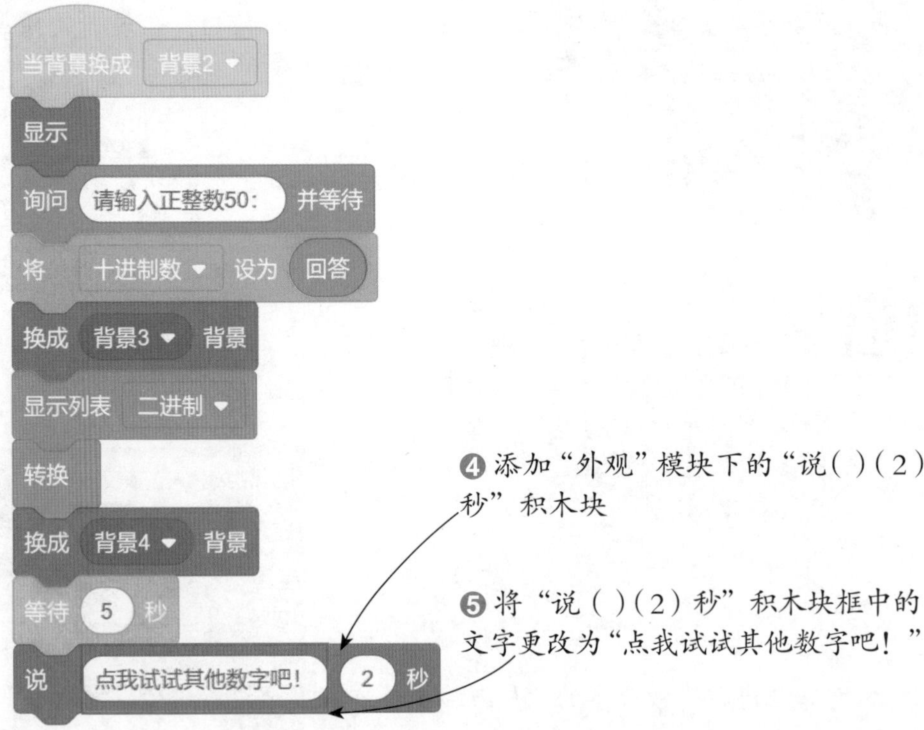

❹ 添加“外观”模块下的“说（ ）（2）秒”积木块

❺ 将“说（ ）（2）秒”积木块框中的文字更改为“点我试试其他数字吧！”

17 当单击“角色 1”时，切换为“背景 3”背景。

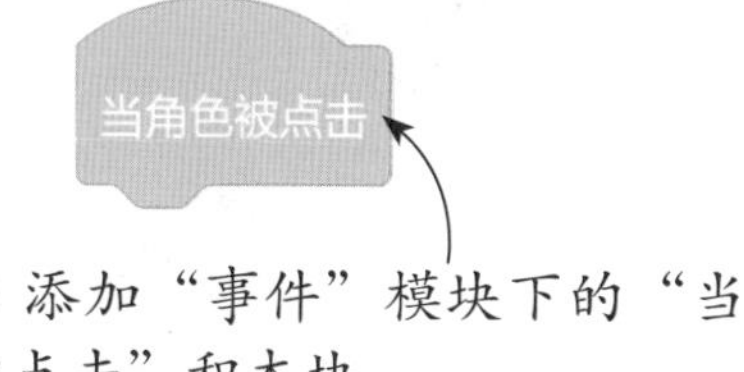

❶ 添加“事件”模块下的“当角色被点击”积木块

❷ 添加“外观”模块下的“换成（ ）背景”积木块

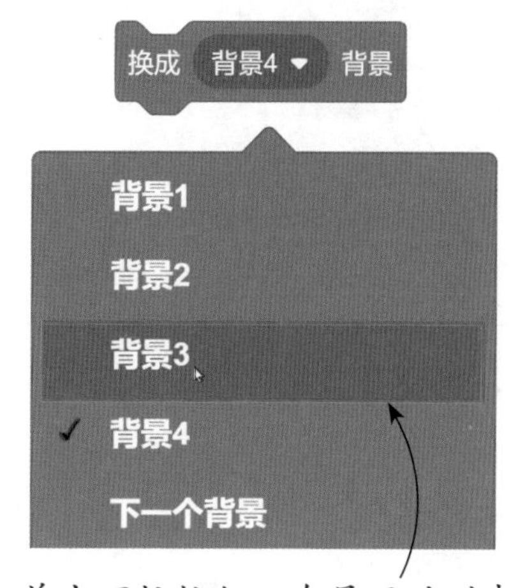

❸ 单击下拉按钮，在展开的列表中选择“背景 3”选项

18 再次通过询问“请重新输入一个正整数：”，让小朋友重新输入一个正整数，然后调用计算过程进行转换，并将转换结果显示在“二进制”列表中。

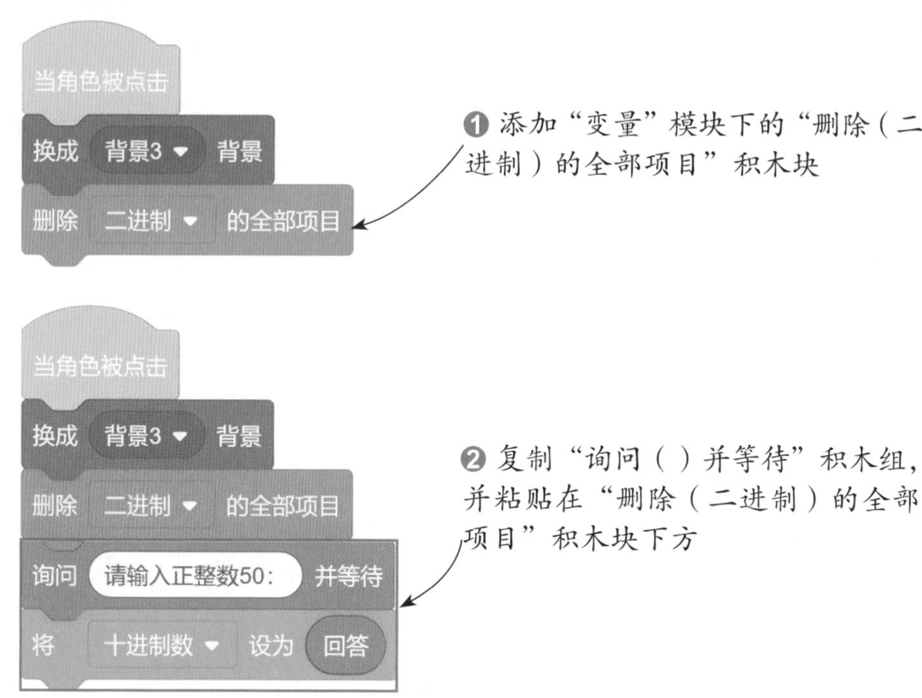

❶ 添加“变量”模块下的“删除（二进制）的全部项目”积木块

❷ 复制“询问（ ）并等待”积木组，并粘贴在“删除（二进制）的全部项目”积木块下方

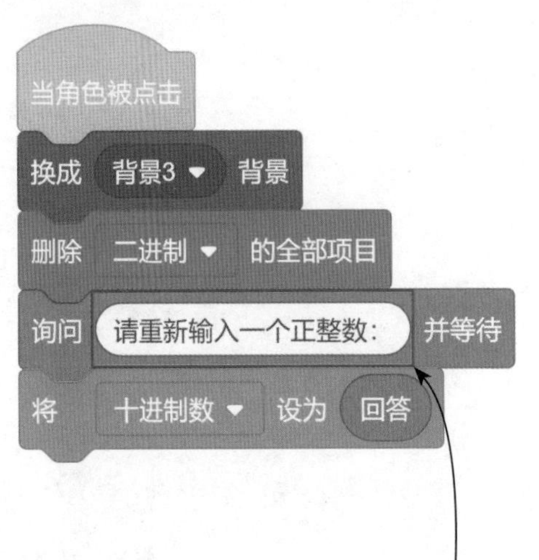

❸ 将“询问（ ）并等待”积木块框中的文字更改为“请重新输入一个正整数：”

❹ 添加“自制积木”模块下的“转换”积木块

小提示

向上取整和向下取整

对一个小数进行向上取整，得到的是大于这个小数的最小整数；对一个小数进行向下取整，得到的是小于这个小数的最大整数。例如，对 5.4 进行向上取整的结果是 6，进行向下取整的结果是 5；对 -1.6 进行向上取整的结果是 -1，进行向下取整的结果是 -2。

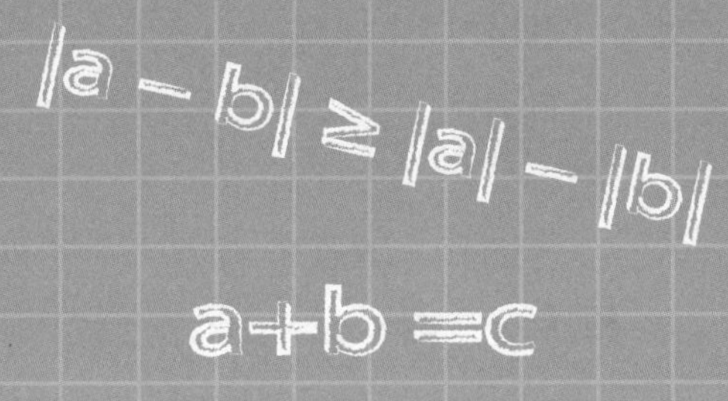

第8章 信息加密

未经加密处理的商业数据或文字资料在网络上进行传输时，容易丢失或被篡改。因此，在网络上传输重要数据之前，需要将原始的数据内容以事先定义好的算法、表达方式或编码方式转换成不能直接编读的代码，这个转换的过程就叫加密。

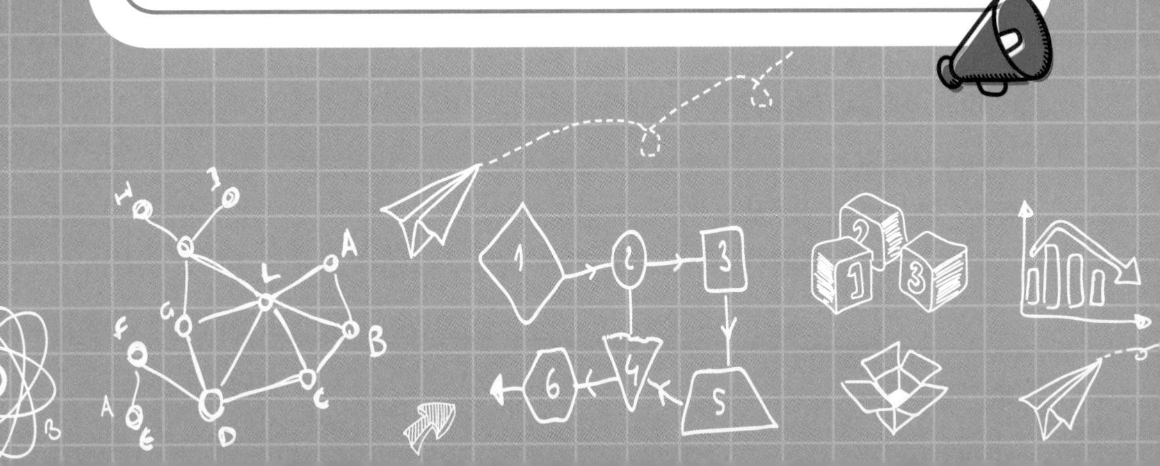

程序设定

设计一个程序，输入一个字符串，根据加密规则对该字符串进行加密。

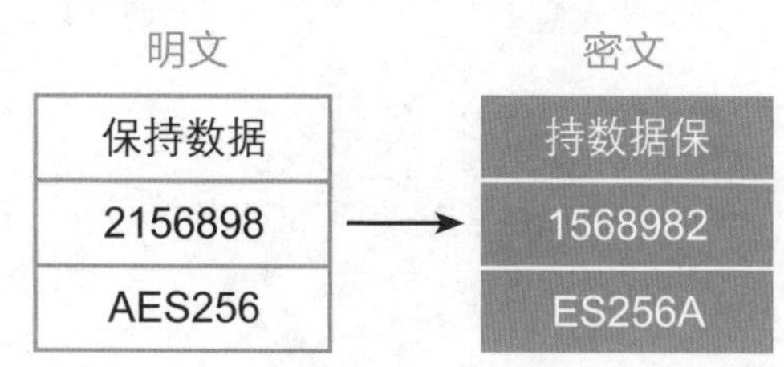

算法分析

本案例中数据信息的加密采用安全性算法实现，加密规则为将原字符串的首字符移到末尾，得到加密字符串。在程序中，首先输入一个待加密的字符串，然后将这个字符串的第 2 个字符设为加密字符串的第 1 个字符，第 3 个字符设为加密字符串的第 2 个字符，依此类推，最后将原字符串的第 1 个字符设为加密字符串的最后一个字符，加密就完成了。

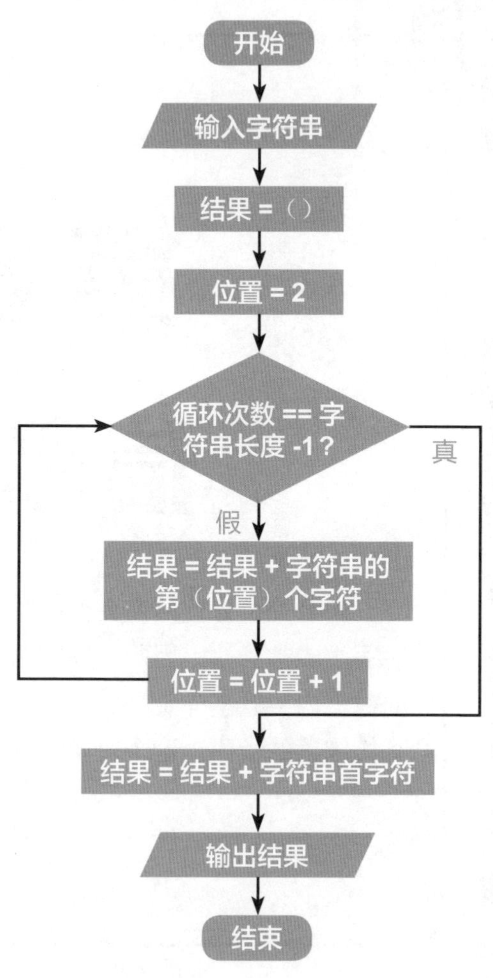

思路详解

先将变量“结果”的值设为空，然后通过循环的方式从原字符串依次取出第 2、3、4……个字符加入变量“结果”中，最后用这个结果与原字符串的第 1 个字符组合，得到加密字符串。

创建变量“位置”“字符串”“结果”

对字符串进行加密时，需要调整字符串中字符的排列顺序，因此先要创建“位置”“字符串”“结果”3 个变量。

变量“位置”用于计数，指明字符的位置，初始值为 2，即从第 2 个字符

开始；变量“字符串”用于记录当前位置的字符；变量“结果”用于存放加密后的字符串，初始值为空。

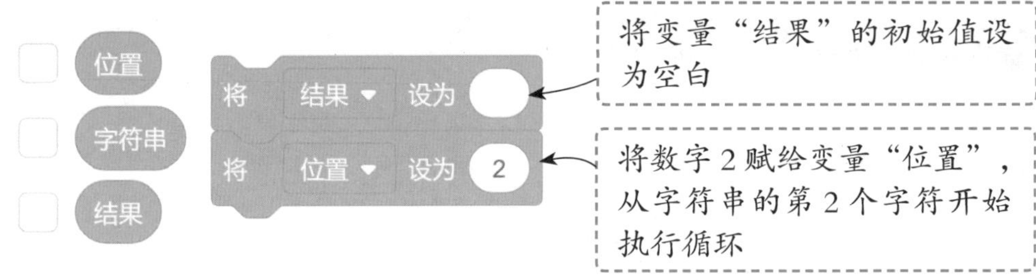

输入字符串

对信息进行加密前，先要将需要加密的信息告诉程序。应用“侦测”模块下的“询问（）并等待”积木块，询问并等待输入需要进行加密的字符串，输入后的结果将被存储到“回答”积木块中。

重复执行分解字符串

当程序接收到输入的字符串后，需要根据输入的字符长度，通过重复执行分解出每一位字符。添加“重复执行（）次”积木块，本程序是从字符串的第 2 个字符开始加密，所以重复循环次数就为（字符串长度 -1）次。

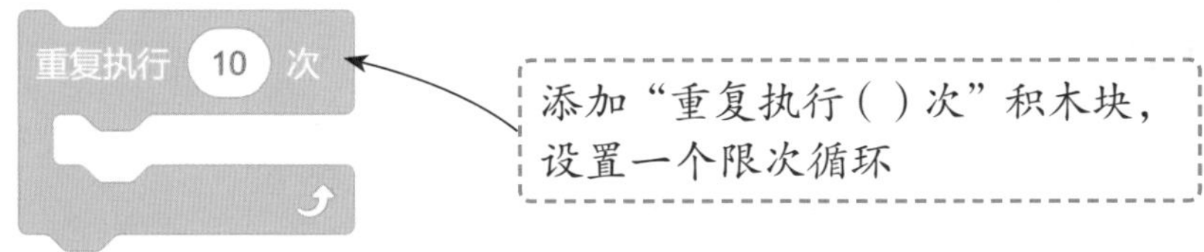

根据加密规则添加字符

将分解出的每一位字符依次赋给变量“字符串”，然后用变量“结果”加上变量“字符串”中的字符得到新的字符串。直到重复执行次数达到（字符串长度 -1）次时，用“结果”加上原字符串的首字符作为加密后的字符串。

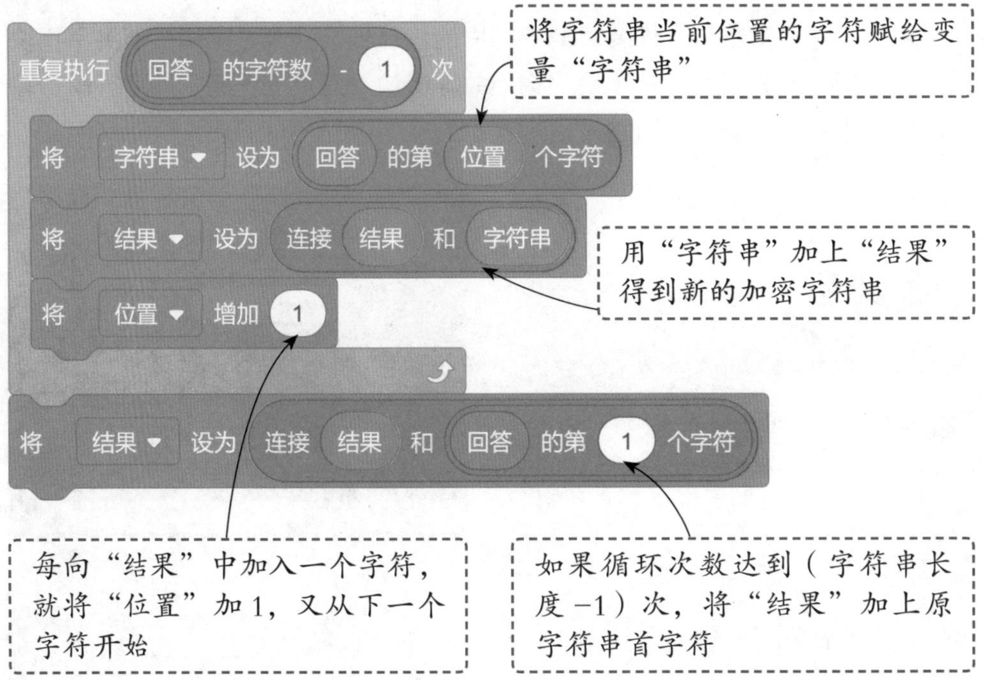

编程步骤

通过前面的分析，我们掌握了整个案例的算法和设计思路，接下来详细讲解这个程序的制作步骤。

1 创建新项目，添加背景素材库中的“Stars”背景，然后删除默认的“背景 1”造型。

① 单击“选择一个背景”按钮

② 单击“Stars”背景

2 将添加的“Stars”背景重命名为“背景 1”，然后将背景转换为矢量图形，使用“文本”工具在背景中输入信息加密方式的说明文字。

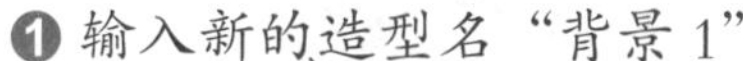

① 输入新的造型名“背景 1”

③ 单击“文本”工具

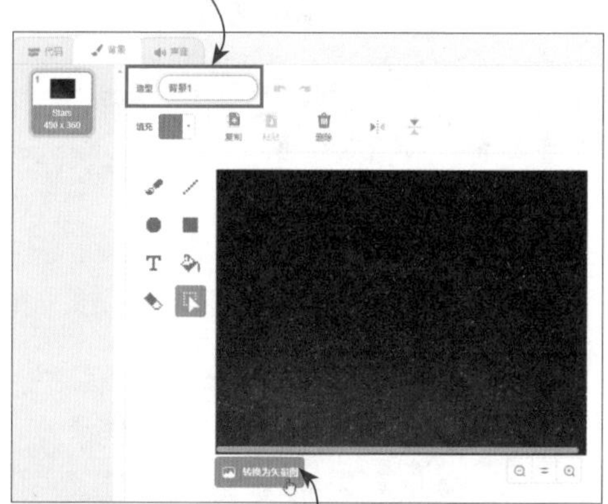

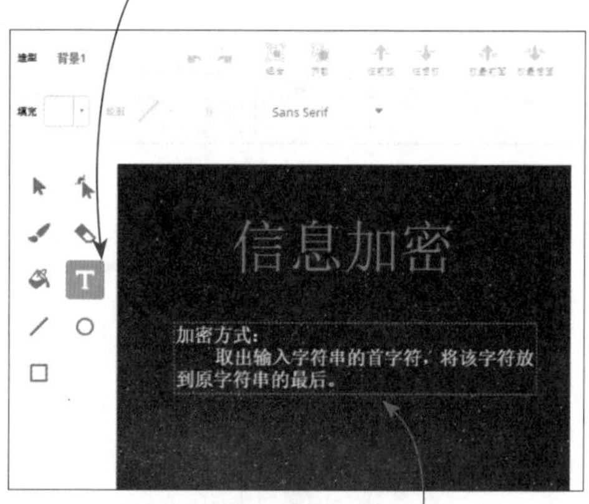

② 单击“转换为矢量图”按钮

④ 在绘图区单击并输入文字

3 继续添加背景素材库中的“Neon Tunnel”背景，将添加的背景重命名为“背景 2”。

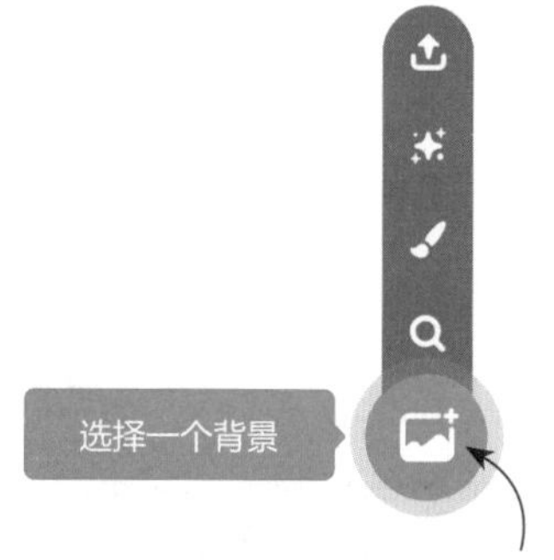

① 单击“选择一个背景”按钮

② 单击“Neon Tunnel”背景

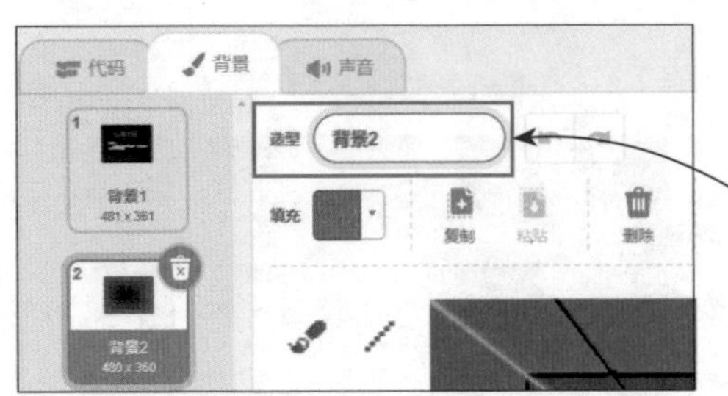

❸ 输入新的造型名“背景 2”

4 切换到“代码”选项卡，为背景编写脚本。当单击 按钮时，显示“背景 1”背景，等待 8 秒后，切换为“背景 2”背景。

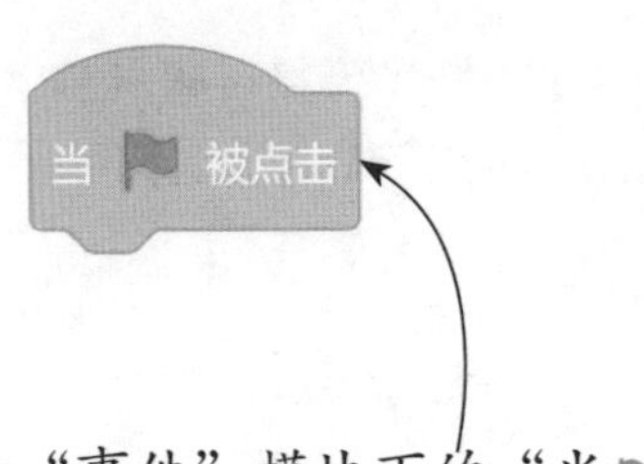

❶ 添加“事件”模块下的“当 被点击”积木块

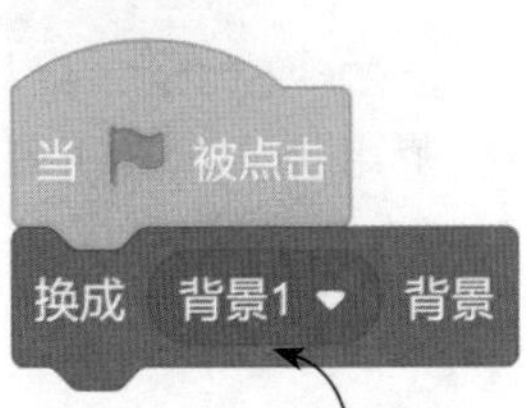

❷ 添加“外观”模块下的“换成（背景 1）背景”积木块

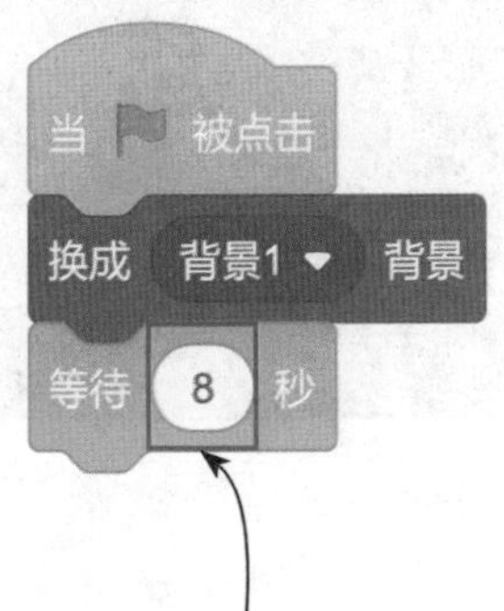

❸ 添加“控制”模块下的“等待（8）秒”积木块

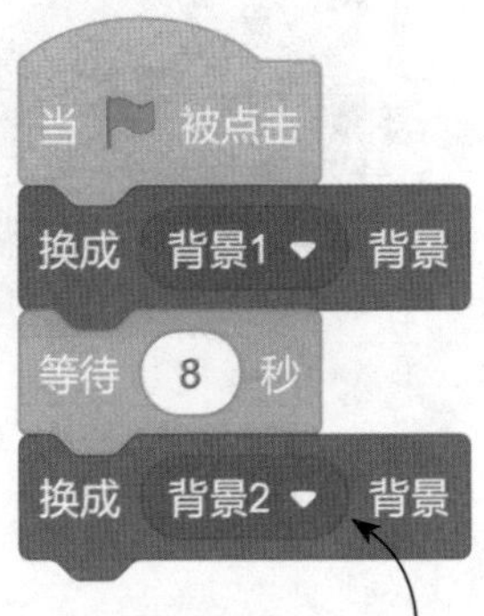

❹ 添加“外观”模块下的“换成（背景 2）背景”积木块

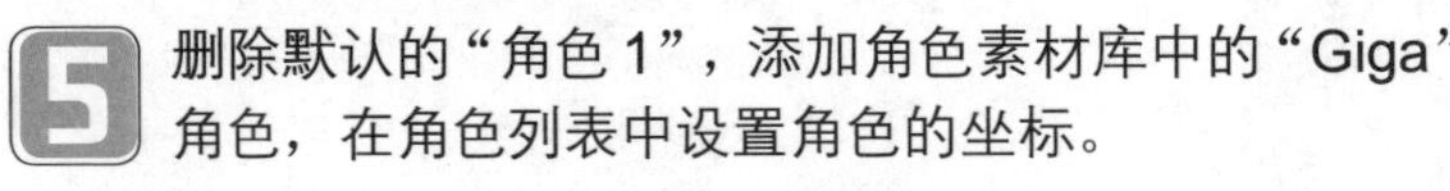

5 删除默认的“角色 1”，添加角色素材库中的“Giga”角色，在角色列表中设置角色的坐标。

❶ 单击“选择一个角色”按钮

❷ 单击“Giga”角色

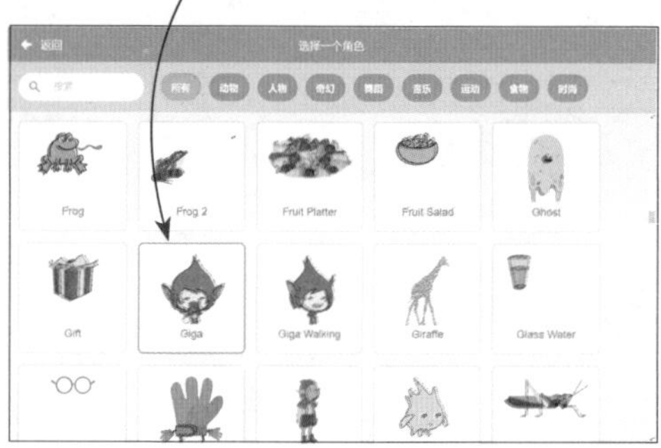

❸ 设置角色坐标 x 为 −133、y 为 −70

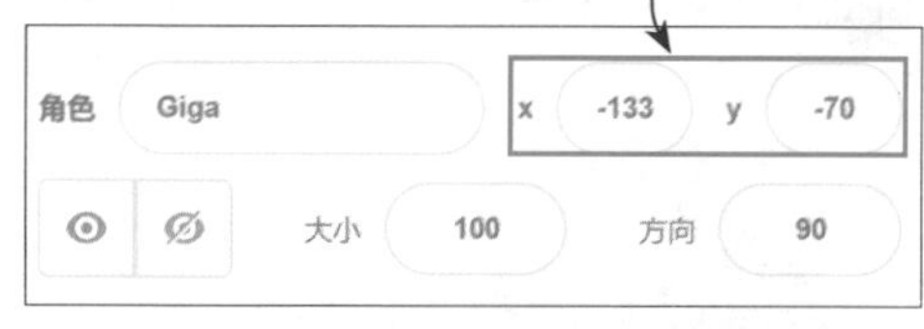

❹ 在舞台上显示添加的角色

6 根据加密规则，创建“字符串”“位置”“结果”3 个变量。

❶ 单击“变量”模块下的“建立一个变量”按钮

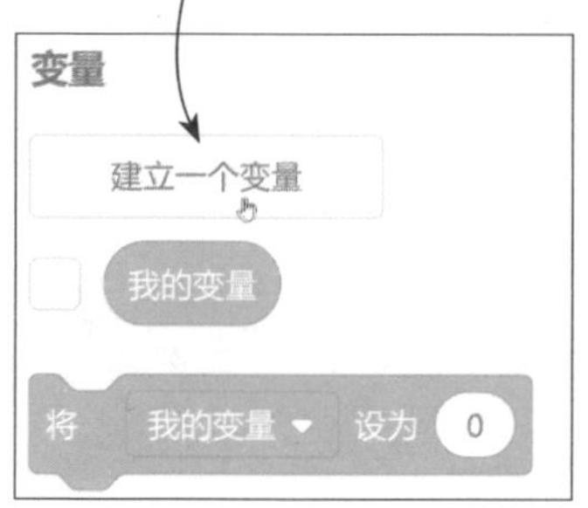

❷ 输入新变量名“字符串”

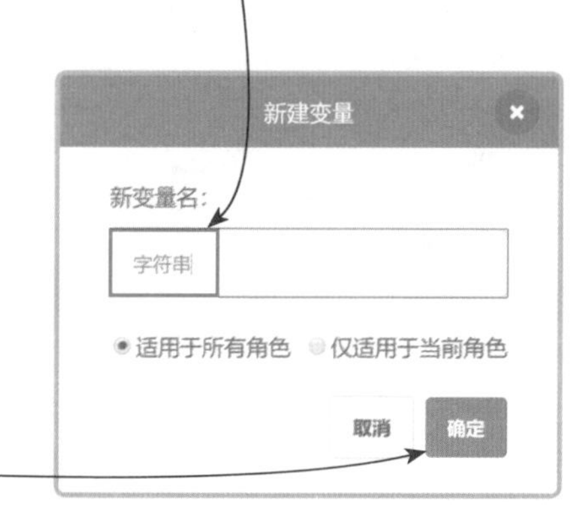

❸ 单击“确定”按钮

❹ 创建变量“字符串”

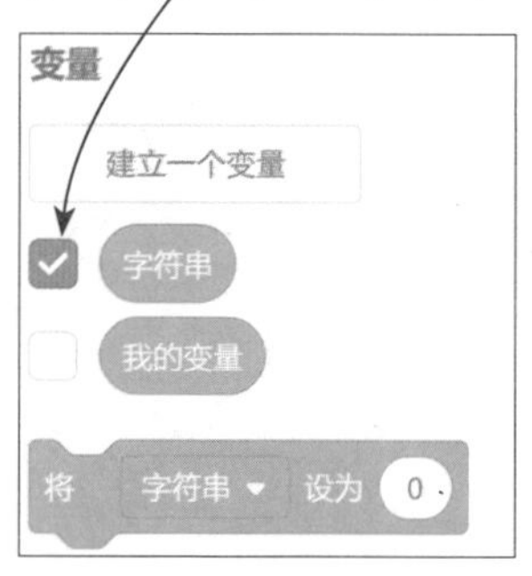

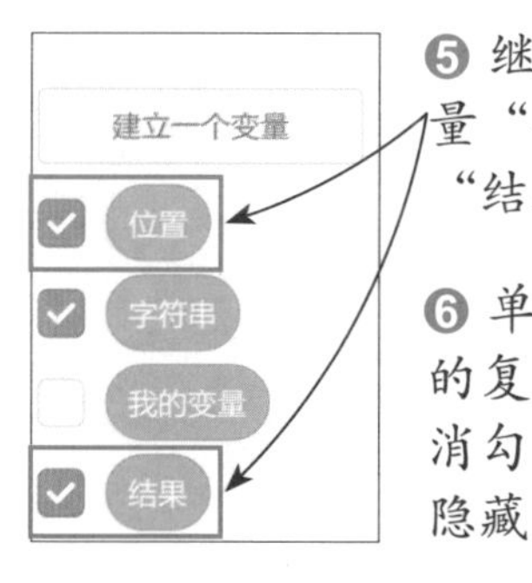

❺ 继续创建变量“位置”和“结果”

❻ 单击变量前的复选框，取消勾选状态，隐藏变量

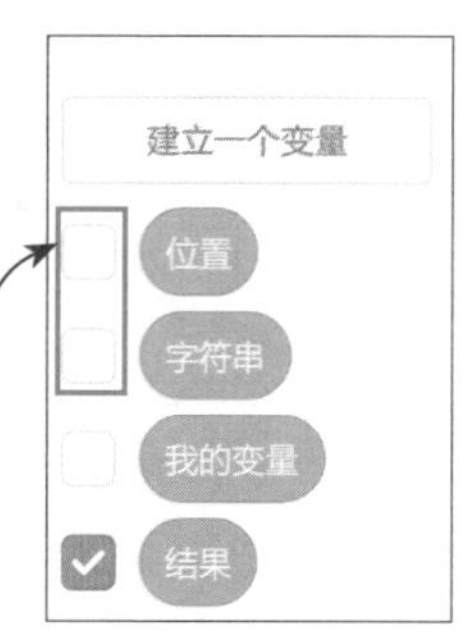

7 选中“Giga”角色，为角色编写脚本。当单击🏴按钮时，隐藏角色。

❶ 添加“事件”模块下的“当🏴被点击”积木块

❷ 添加“外观”模块下的“隐藏”积木块

8 当切换为“背景 2”时，显示隐藏的“Giga”角色。

❶ 添加“事件”模块下的“当背景换成（ ）”积木块

❷ 单击下拉按钮，在展开的列表中选择“背景 2”选项

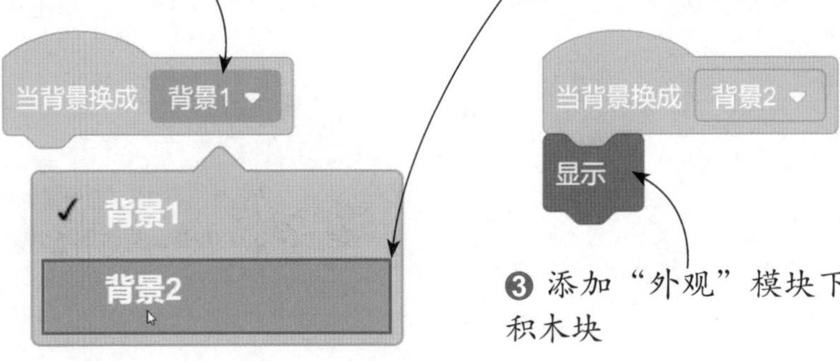

❸ 添加“外观”模块下的“显示”积木块

9 添加“说（）（）秒”积木块，让显示的角色说出“点我，试一试吧！”。

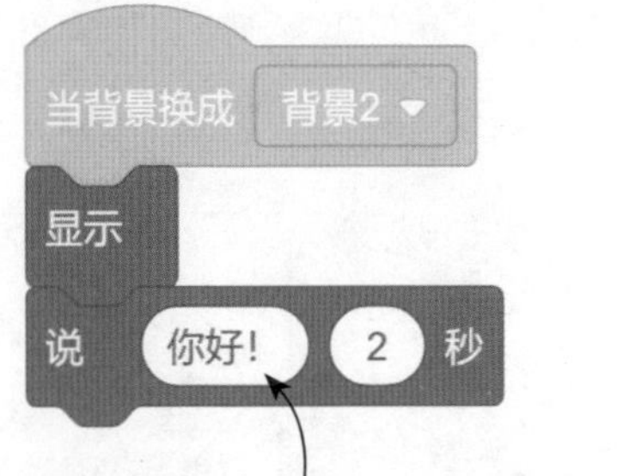

❶ 添加“外观”模块下的“说（ ）（2）秒”积木块

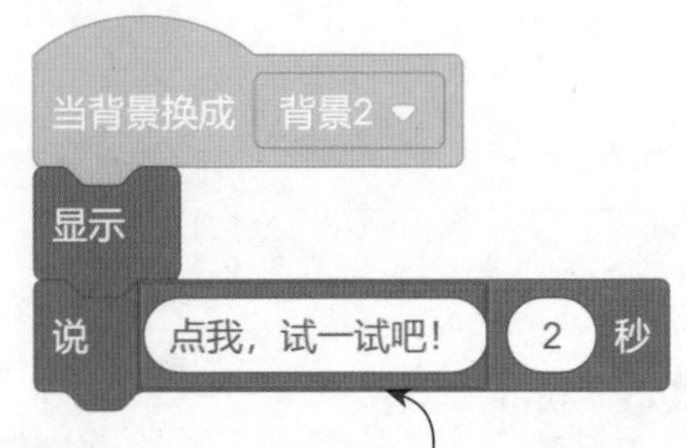

❷ 将“说（ ）（2）秒”积木块第 1 个框中的文字更改为“点我，试一试吧！”

小提示

通过背景切换触发

在 Scratch 中，所有脚本的运行都需要有一个触发条件，可以通过人为操作触发脚本运行，也可以通过背景切换触发脚本运行。通过背景切换触发是指当有多个舞台背景时，切换为某个指定的背景时触发脚本的运行。背景切换触发通过“当背景换成（）”积木块与其他脚本配合来实现。需要注意的是，在“背景”选项卡中手动切换背景不会触发脚本运行。

10 单击舞台上的“Giga”角色时，即可输入字符串进行加密。在此之前，先自制一个“加密”积木块。

❶ 单击“自制积木”模块下的“制作新的积木”按钮

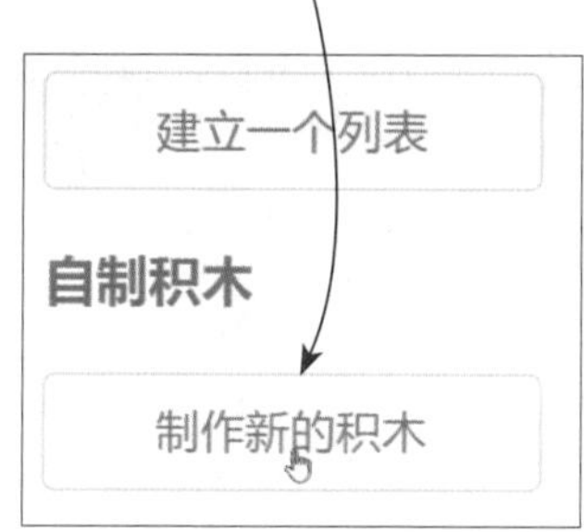

❷ 输入新积木块名“加密”

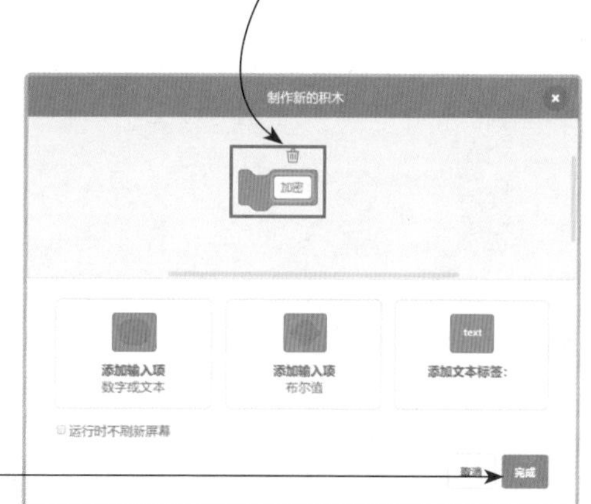

❸ 单击“完成”按钮

11 在加密之前，先将加密“结果”设置为空字符串。

❶ 添加“变量”模块下的“将( )设为( )”积木块

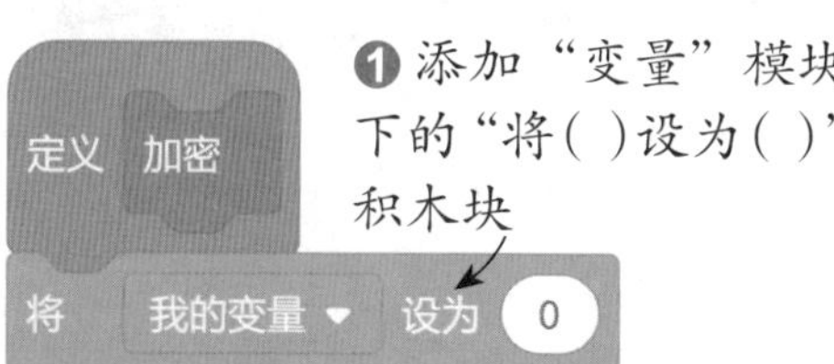

❷ 单击下拉按钮，在展开的列表中选择“结果”选项

❸ 把“将（结果）设为（）”积木块框中的数字删除

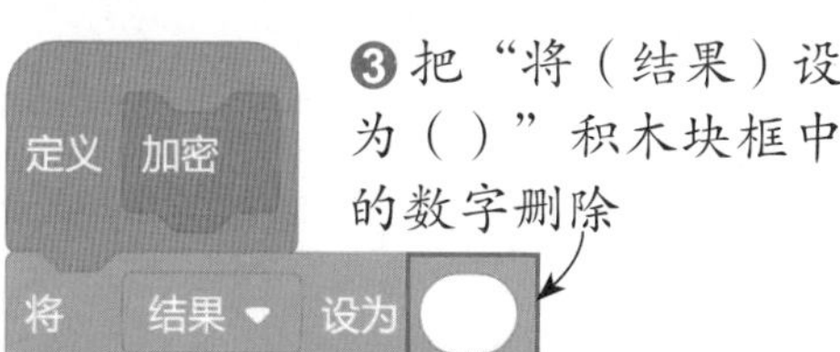

12 因为本程序是从字符串的第 2 个字符开始加密，所以将变量“位置”的初始值设置为 2。

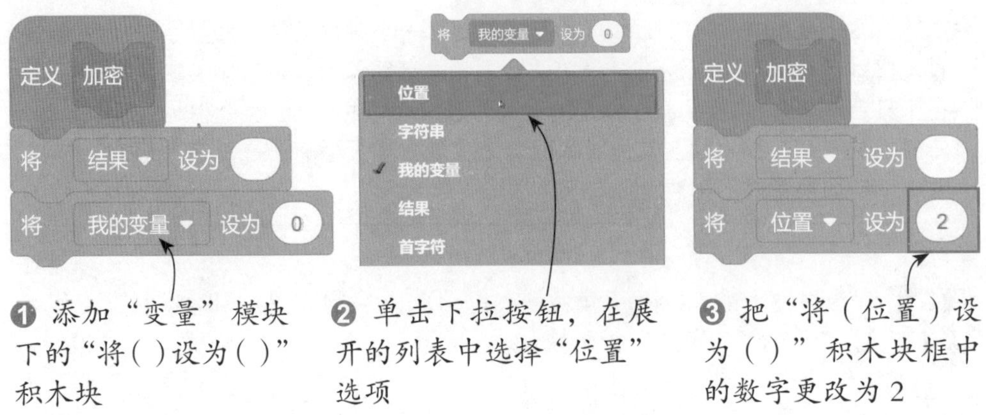

❶ 添加“变量”模块下的“将( )设为( )”积木块

❷ 单击下拉按钮，在展开的列表中选择“位置”选项

❸ 把“将(位置)设为( )”积木块框中的数字更改为 2

13 添加“重复执行( )次”积木块，依次调整除首字符外的其他字符的位置。

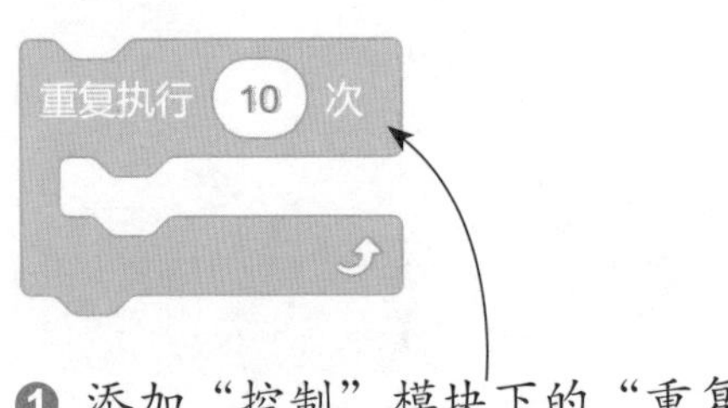

❶ 添加“控制”模块下的“重复执行( )次”积木块

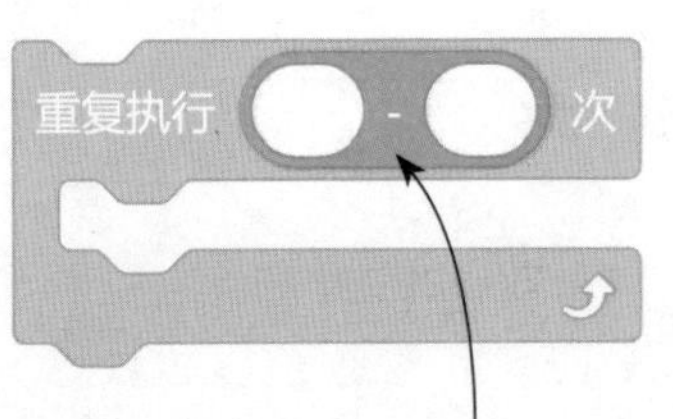

❷ 将“运算”模块下的“( )-( )”积木块拖到“重复执行( )次”积木块的框中

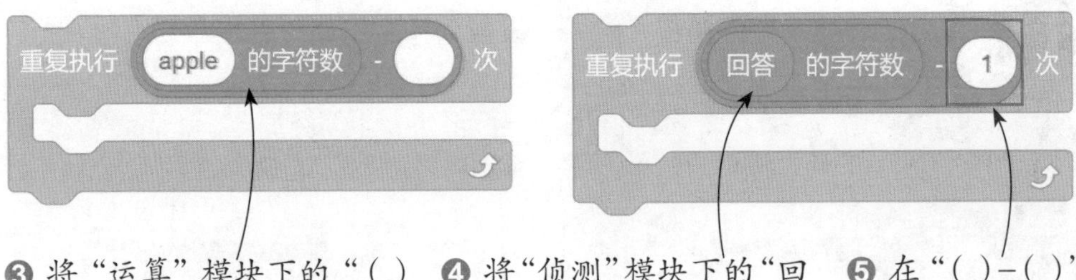

❸ 将“运算”模块下的“( )的字符数”积木块拖到“( )-( )”积木块的第 1 个框中

❹ 将“侦测”模块下的“回答”积木块拖到“( )的字符数”积木块的框中

❺ 在“( )-( )”积木块的第 2 个框中输入数字 1

14 接下来进行字符位置的调整，先将原字符串处于当前位置的字符设为新字符串的首个字符。

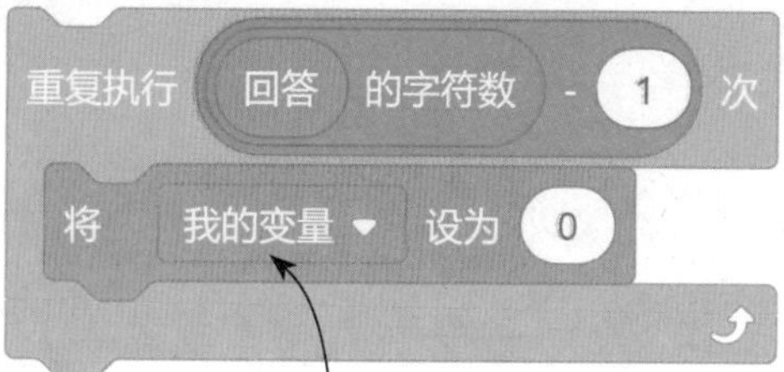

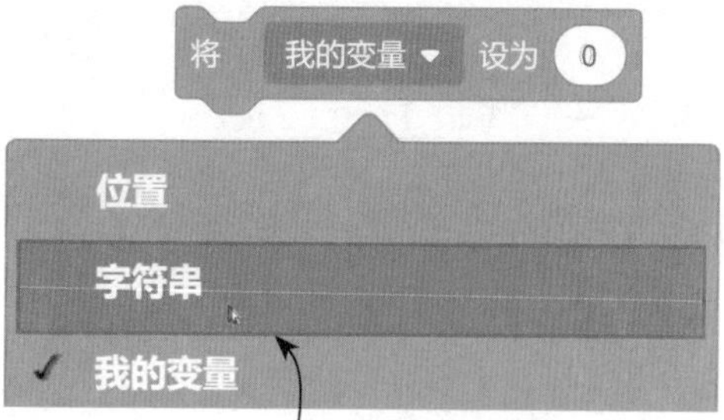

❶ 添加“变量”模块下的“将（）设为（）”积木块

❷ 单击下拉按钮，在展开的列表中选择“字符串”选项

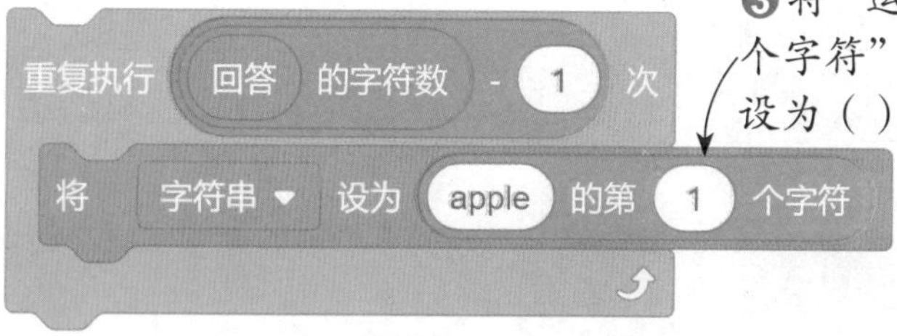

❸ 将“运算”模块下的“（）的第（）个字符”积木块拖到“将（字符串）设为（）”积木块的框中

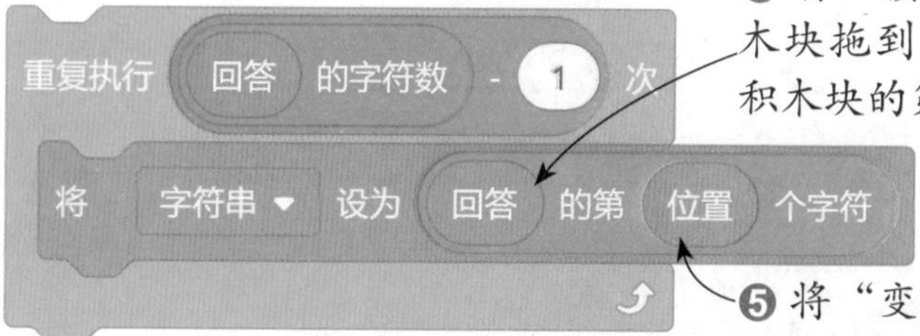

❹ 将“侦测”模块下的“回答”积木块拖到“（）的第（）个字符”积木块的第 1 个框中

❺ 将“变量”模块下的“位置”积木块拖到“（）的第（）个字符”积木块的第 2 个框中

15 添加“将（）设为（）”积木块，将变量“结果”的值设为该变量中原本存储的字符拼接上变量“字符串”中存储的字符。

❶ 添加“变量”模块下的“将（）设为（）”积木块

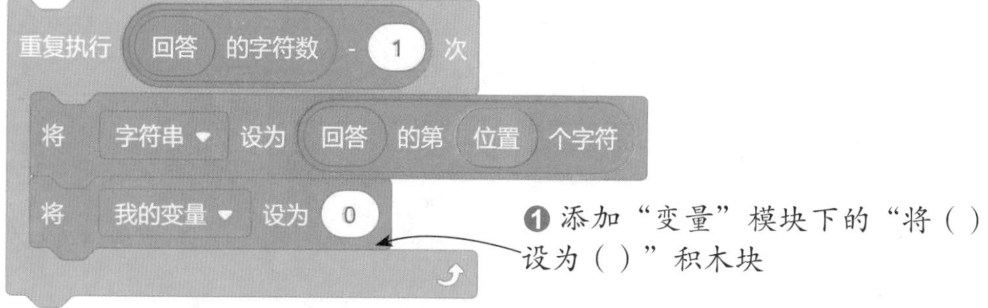

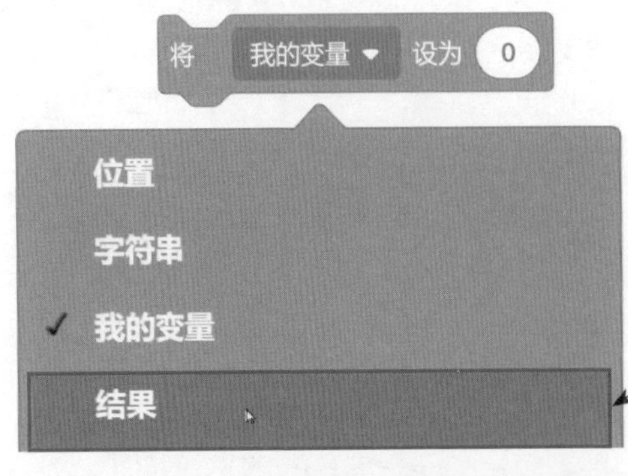

❷ 单击下拉按钮，在展开的列表中选择“结果”选项

❸ 将“运算”模块下的“连接（ ）和（ ）”积木块拖到“将（结果）设为（ ）”积木块的框中

❹ 将“变量”模块下的“结果”积木块拖到“连接（ ）和（ ）”积木块的第 1 个框中

❺ 将“变量”模块下的“字符串”积木块拖到“连接（ ）和（ ）”积木块的第 2 个框中

16 添加“将（）增加（）”积木块，将变量“位置”的值加 1，继续处理下一个字符。

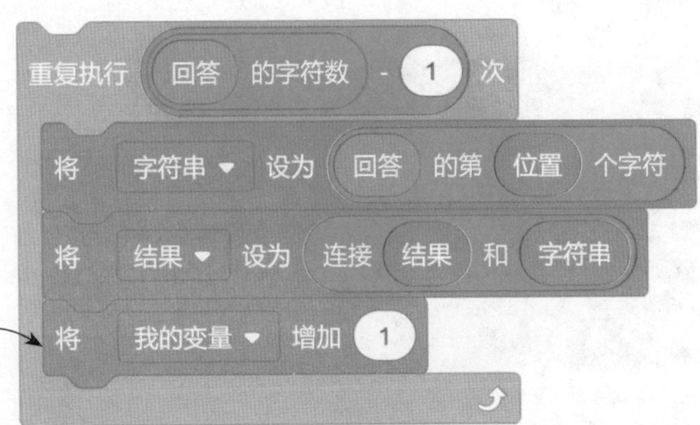

❶ 添加“变量”模块下的“将（ ）增加（1）”积木块

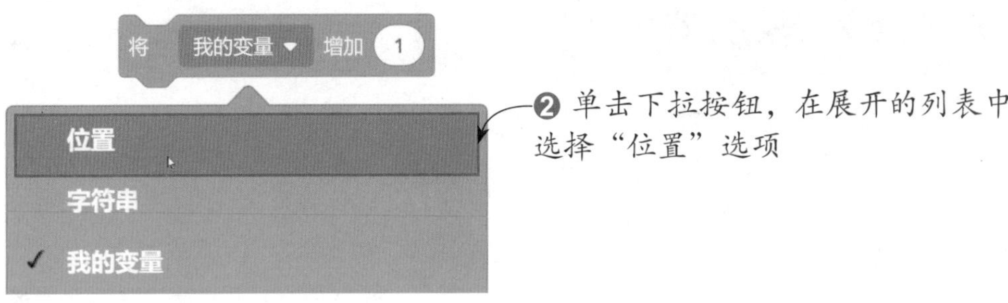

17 完成指定次数的循环后，就需要输出加密结果，用变量“结果”中存储的字符拼接上原字符串的首字符即可得到最终的加密字符串。

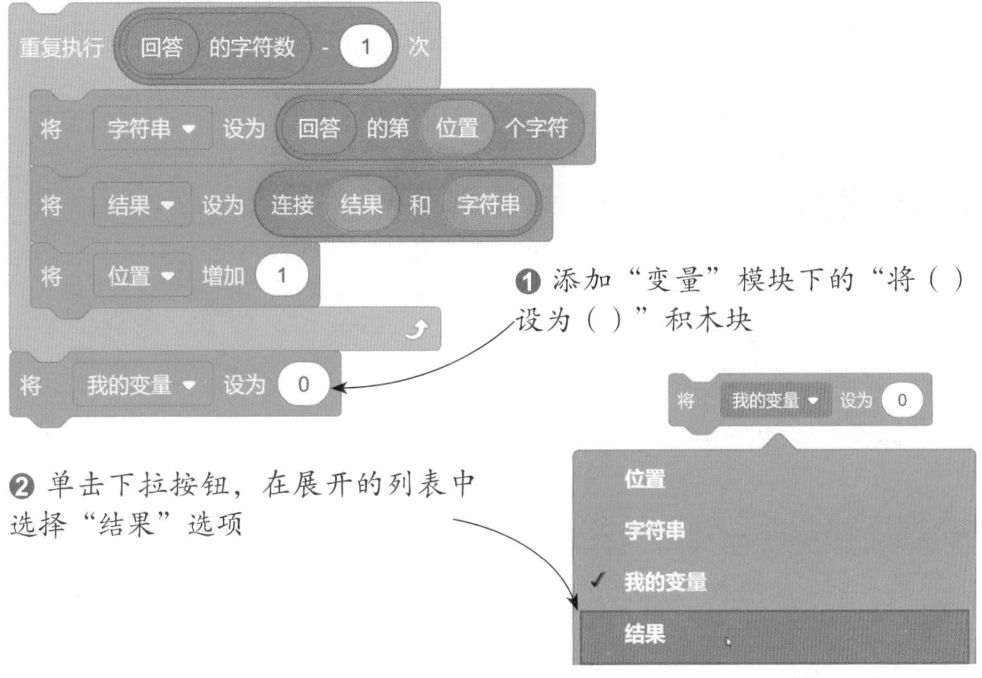

小提示

变量的赋值方式

变量的值并不是固定不变的，我们可以根据编程的需要为变量赋一个值，还可以让变量的值增大或减小。使用“将（）设为（）”积木块可直接为变量赋值。使用“将（）增加（）”积木块可让变量的值增大或减小：当框中的数字为正数时，变量值增大；当框中的数字为负数时，变量值减小。

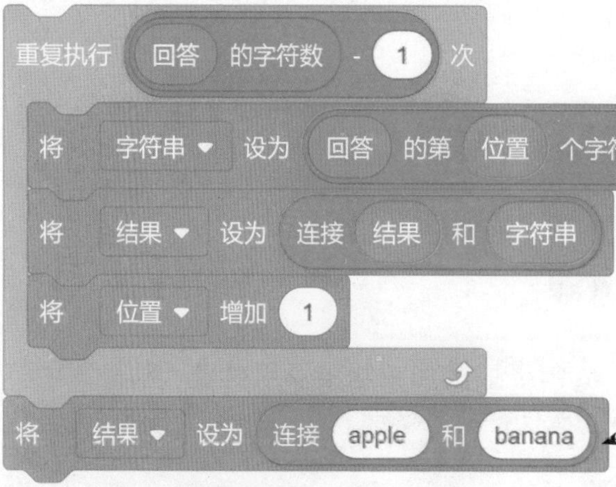

重复执行 回答 的字符数 - 1 次
将 字符串 设为 回答 的第 位置 个字符
将 结果 设为 连接 结果 和 字符串
将 位置 增加 1
将 结果 设为 连接 apple 和 banana

❸ 将“运算”模块下的“连接（ ）和（ ）”积木块拖到“将（结果）设为（ ）”积木块的框中

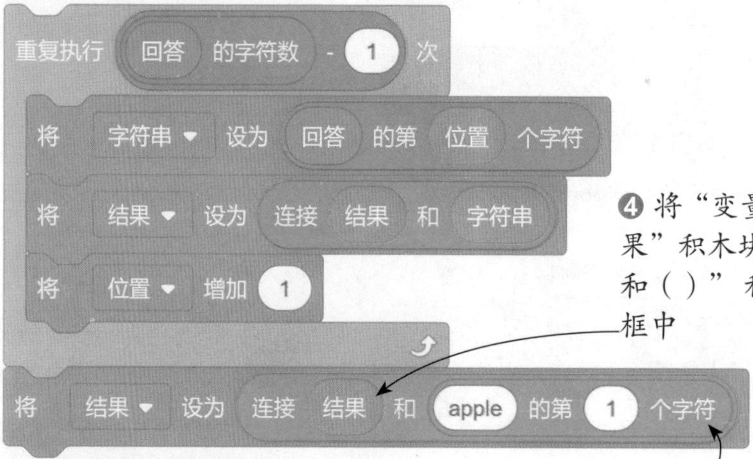

重复执行 回答 的字符数 - 1 次
将 字符串 设为 回答 的第 位置 个字符
将 结果 设为 连接 结果 和 字符串
将 位置 增加 1
将 结果 设为 连接 结果 和 apple 的第 1 个字符

❹ 将“变量”模块下的“结果”积木块拖到“连接（ ）和（ ）”积木块的第 1 个框中

❺ 将“运算”模块下的“（ ）的第（1）个字符”积木块拖到“连接（ ）和（ ）”积木块的第 2 个框中

重复执行 回答 的字符数 - 1 次
将 字符串 设为 回答 的第 位置 个字符
将 结果 设为 连接 结果 和 字符串
将 位置 增加 1
将 结果 设为 连接 结果 和 回答 的第 1 个字符

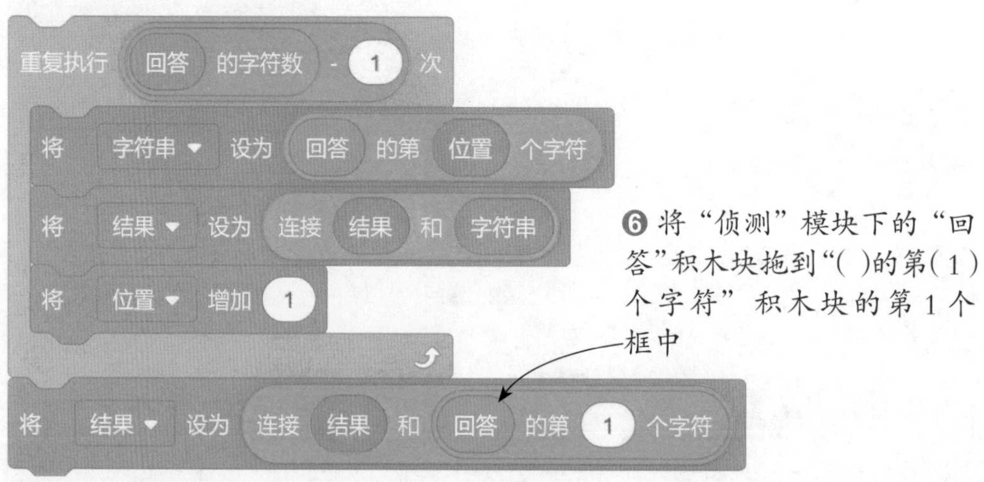

❻ 将“侦测”模块下的“回答”积木块拖到“（ ）的第（1）个字符”积木块的第 1 个框中

18 将“重复执行（）次”积木组与步骤 12 中的脚本组合，得到完整的加密脚本。

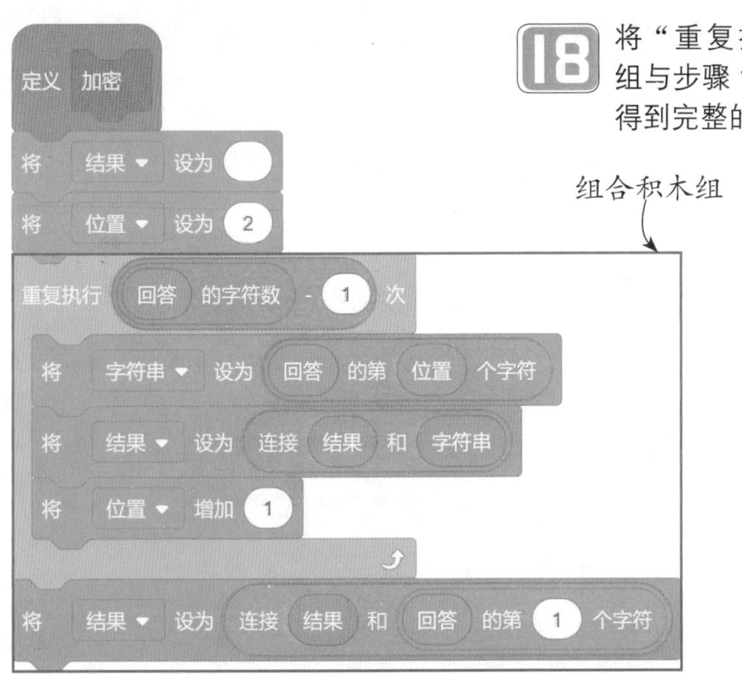

19 接下来编写调用加密过程的脚本。当单击舞台中的“Giga”角色时，询问“请输入需要加密的字符串：”，等待输入字符串，输入后在舞台中显示“正在加密……”。

20 添加“加密”积木块，调用加密过程进行加密，加密完成后让角色说出加密结果。

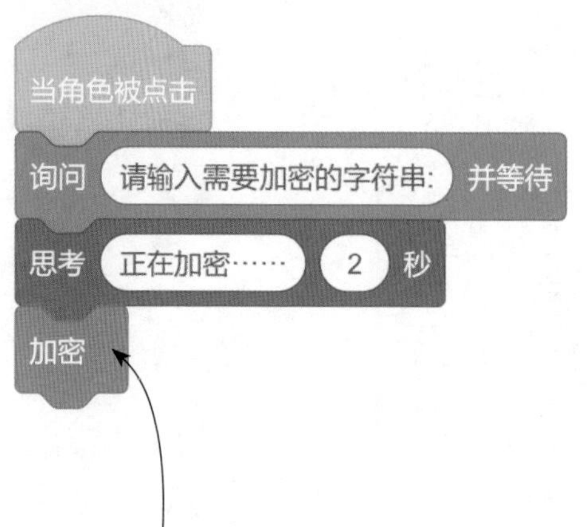

❶ 添加“自制积木”模块下的“加密”积木块

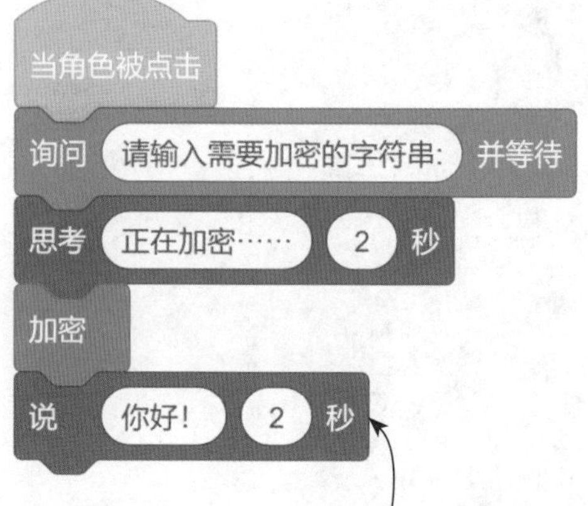

❷ 添加“外观”模块下的“说( )(2)秒”积木块

❸ 将“运算”模块下的“连接( )和( )”积木块拖到“说( )(2)秒”积木块的第1个框中

当角色被点击
询问 请输入需要加密的字符串: 并等待
思考 正在加密…… 2 秒
加密
说 连接 加密的结果是: 和 结果 2 秒

❹ 将“连接( )和( )”积木块第1个框中的文字更改为“加密的结果是:”

❺ 将“变量”模块下的“结果”积木块拖到“连接( )和( )”积木块的第2个框中

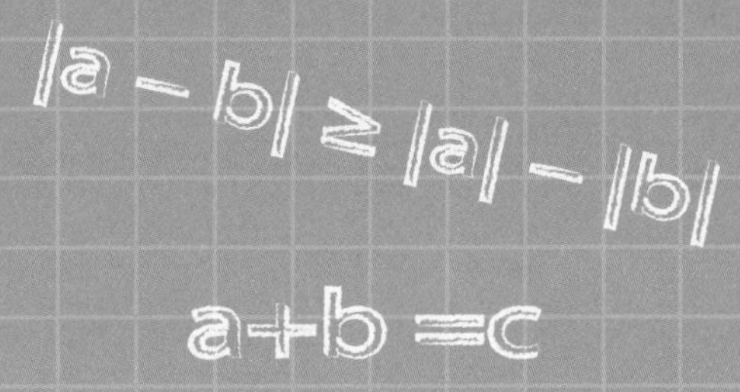

第9章

成绩排名

考试后，老师会把所有学生的成绩、名次统计出来。成绩排名不但可以让老师知道班上学生的学习情况，而且还能起到督促学生努力上进、刻苦学习的作用。

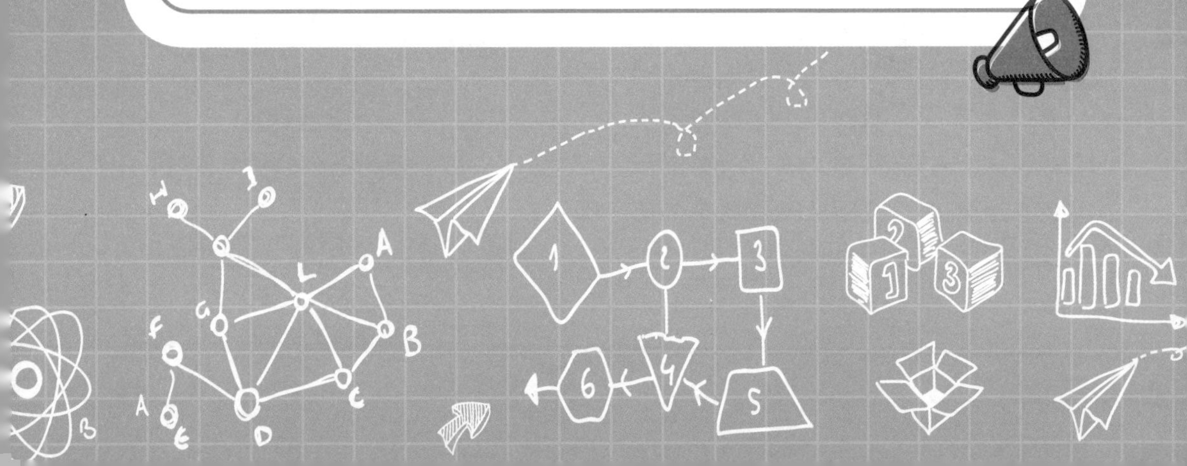

程序设定

编写一个程序，输入学生的测试成绩，将输入的成绩由高到低排列。

测试成绩：

姓名	分数	姓名	分数
张小木	89	陈兰兰	96
黄乐乐	83	江小琴	93
张昆	90	陈梅梅	94
何映晓	82	李红	87
朱小婷	99	罗芳	92

冒泡排序结果：

姓名	分数	名次
朱小婷	99	第 1 名
陈兰兰	96	第 2 名
陈梅梅	94	第 3 名
江小琴	93	第 4 名
罗芳	92	第 5 名
张昆	90	第 6 名
张小木	89	第 7 名
李红	87	第 8 名
黄乐乐	83	第 9 名
何映晓	82	第 10 名

算法分析

本程序要按从高到低的顺序输出成绩，因此采用冒泡排序算法来解决。冒泡排序算法，即通过依次比较相邻的两个数，每次比较时都将较大的数放在前面，较小的数放在后面。在比较交换的过程中，大的数就会像气泡一样慢慢“浮”到数列的顶端，最后整个数列呈降序排列。

思路详解

录入学生的成绩，并将录入的成绩依次存放在列表中。然后依次取出列表中相邻的两个成绩进行比较，将分数高的放在列表的前面，比较的次数是（列表的长度 -1）次，所有的成绩比较完成后，得到从高到低排列的成绩。

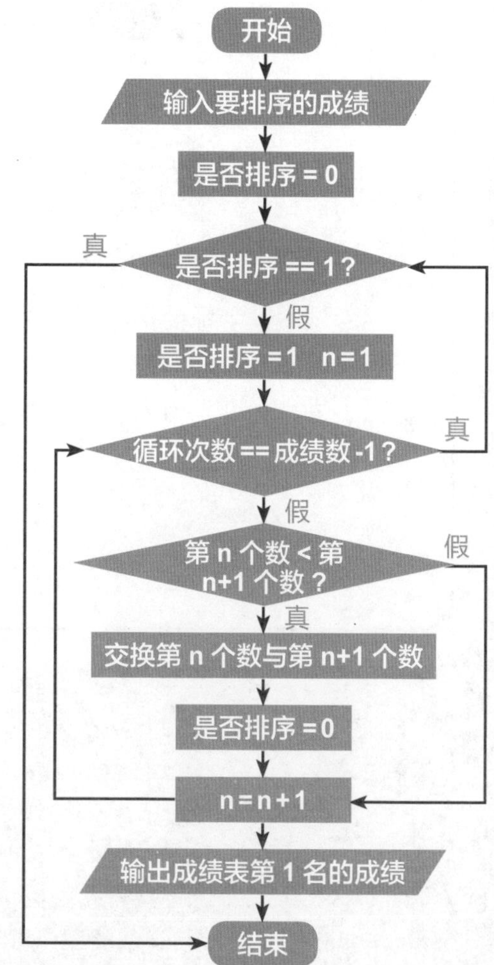

创建“成绩”列表

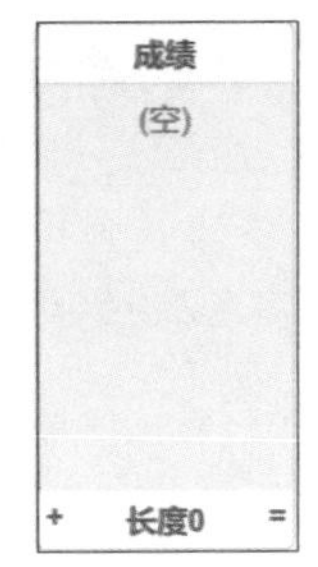

要让计算机对成绩进行排序，首先需要有一个空间来保存要排序的成绩。在 Scratch 中，创建一个“成绩”列表，用于存储需要排序的分数。创建“成绩”空列表。

通过询问将测试成绩添加到列表

接下来就要将成绩添加到列表中，为计算机排序做好准备。这里需要通过键盘输入每个学生的分数，并将其添加到“成绩”列表中，以让计算机接收数据，因此使用“侦测”模块下的“询问（）并等待”和“回答”积木块，提示小朋友输入成绩，并将输入的成绩通过“回答”添加到“成绩”列表。

每询问一次只会添加一位同学的成绩，而成绩表中有 10 位同学的成绩。所以，我们需要添加一个限次的循环积木块“重复执行（）次”，设置循环的次数为 10 次，重复询问并录入成绩，直到将 10 位同学的成绩全部添加到“成绩”列表中。

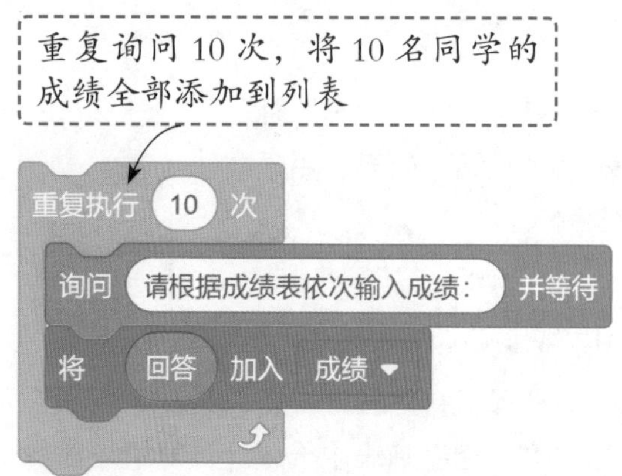

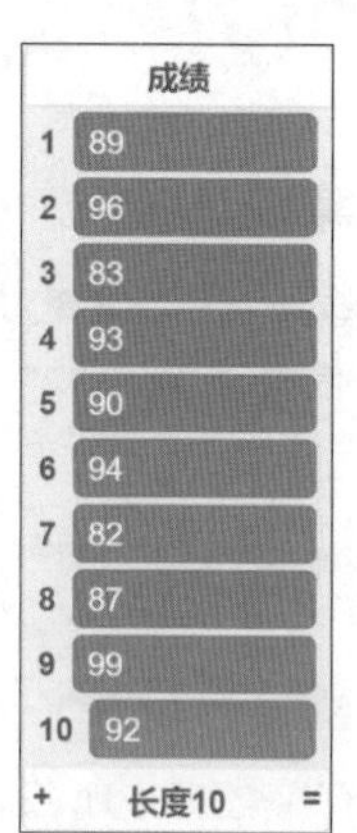

设置排序完成的条件及变量的初始值

下面设置排序的条件及变量的初始值。首先创建 n、“是否排序”、“交换数据”3 个变量。其中，变量 n 用于确定需要比较的元素位置，即列表中的第 n 项；变量“是否排序”用于判断是否排序，0 为未完成，1 为完成；变量“交换数据”作为两个数据交换时的额外位置。由于 Scratch 无法实现两个数字的直接交换，所以需要利用变量“交换数据”来存储等待交换的数字，就能比较轻松地达到交换数字的目的。

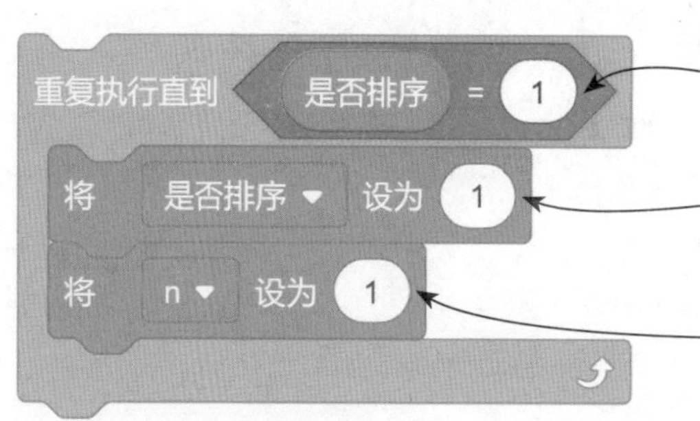

设置比较次数

比较分数高低时，先要确定比较的次数，比较的循环次数为（“成绩”列表元素总个数 -1）次。因此需要利用“重复执行（）次”积木块设置一个限次循环来控制比较的次数。

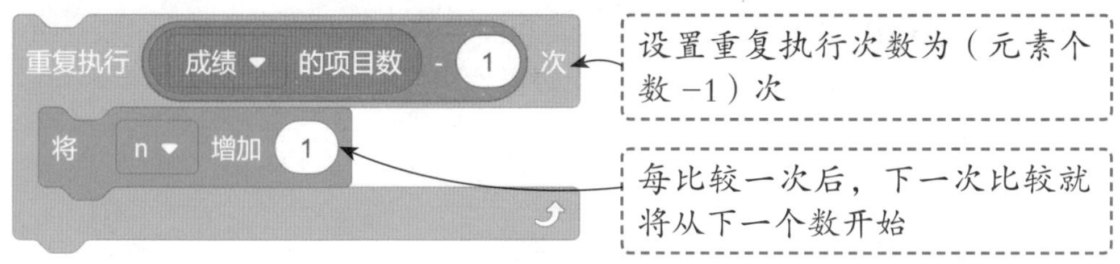

比较“成绩”列表中相邻两个数

依次比较相邻两个数，将较大的数放在前面，较小的数放在后面。例如第1轮比较时，将第1个数89与第2个数96进行比较，89小于96，互换位置，将89移到后面。接着再用89和83进行比较，看哪个数更大，这样依次比较下来，列表中最后一个数就为最小数了。

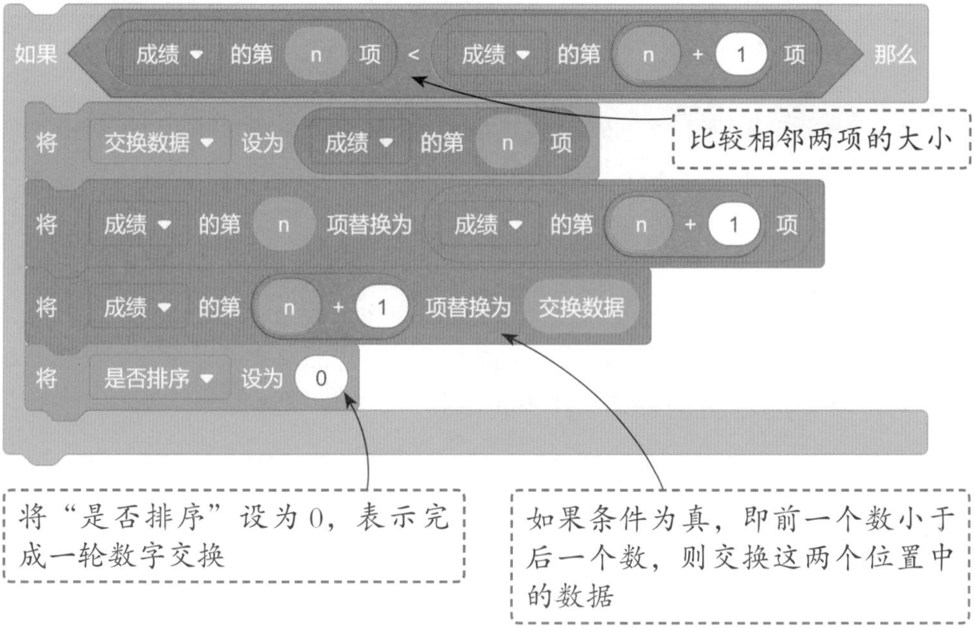

如果 成绩 的第 n 项 < 成绩 的第 n + 1 项 那么
将 交换数据 设为 成绩 的第 n 项
将 成绩 的第 n 项替换为 成绩 的第 n + 1 项
将 成绩 的第 n + 1 项替换为 交换数据
将 是否排序 设为 0

比较相邻两项的大小

将“是否排序”设为0，表示完成一轮数字交换

如果条件为真，即前一个数小于后一个数，则交换这两个位置中的数据

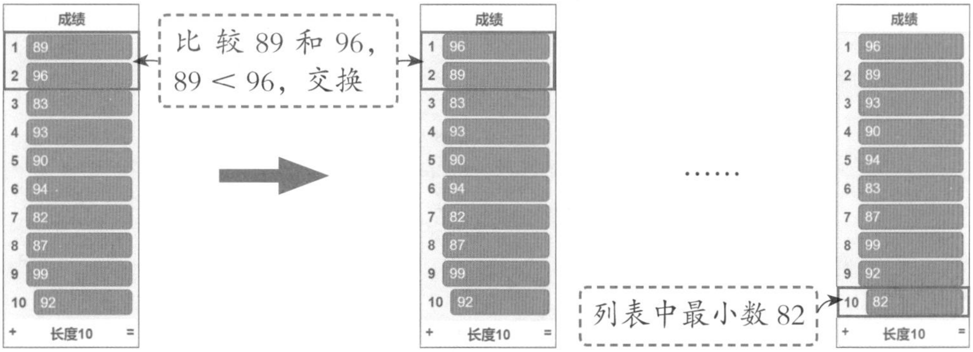

成绩	成绩	成绩
1 89	1 96	1 96
2 96	2 89	2 89
3 83	3 83	3 93
4 93	4 93	4 90
5 90	5 90	5 94
6 94	6 94	6 83
7 82	7 82	7 87
8 87	8 87	8 99
9 99	9 99	9 92
10 92	10 92	10 82
长度10	长度10	长度10

比较89和96，89＜96，交换

……

列表中最小数82

重复上述操作，进行第2轮比较。第2轮数字的比较同样又从第1个数开始，依次与下一个数比较。这样重复几轮比较操作，最终“成绩”列表中的数字就会按从大到小的顺序排列。

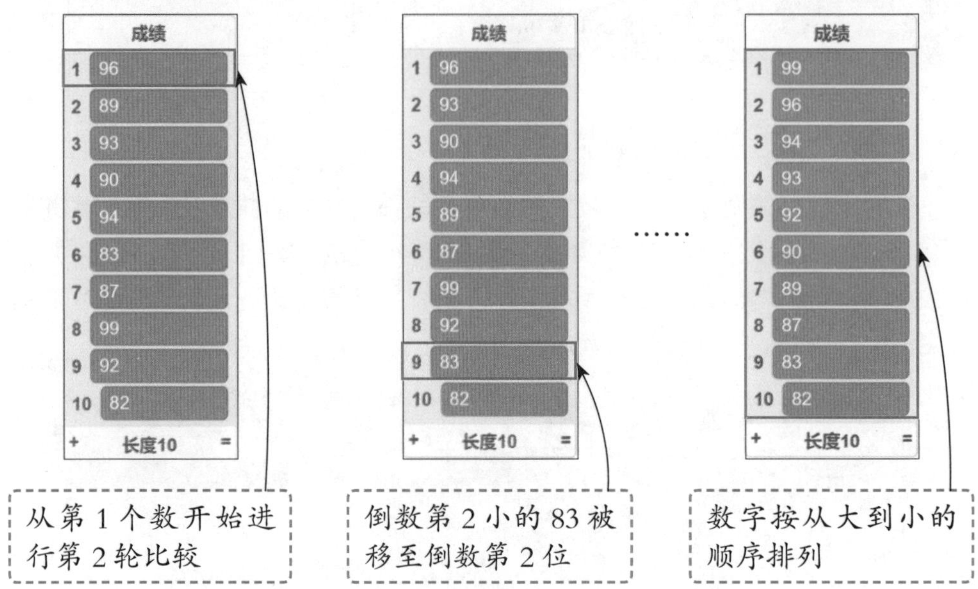

编程步骤

通过前面的分析，我们掌握了整个案例的设计思路及主要会用到的积木块，接下来就详细讲解这个程序的制作步骤。

1 创建新项目，上传自定义的“成绩”“教室”“排名”背景，并删除默认的“背景 1”。

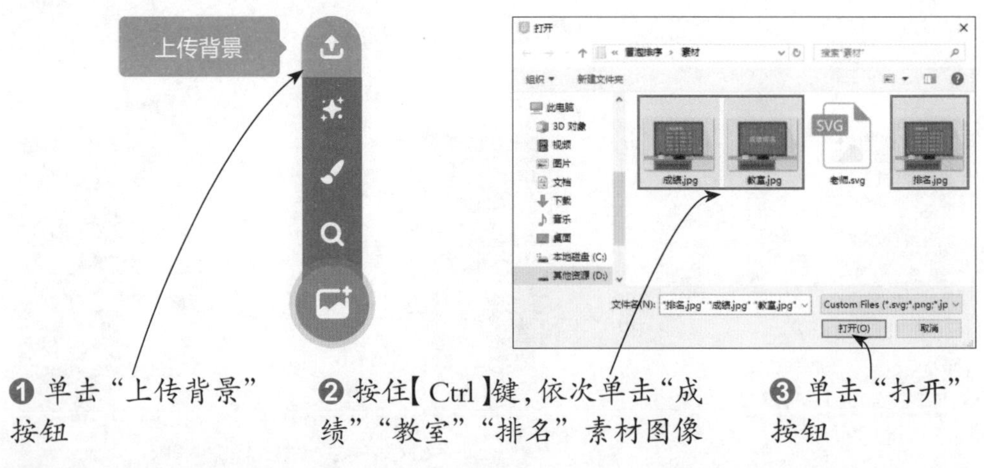

2 上传自定义的“老师”角色，然后在角色列表中调整角色的大小和位置。

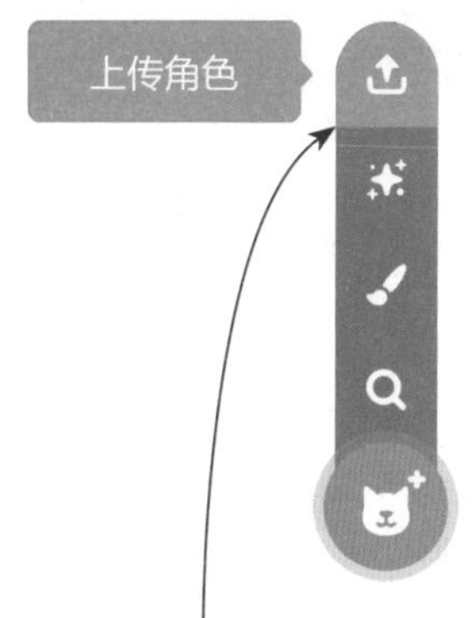

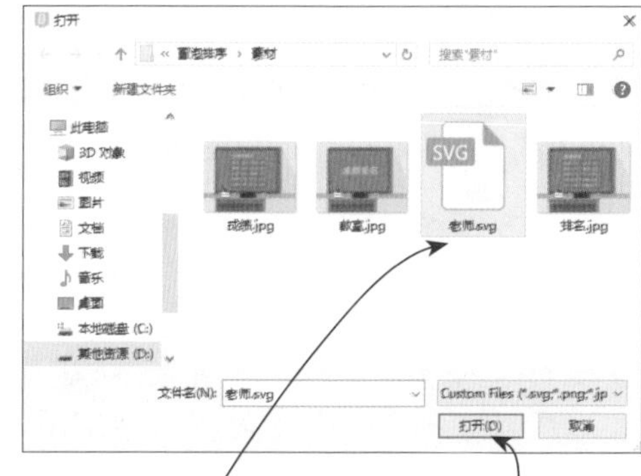

❶ 单击“上传角色”按钮 ❷ 单击“老师”素材图像 ❸ 单击“打开”按钮

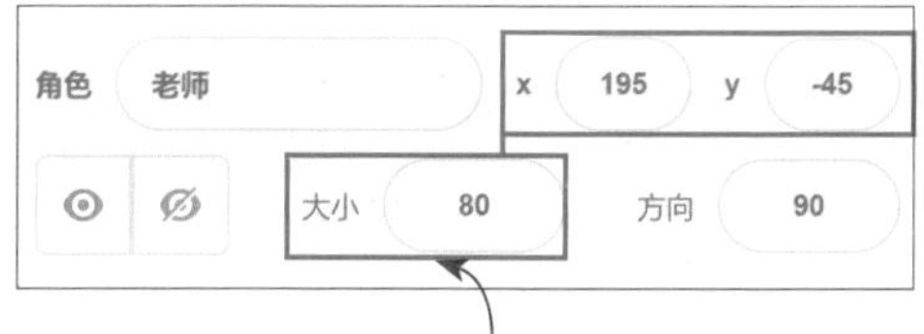

❹ 输入角色坐标 x 为 195、y 为 −45，大小为 80

❺ 在舞台右侧显示设置后的角色效果

3 根据排序需要，在“变量”模块下创建 n、“交换数据”、“是否排序”3 个变量。

❶ 单击“变量”模块下的“建立一个变量”按钮

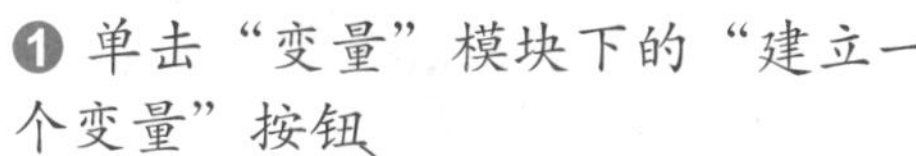

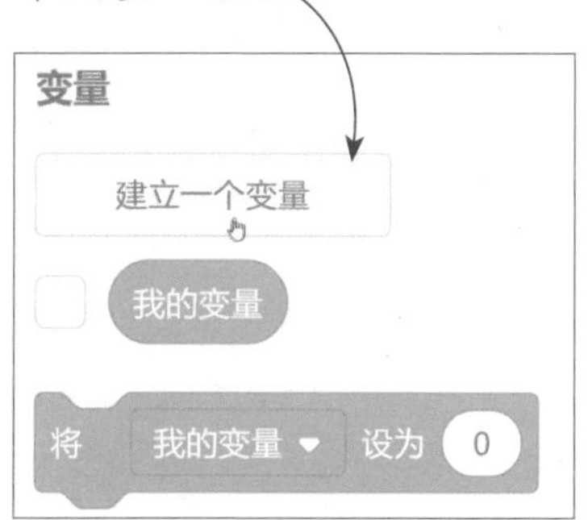

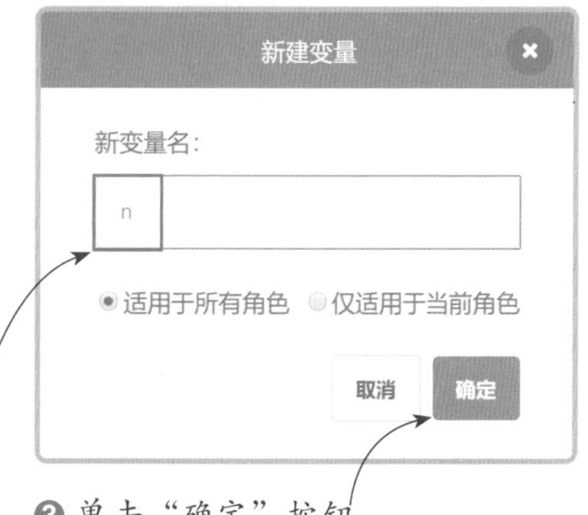

❷ 输入新变量名“n” ❸ 单击“确定”按钮

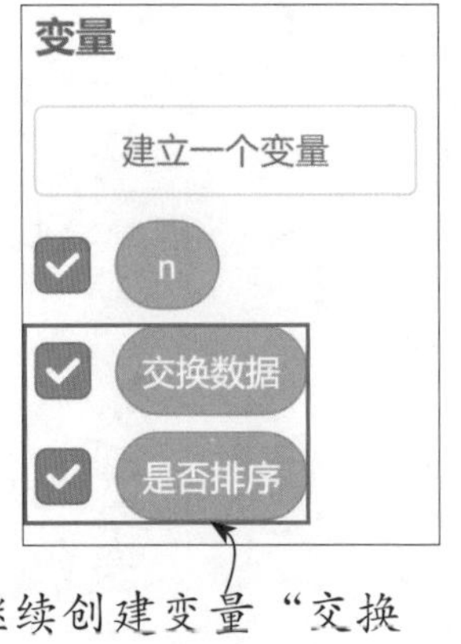

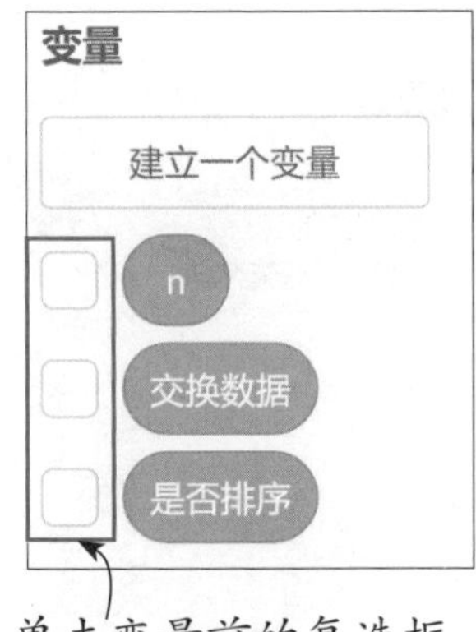

❹ 创建变量 n

❺ 继续创建变量“交换数据”和“是否排序”

❻ 单击变量前的复选框，取消勾选状态

4 创建“成绩”列表，用于存储数据。

❶ 单击“变量”模块下的“建立一个列表”按钮

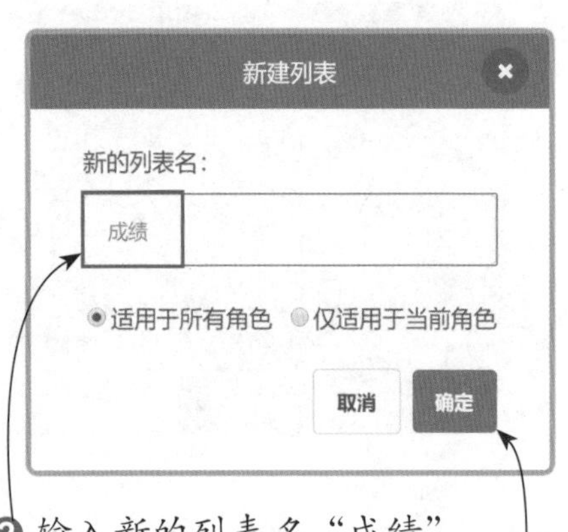

❷ 输入新的列表名“成绩”

❸ 单击“确定”按钮

❹ 在舞台左侧显示创建的“成绩”空列表

小提示

调整列表的宽度和高度

在 Scratch 中，创建的列表会以默认的宽度和高度显示在舞台左侧，我们可以根据程序需要调整其宽度和高度。将鼠标指针移到列表右下角，当鼠标指针变为⤡形时，单击并拖动即可调整列表宽度和高度。

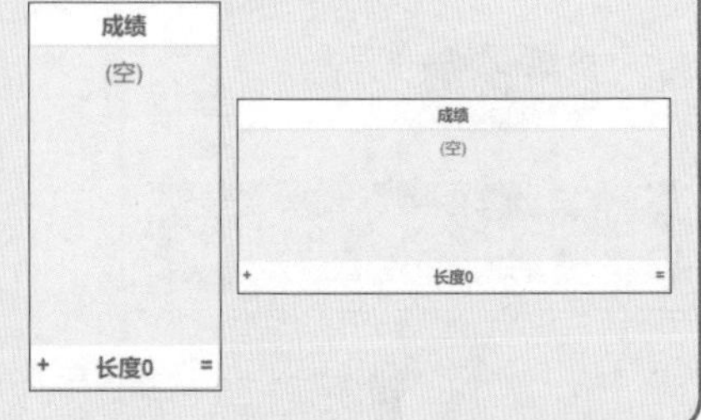

5 自制一个“排序”积木块。

❶ 单击“自制积木”模块下的“制作新的积木”按钮

❷ 输入新积木块名“排序”

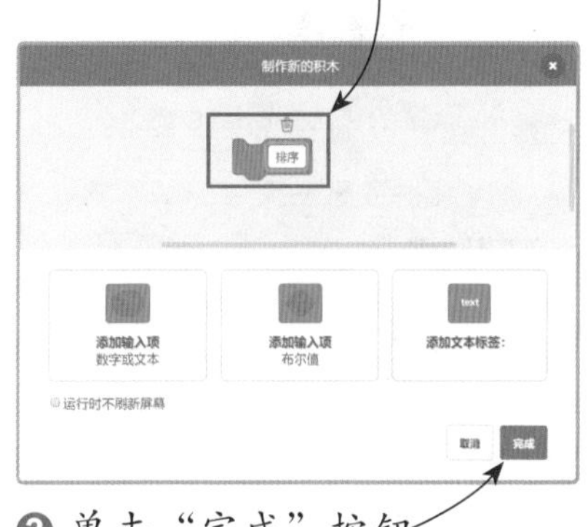

❸ 单击“完成”按钮

6 先将变量“是否排序”的初始值设为 0，表示未完成排序。

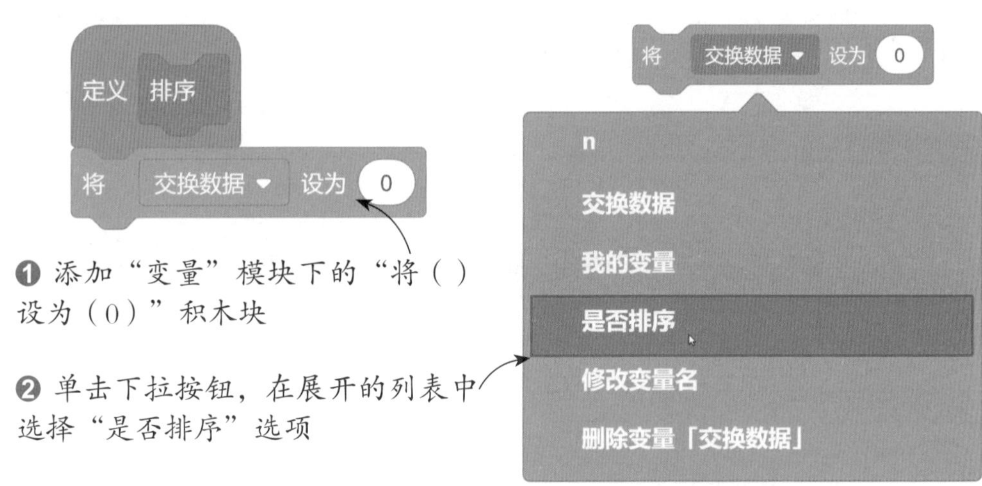

❶ 添加“变量”模块下的“将（ ）设为（0）”积木块

❷ 单击下拉按钮，在展开的列表中选择“是否排序”选项

7 添加“重复执行直到（）”积木块，设置当变量“是否排序”的值为 1 时停止排序。

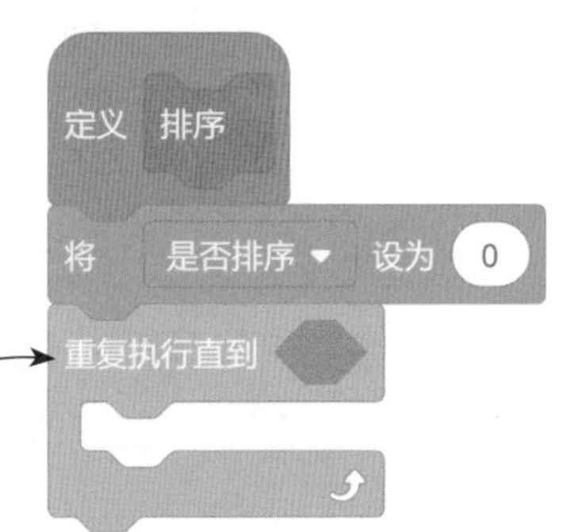

❶ 添加“控制”模块下的“重复执行直到（ ）”积木块

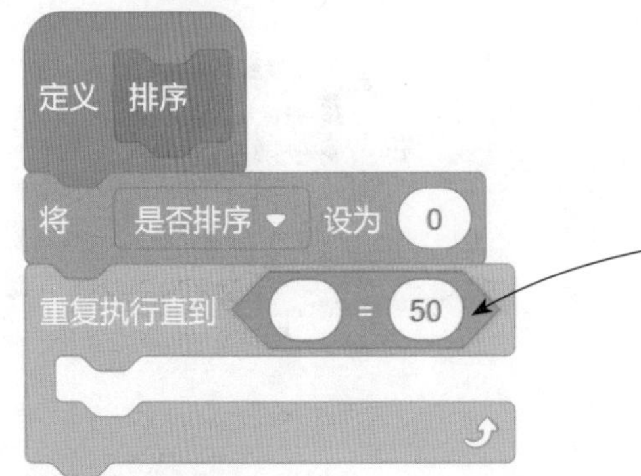

❷将“运算”模块下的“( ) = ( )”积木块拖到“重复执行直到 ( )”积木块的条件框中

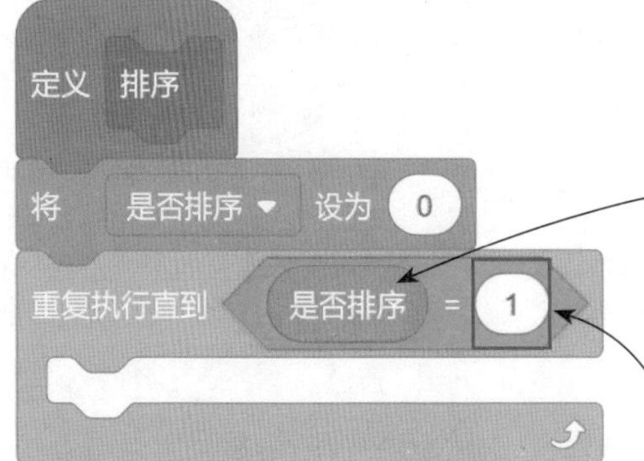

❸将“变量”模块下的“是否排序”积木块拖到“( ) = ( )”积木块的第 1 个框中

❹将“( ) = ( )”积木块第 2 个框中的数字更改为 1

小提示

修改变量名

在“变量”模块下右击需要修改名称的变量，在弹出的快捷菜单中执行“修改变量名”命令，即可在打开的“修改变量名”对话框中重新输入变量名。

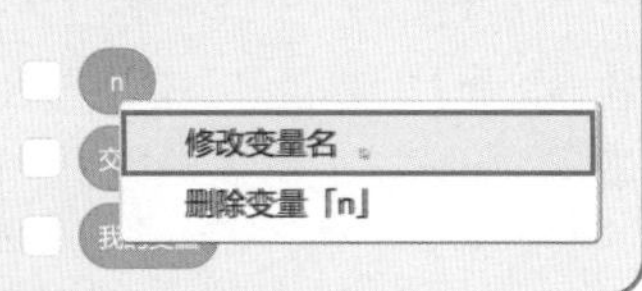

8 将变量“是否排序”的值设为 1，表示假设本轮冒泡排序中未进行数字的交换，然后将变量 n 的初始值设为 1，表示从“成绩”列表的第 1 个数开始进行比较。

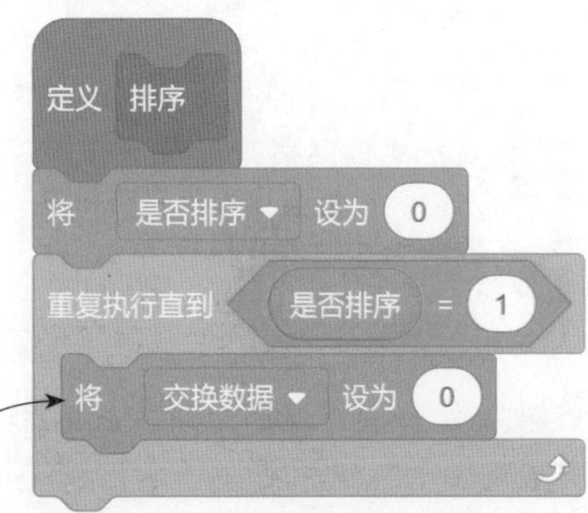

❶添加“变量”模块下的“将 ( ) 设为 ( )”积木块

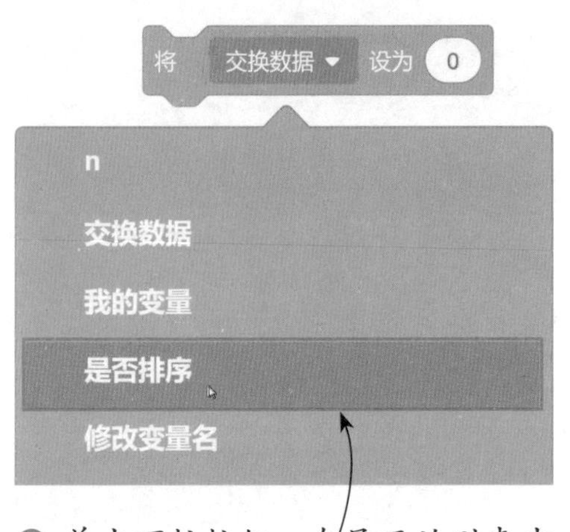

❷ 单击下拉按钮，在展开的列表中选择“是否排序”选项

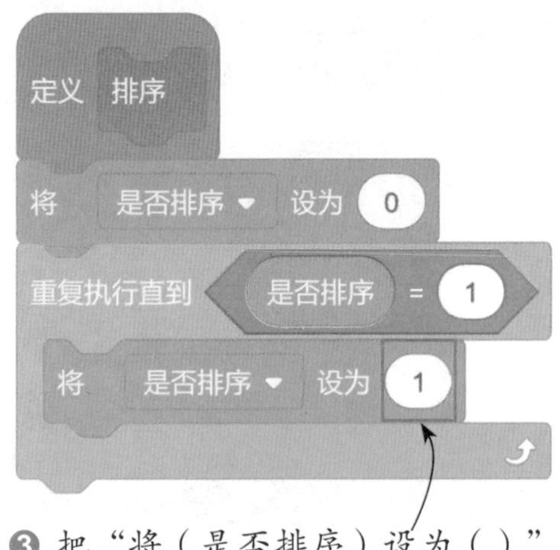

❸ 把“将（是否排序）设为（）”积木块框中的数字更改为 1

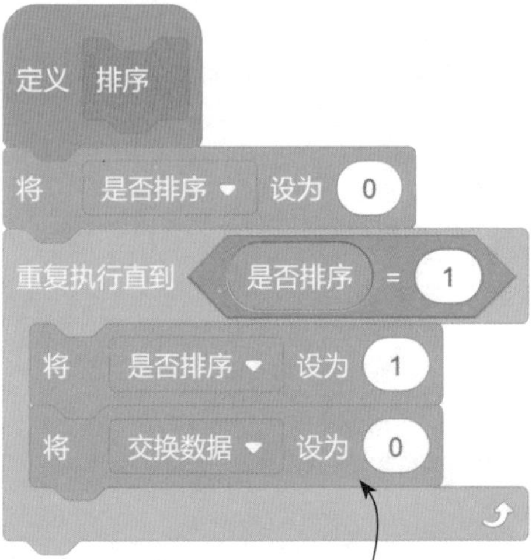

❹ 添加“变量”模块下的“将（）设为（）”积木块

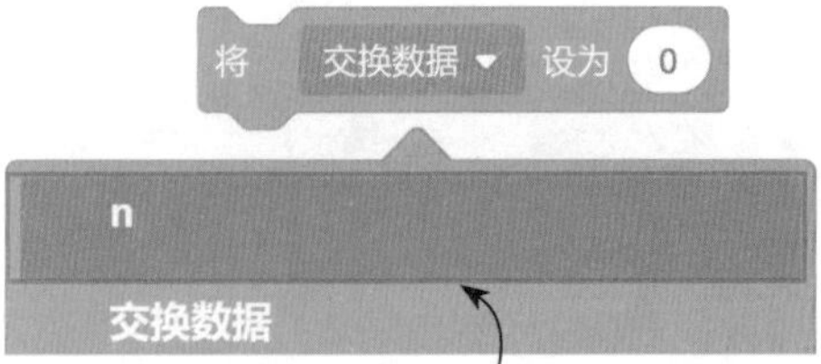

❺ 单击下拉按钮，在展开的列表中选择“n”选项

❻ 把“将（n）设为（）”积木块框中的数字更改为 1

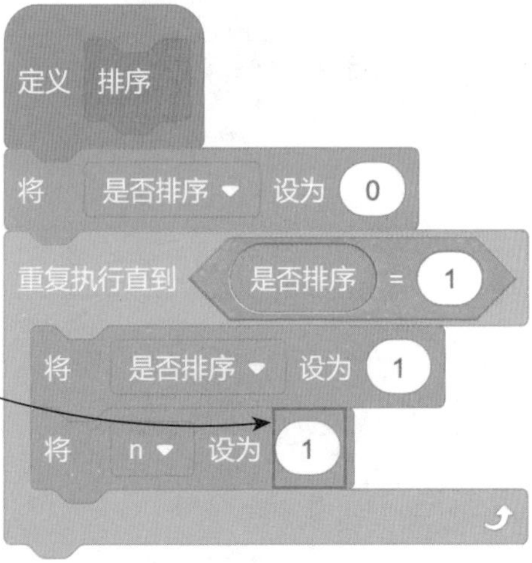

9 添加“重复执行（）次”积木块，设置比较循环的次数。冒泡排序的比较方式为根据列表中的元素个数，依次进行两两比较，所以比较循环次数为（列表中的总项目数 -1）次。

❶ 添加“控制”模块下的“重复执行（ ）次”积木块

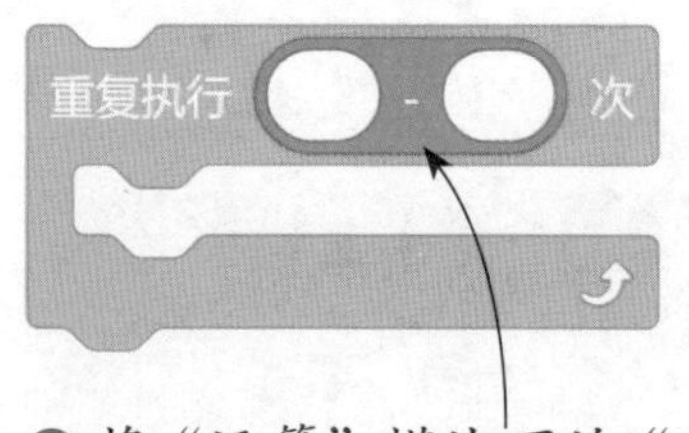

❷ 将“运算”模块下的“（ ）-（ ）”积木块拖到“重复执行（ ）次”积木块的框中

❸ 将“变量”模块下的“（成绩）的项目数”积木块拖到“（ ）-（ ）”积木块的第 1 个框中

❹ 在“（ ）-（ ）”积木块的第 2 个框中输入数字 1

10 每完成一次比较后，下一次比较就会从下一个数开始。例如，完成第 1 个数与第 2 个数的比较后，下一次比较就从第 2 个数开始，将第 2 个数与第 3 个数比较，因此每次比较完成后就将变量 n 的值增加 1。

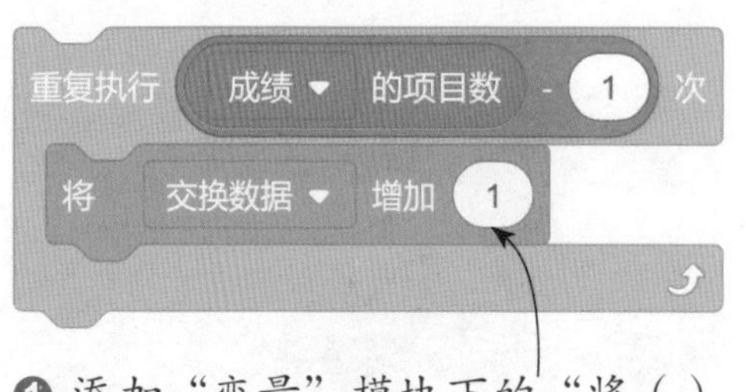

❶ 添加“变量”模块下的“将（ ）增加（ ）”积木块

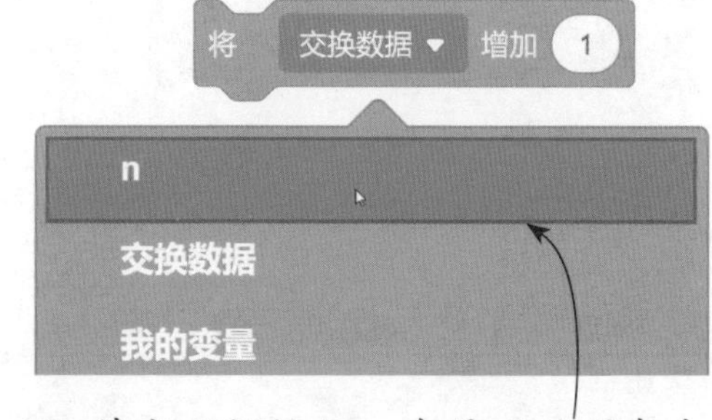

❷ 单击下拉按钮，在展开的列表中选择“n”选项

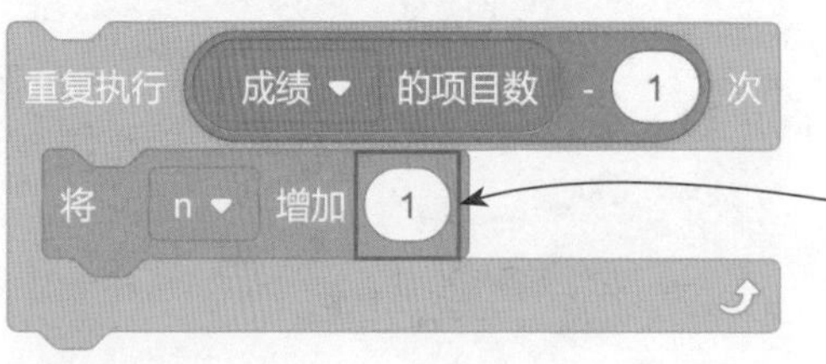

❸ 把“将（n）增加（ ）”积木块框中的数字更改为 1

11 我们需要将成绩按照从高到低的顺序排列，根据冒泡排序的规则，将“成绩”列表中的前一个数与后一个数进行比较。

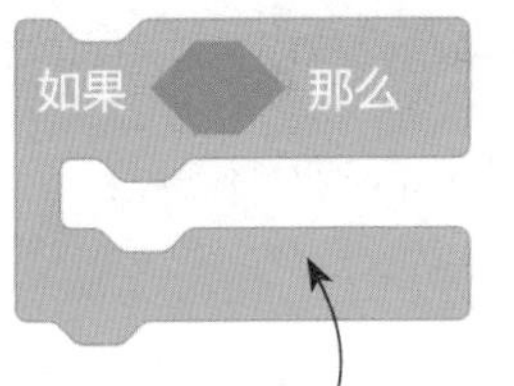

❶ 添加“控制”模块下的“如果……那么……”积木块

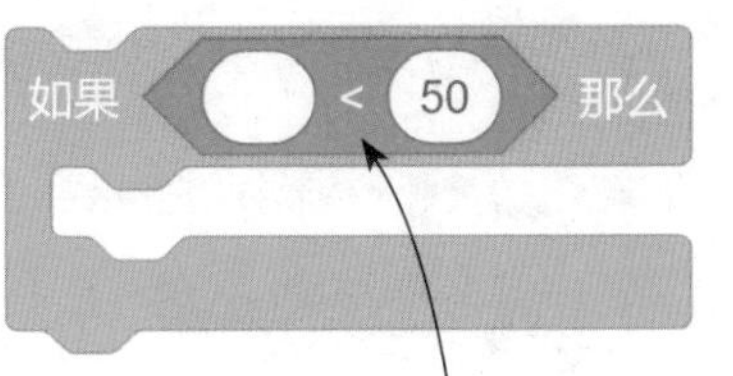

❷ 将“运算”模块下的“（ ）＜（ ）”积木块拖到“如果……那么……”积木块的条件框中

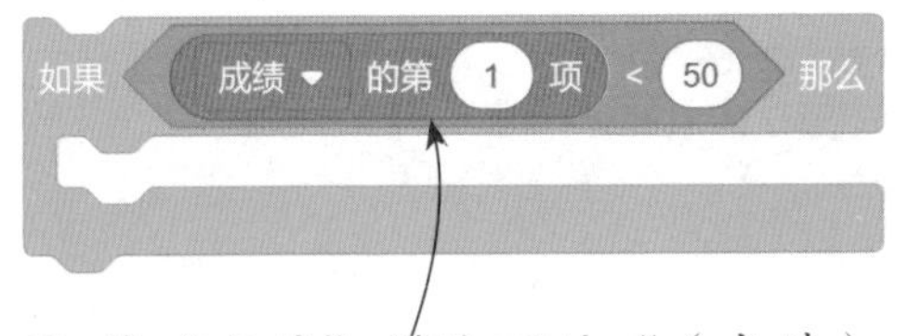

❸ 将“变量”模块下的“（成绩）的第（ ）项”积木块拖到“（ ）＜（ ）”积木块的第 1 个框中

❹ 将“变量”模块下的“n”积木块拖到“（成绩）的第（ ）项”积木块的框中

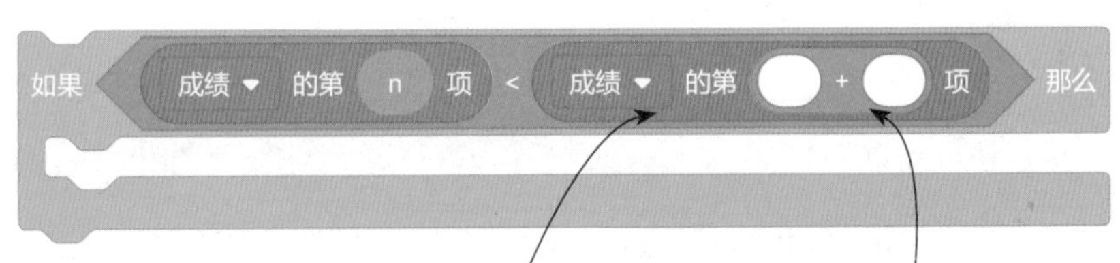

❺ 将“变量”模块下的“（成绩）的第（ ）项”积木块拖到“（ ）＜（ ）”积木块的第 2 个框中

❻ 将“运算”模块下的“（ ）+（ ）”积木块拖到第 2 个“（成绩）的第（ ）项”积木块的框中

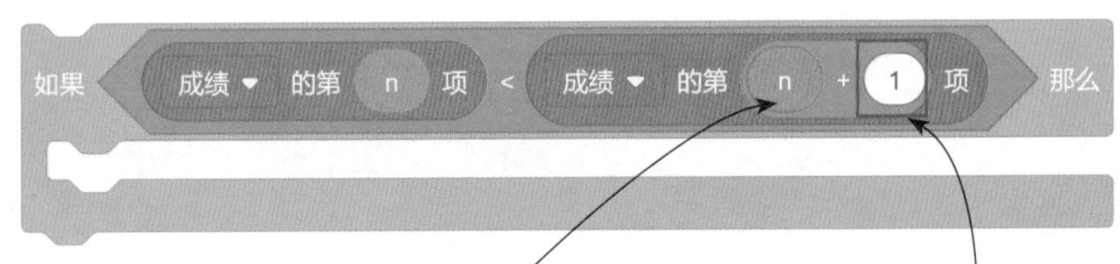

❼ 将“变量”模块下的“n”积木块拖到“（ ）+（ ）”积木块的第 1 个框中

❽ 在“（ ）+（ ）”积木块的第 2 个框中输入数字 1

12 如果列表中的前一个数比后一个数小，先将前一个数赋给变量“交换数据”。

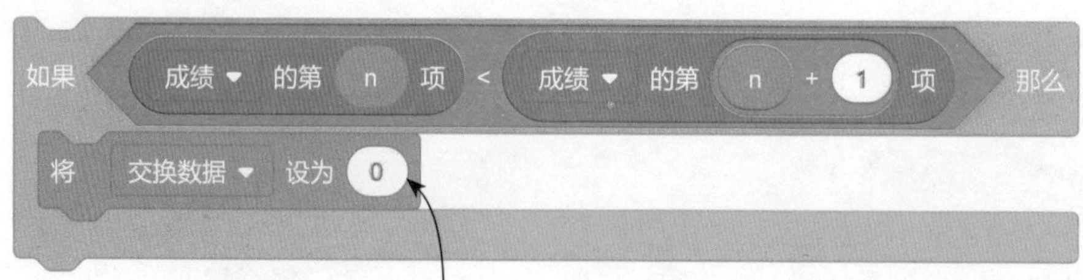

❶ 添加“变量”模块下的“将（交换数据）设为（ ）”积木块

❷ 复制“（成绩）的第（n）项”积木组，粘贴到“将（交换数据）设为（ ）”积木块的框中

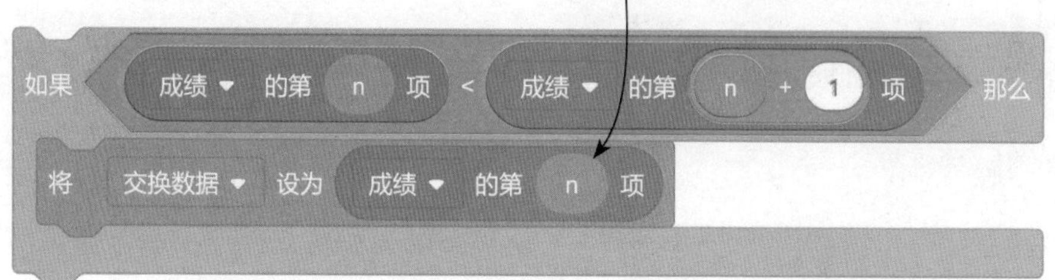

13 然后将“成绩”列表中的前一个数替换为后一个数。

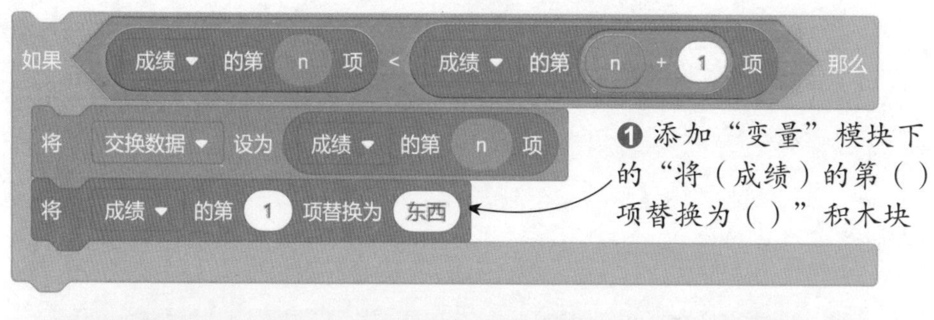

❶ 添加“变量”模块下的“将（成绩）的第（ ）项替换为（ ）”积木块

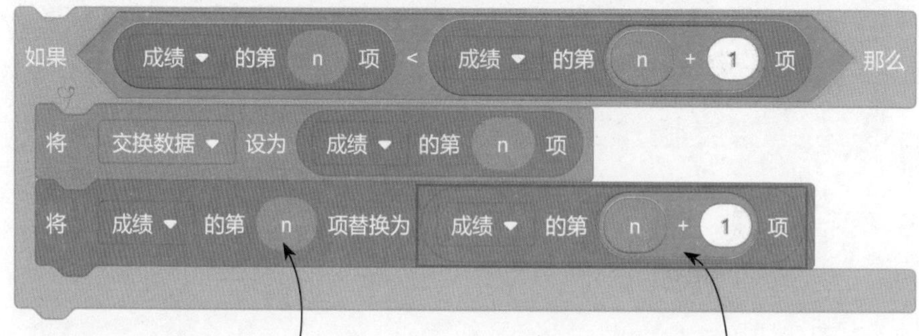

❷ 将“变量”模块下的“n”积木块拖到“将（成绩）的第（ ）项替换为（ ）”积木块的第 1 个框中

❸ 复制“（成绩）的第（（n）+（1））项”积木组，粘贴到“将（成绩）的第（n）项替换为（ ）”积木块的第 2 个框中

14 最后将“成绩”列表中的下一个数替换为“交换数据”中的数，交换列表中的前、后两个数。

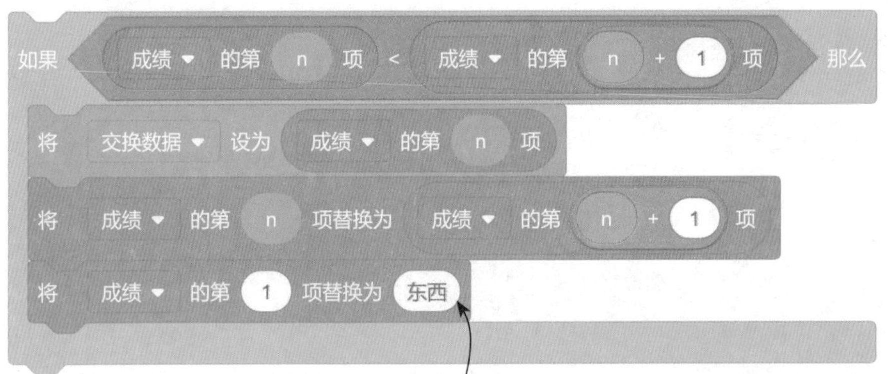

❶ 添加“变量”模块下的“将（成绩）的第（ ）项替换为（ ）”积木块

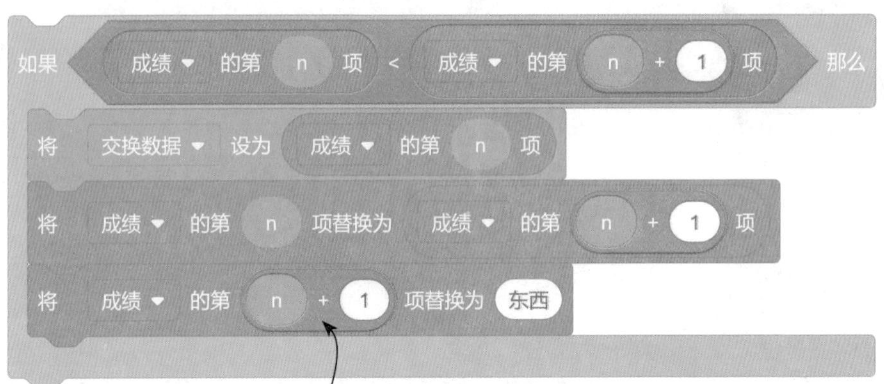

❷ 复制“（（n）+（1））”积木组，粘贴到“将（成绩）的第（ ）项替换为（ ）”积木块的第 1 个框中

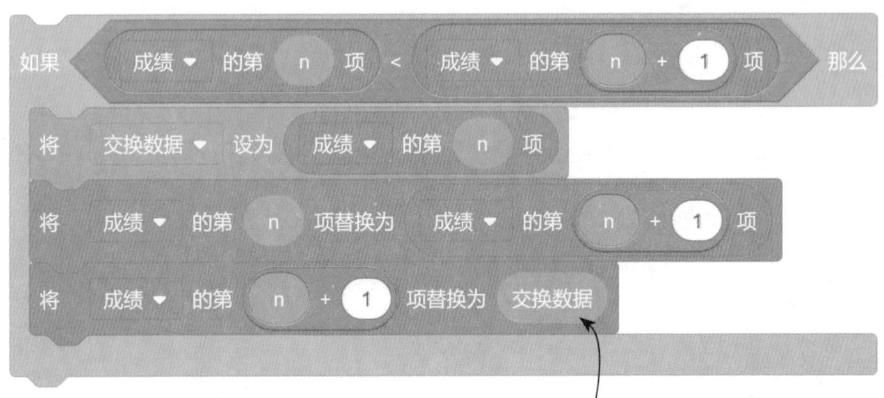

❸ 将“变量”模块下的“交换数据”积木块拖到“将（成绩）的第（（n）+（1））项替换为（ ）”积木块的第 2 个框中

15 完成一轮数字位置交换后，将变量“是否排序”的值设为0，表示本轮的冒泡排序已完成，还需要继续进行下一轮的比较。

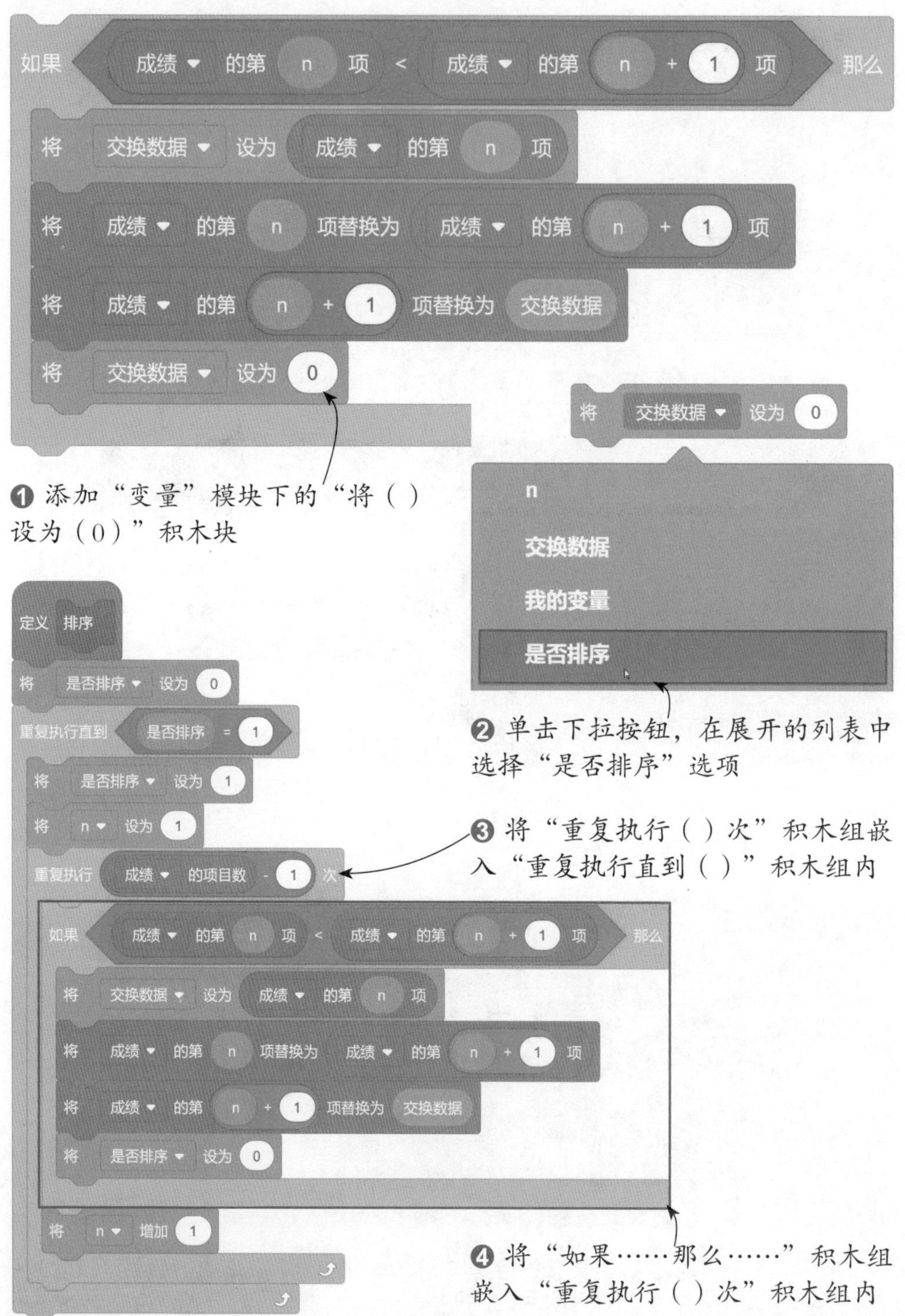

16 继续为“老师”角色编写脚本。当单击🏴按钮时，切换为“教室”背景，显示成绩排名的主题内容。

❶ 添加“事件”模块下的“当🏴被点击”积木块

❷ 添加“外观”模块下的“换成（ ）背景”积木块

❸ 单击下拉按钮，在展开的列表中选择“教室”选项

17 让“老师”角色说出“上周我们做了一个小测试，测试成绩如下：”，说完后切换为“成绩”背景，显示每个同学的测试成绩。

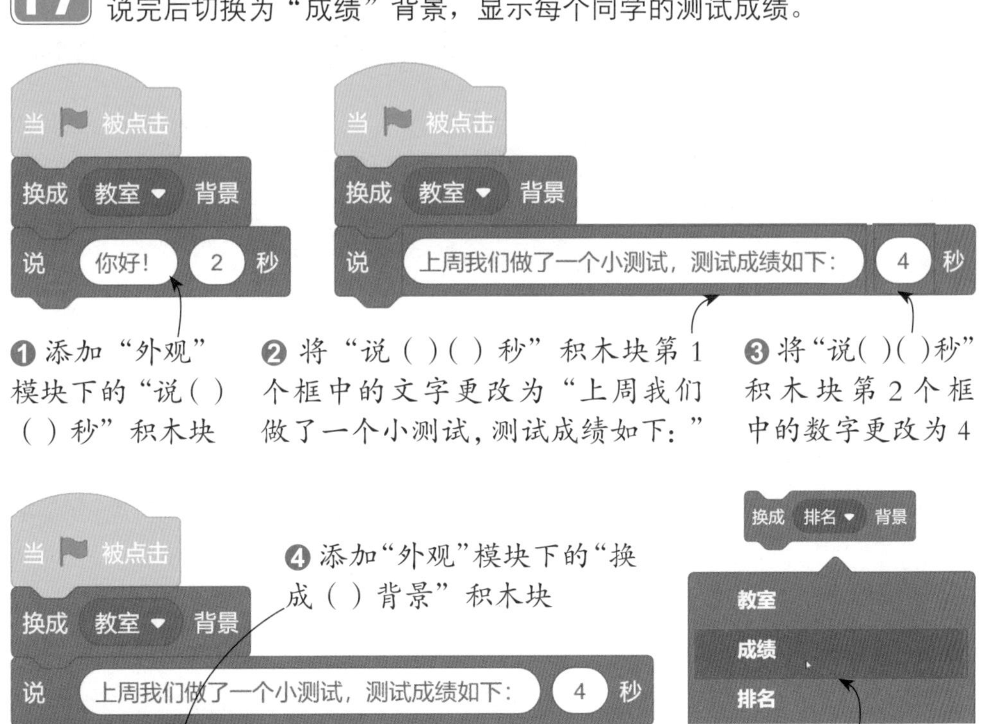

❶ 添加“外观”模块下的“说（ ）（ ）秒”积木块

❷ 将“说（ ）（ ）秒”积木块第 1 个框中的文字更改为“上周我们做了一个小测试，测试成绩如下：”

❸ 将“说（ ）（ ）秒”积木块第 2 个框中的数字更改为 4

❹ 添加“外观”模块下的“换成（ ）背景”积木块

❺ 单击下拉按钮，在展开的列表中选择“成绩”选项

18 让“老师”角色继续说“我们需要对成绩做一个排序。”，然后在排序前删除“成绩”列表中的所有数据。

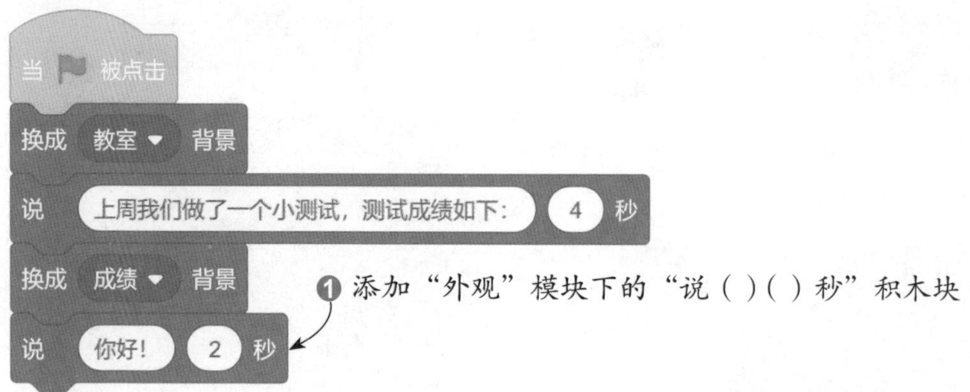

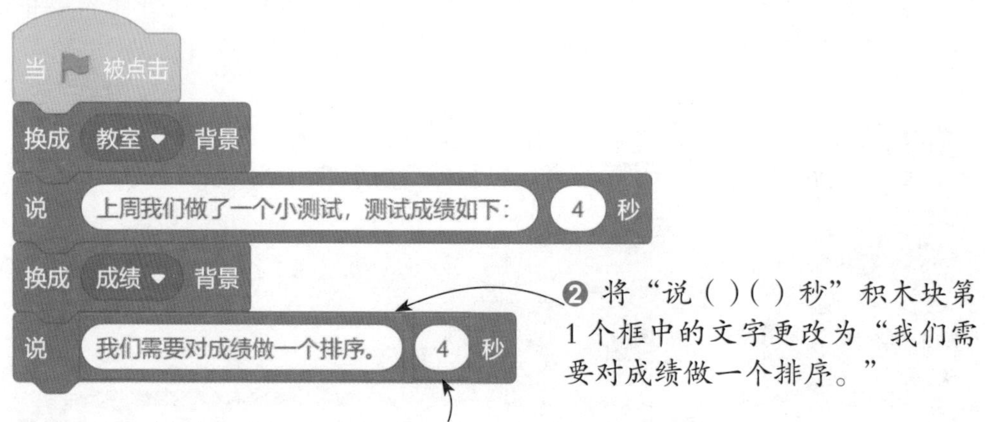

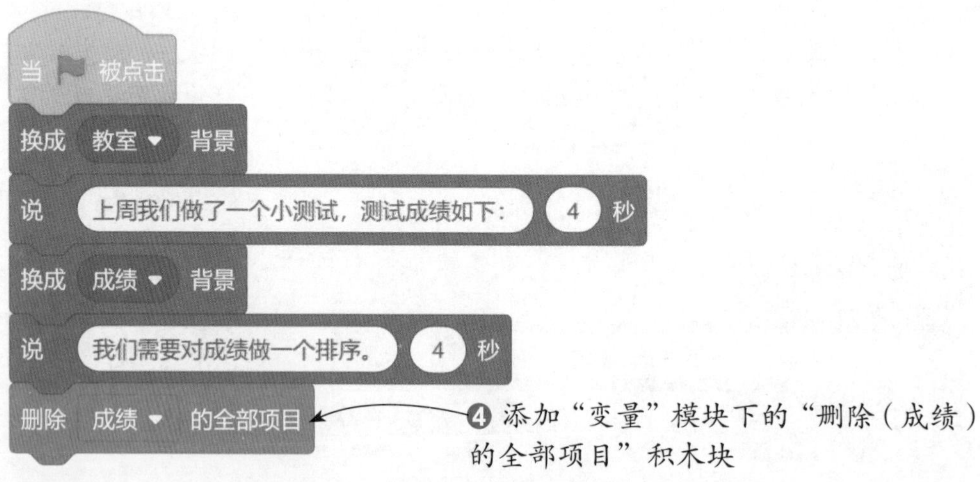

19 添加“重复执行（）次”积木块，由于有 10 个同学参加了小测试，因此需要重复循环 10 次，依次输入每个同学的成绩，然后将输入的成绩添加到“成绩”列表。

❶ 添加“控制”模块下的“重复执行（10）次”积木块

❷ 添加“侦测”模块下的“询问（ ）并等待”积木块

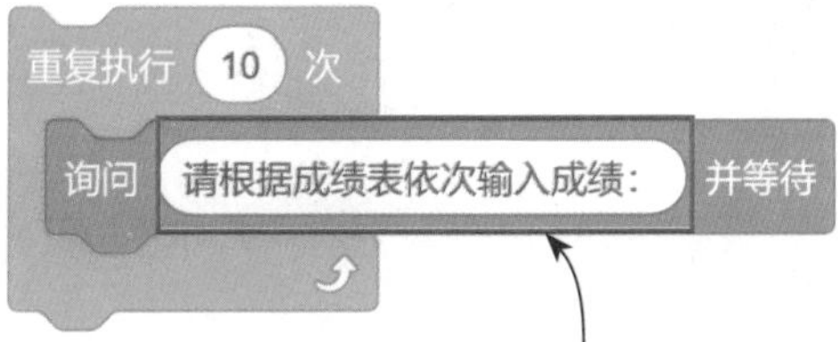

❸ 将“询问（ ）并等待”积木块框中的文字更改为“请根据成绩表依次输入成绩：”

❹ 添加“变量”模块下的“将（ ）加入（成绩）”积木块

❺ 将“侦测”模块下的“回答”积木块拖到“将（ ）加入（成绩）”积木块的框中

20 添加“排序”积木块，对输入的成绩进行排序，然后切换为“排名”背景，显示排名结果。

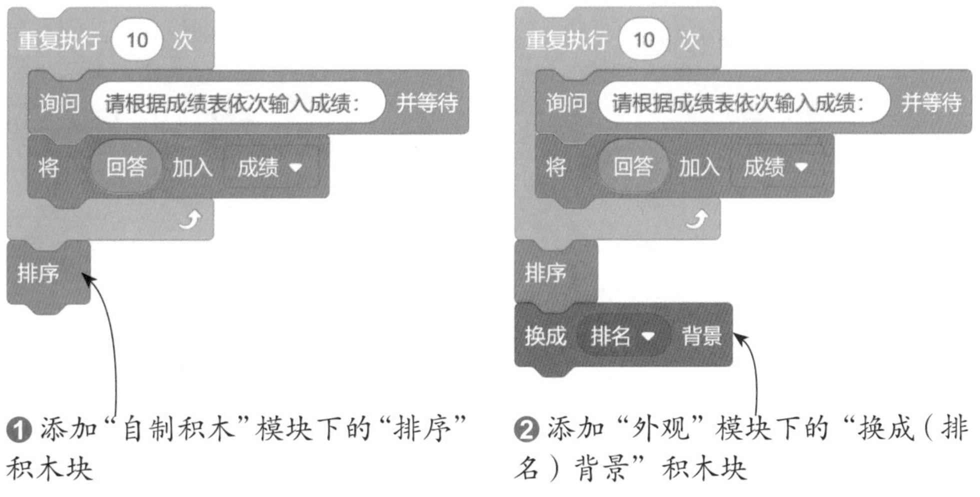

❶ 添加“自制积木”模块下的“排序”积木块

❷ 添加“外观”模块下的“换成（排名）背景”积木块

21 结合“说（）（）秒”和“连接（）和（）”积木块，让角色说出第 1 名同学的名字及测试分数，最后将各部分积木组连接起来。

❶ 添加“外观”模块下的“说( )(2)秒”积木块

❷ 将“说( )（2）秒”积木块第 1 个框中的文字更改为“第 1 名：朱小婷”

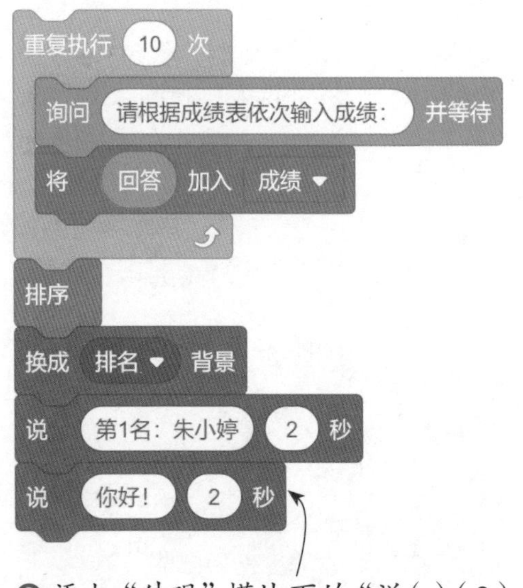

❸ 添加“外观”模块下的“说( )(2)秒”积木块

❹ 将“运算”模块下的“连接( )和( )”积木块拖到“说( )（2）秒”积木块的第 1 个框中

重复执行 10 次
询问 请根据成绩表依次输入成绩: 并等待
将 回答 加入 成绩
排序
换成 排名 背景
说 第1名: 朱小婷 2 秒
说 连接 成绩 的第 1 项 和 分 2 秒

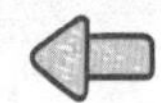

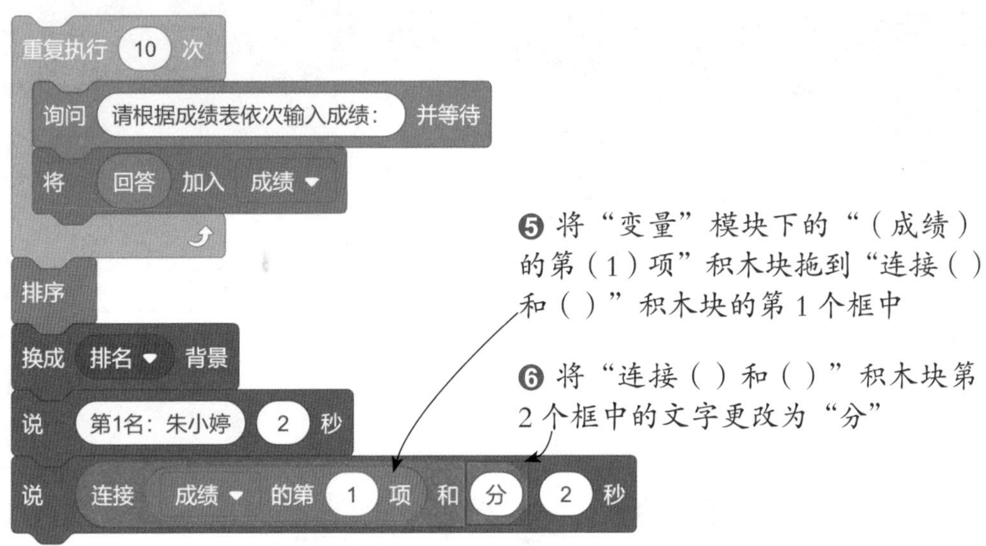

❺ 将“变量”模块下的“(成绩)的第(1)项”积木块拖到“连接( )和( )”积木块的第 1 个框中

❻ 将“连接( )和( )”积木块第 2 个框中的文字更改为“分”

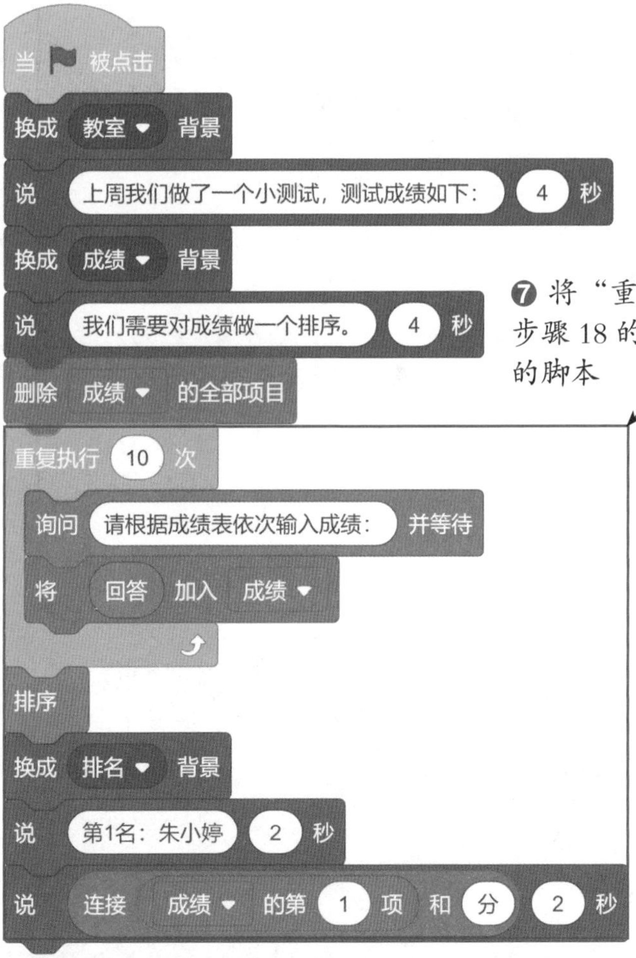

当 被点击
换成 教室 背景
说 上周我们做了一个小测试，测试成绩如下: 4 秒
换成 成绩 背景
说 我们需要对成绩做一个排序。 4 秒
删除 成绩 的全部项目
重复执行 10 次
询问 请根据成绩表依次输入成绩: 并等待
将 回答 加入 成绩
排序
换成 排名 背景
说 第1名: 朱小婷 2 秒
说 连接 成绩 的第 1 项 和 分 2 秒

❼ 将“重复执行( )次”积木组与步骤 18 的脚本组合起来，形成完整的脚本

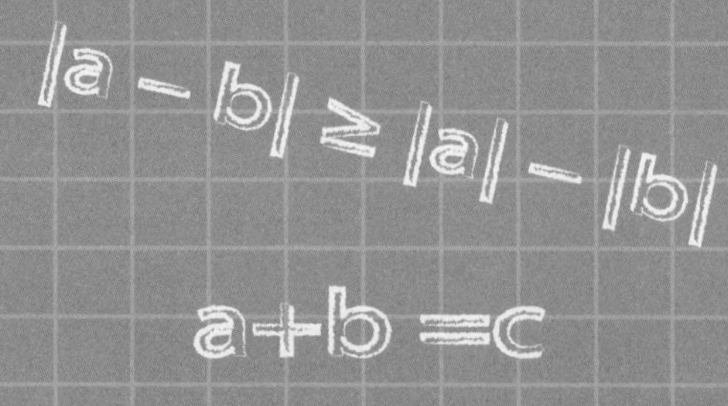

第10章

计算车费

小朋友们一定都乘坐过出租车吧，出租车都装有计价器，会记录每次乘车花费的费用。出租车计价器依据路程传感器传送的信号测量路程，并以测得的路程为依据，计算并显示乘客乘坐出租车应付的费用。

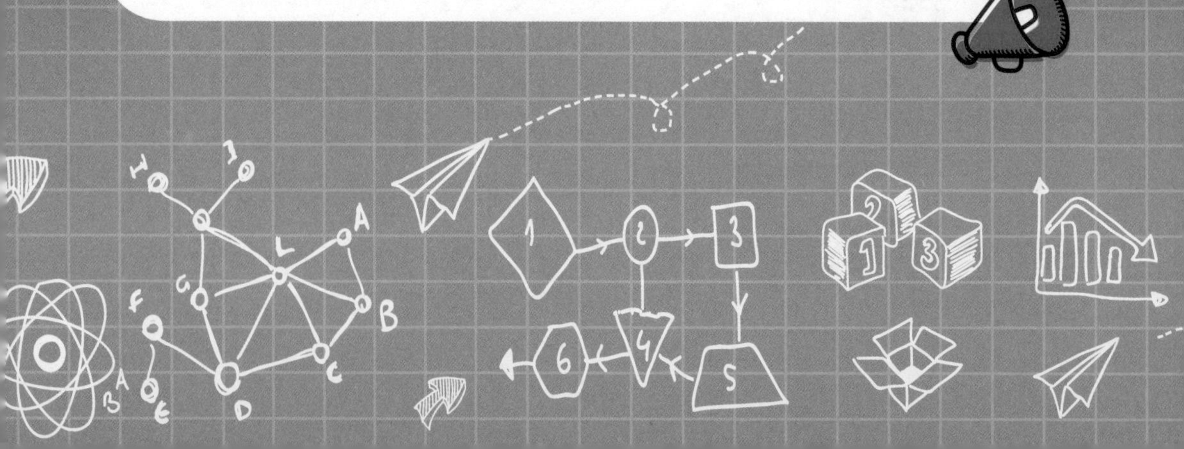

程序设定

现在有一辆出租车，它的计费方式为 10 元起步，含 2 公里，超过 2 公里后的路程费用为每公里增加 1.8 元，如果距离超过 10 公里，则超出 10 公里距离的部分，其单价在原来基础上提高 50%。

根据计费规则，设计一个程序，根据输入的路程算出乘车的费用。

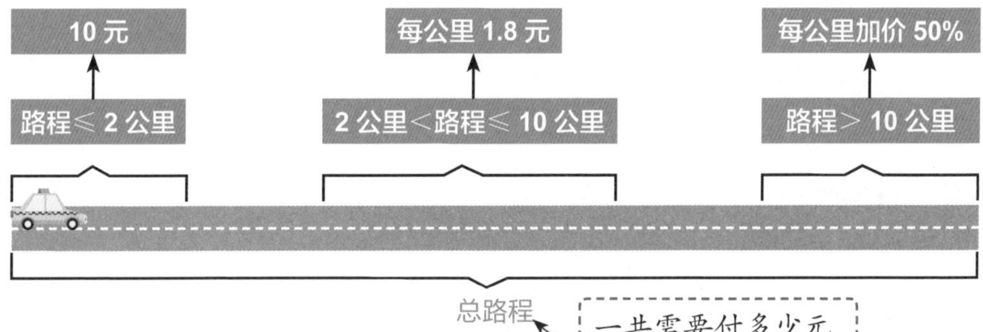

算法分析

在自变量的不同取值范围内有不同的对应法则，需要用不同的解析式来表示的函数称为分段函数。分段函数也是一种比较经典的算法，采用分段函数就可以计算一段路程的打车费用。根据用户输入的路程，判断所在的路程范围，然后列出不同的算式进行计算，求出需要支付的打车费。

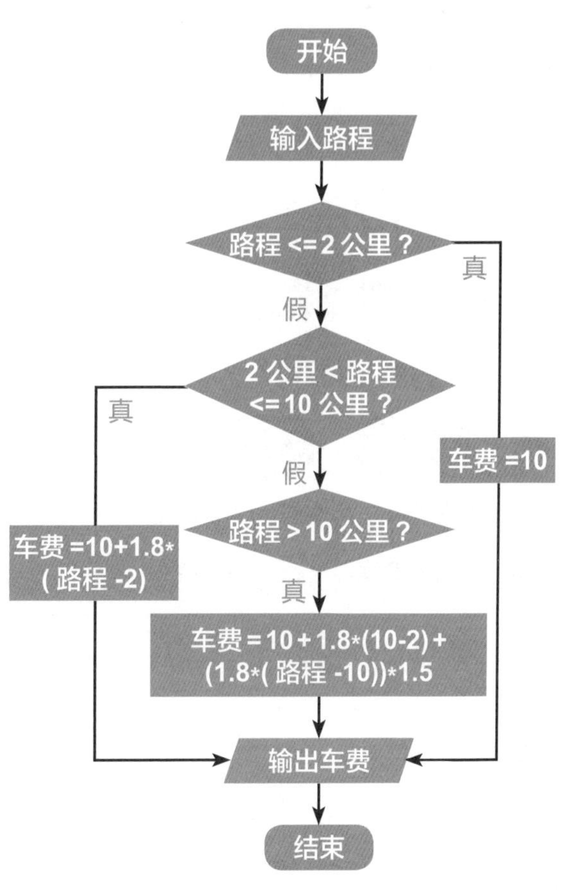

思路详解

首先需要让计算机知道行驶的路程，然后根据该路程所属的范围，再使用对应的公式计算需要支付的费用。

询问获取行驶路程

在 Scratch 中，使用“询问（）并等待”积木块获取用户输入的数据，并将这些数据存储到“回答”积木块中。

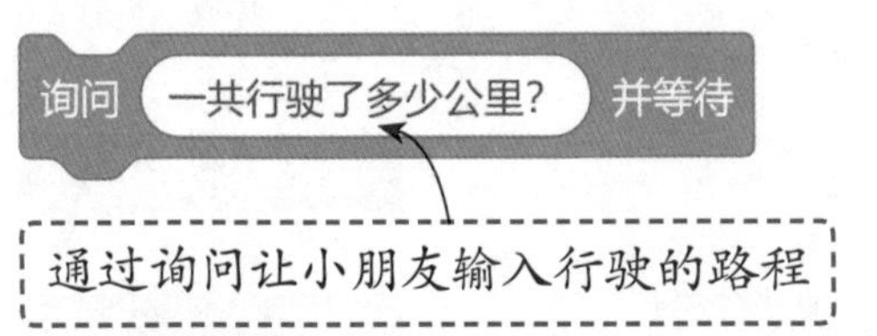

将行驶路程赋给变量“路程”

创建变量“路程”。程序接收到输入的行驶路程数据后，应用“回答”积木块，将输入的数据赋给变量“路程”。

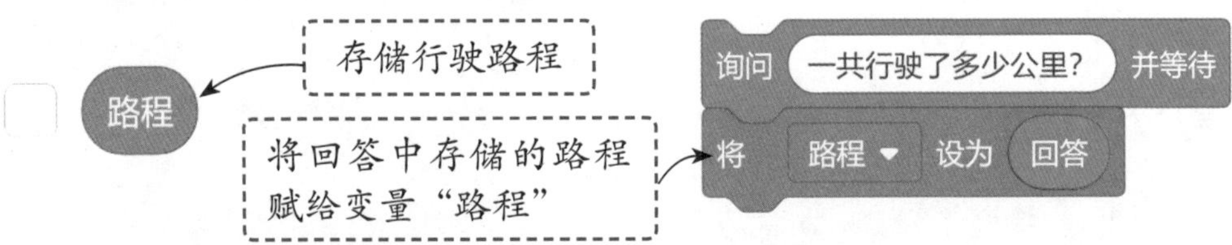

判断路程所在的范围

判断行驶路程所在的范围。本程序中包含路程≤ 2 公里、路程≤ 10 公里、路程＞ 10 公里 3 种情况。因此需要分别进行判断，添加“如果……那么……”单向条件语句，并根据计价规则设置相应的条件。

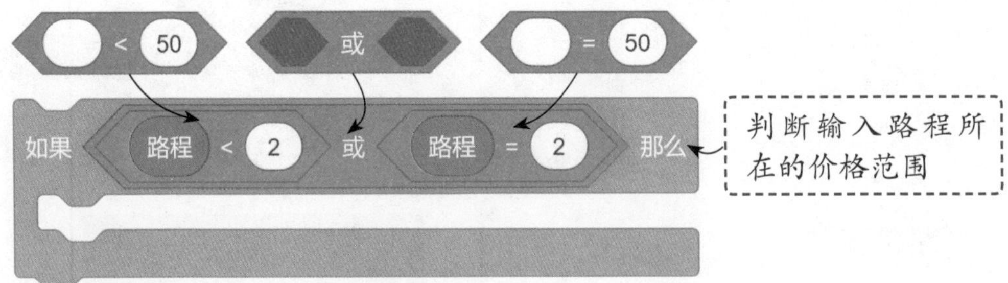

计算车费

确定路程所属范围后，接下来就要计算费用。结合“运算”模块下的积木块，创建计算公式，根据不同的路程计算对应要付的车费。

公里数	车费
路程≤ 2 公里	起步价 10 元
路程≤ 10 公里	起步价 10 元＋每公里单价 1.8×（路程－起步路程 2 公里）
路程＞ 10 公里	起步价 10 元＋每公里单价 1.8×（10 公里－起步路程 2 公里）＋每公里单价 1.8×1.5×（路程－ 10 公里）

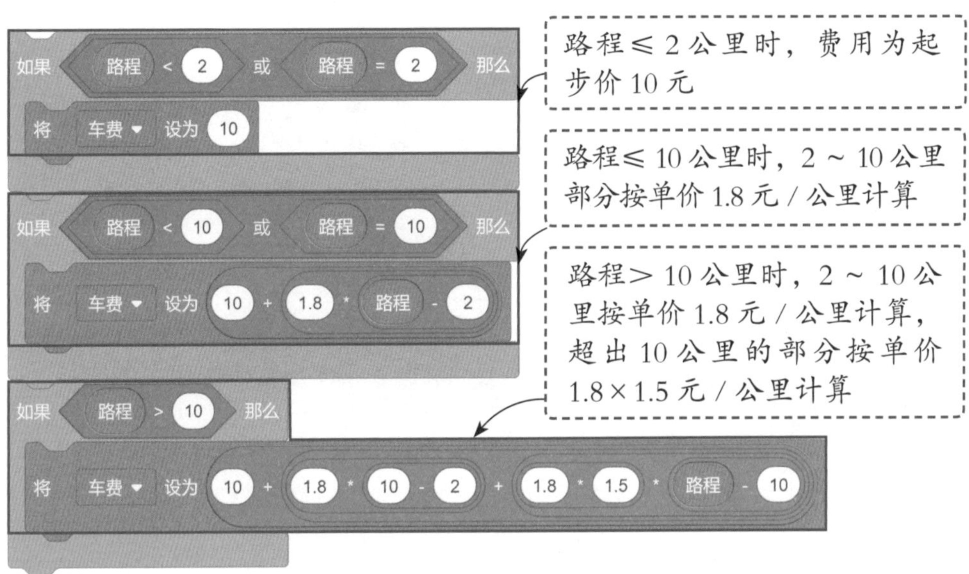

编程步骤

通过前面的分析，我们掌握了整个案例的设计思路及主要会用到的积木块，接下来详细讲解这个程序的制作步骤。

1 创建新项目，添加背景素材库中的“Colorful City”背景，删除默认的“背景 1”背景。

❶ 单击“选择一个背景”按钮

❷ 单击“Colorful City”背景

2 复制“Colorful City”背景，得到“Colorful City2”背景，选中“Colorful City”背景，单击绘图区下方的“转换为矢量图”按钮。

❶ 右击“Colorful City”背景，在弹出的快捷菜单中执行“复制”命令

❷ 单击“Colorful City”造型

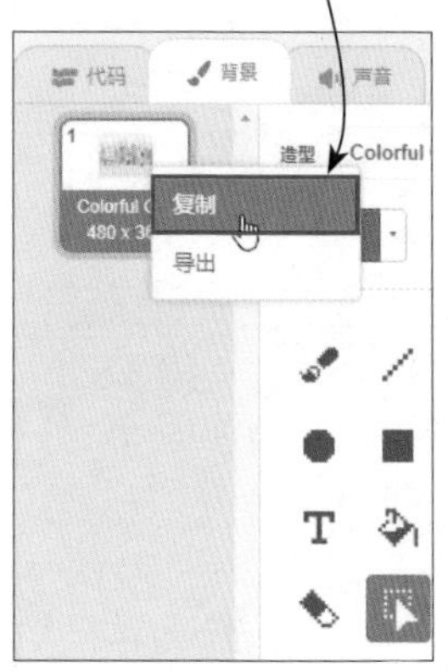

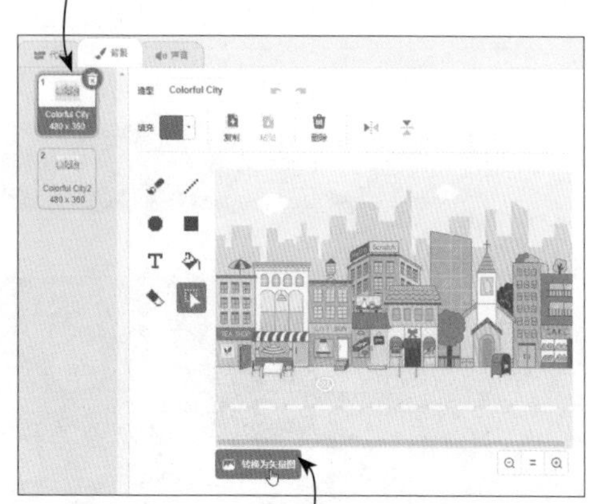

❸ 单击“转换为矢量图”按钮

3 使用“矩形”工具在背景上绘制一个白色的矩形，然后使用“文本”工具在白色矩形上输入文字，介绍车费的计算方法。

❶ 单击“矩形”工具　❷ 设置填充颜色为白色　❹ 单击“文本”工具

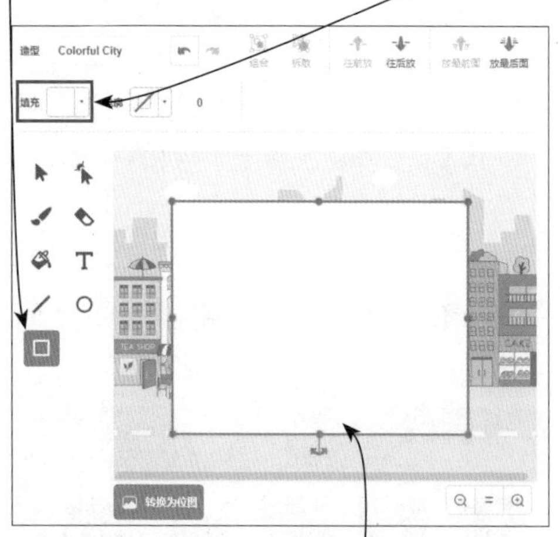

❸ 单击并拖动，绘制矩形

❺ 单击并输入文字，介绍车费的计算方法

4 切换到“代码”选项卡，为背景编写脚本。当单击🏴按钮时，切换为“Colorful City”背景，等待 10 秒，切换为“Colorful City2”背景。

❶ 添加“事件”模块下的“当🏴被点击”积木块

❷ 添加“外观”模块下的“换成（Colorful City）背景”积木块

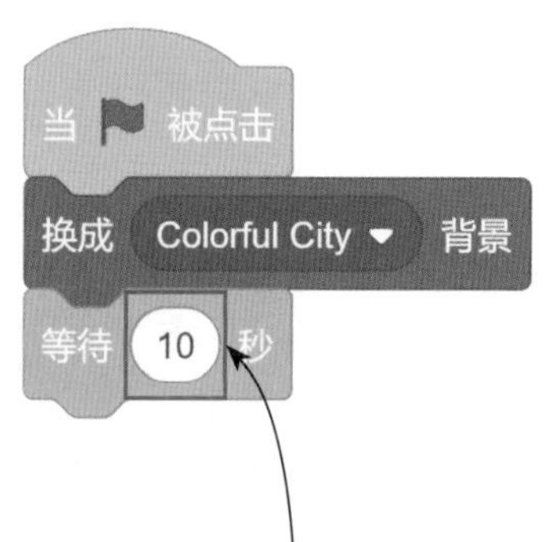

❸ 添加“控制”模块下的“等待（10）秒”积木块

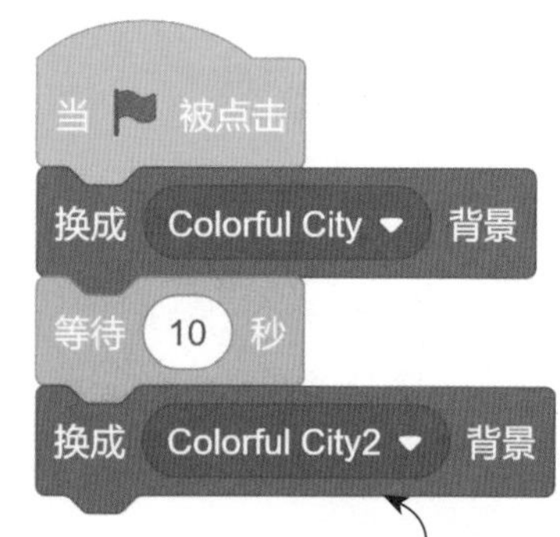

❹ 添加“外观”模块下的“换成（Colorful City2）背景”积木块

5 删除默认的“角色 1”，添加角色素材库中的“Abby”角色，在角色列表中更改角色位置。

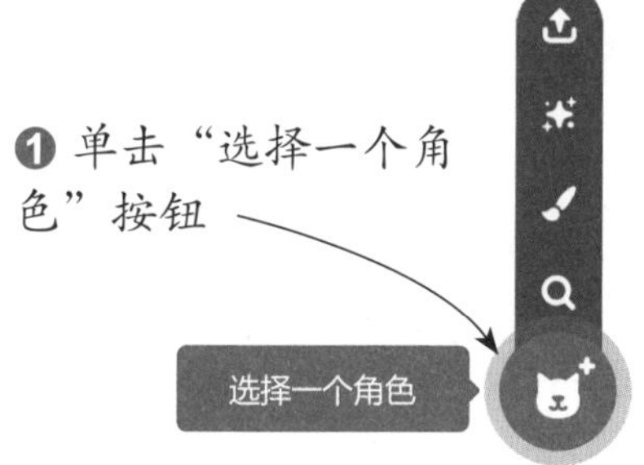

❶ 单击“选择一个角色”按钮

❷ 单击“Abby”角色

❸ 输入角色坐标 x 为 −149、y 为 −54

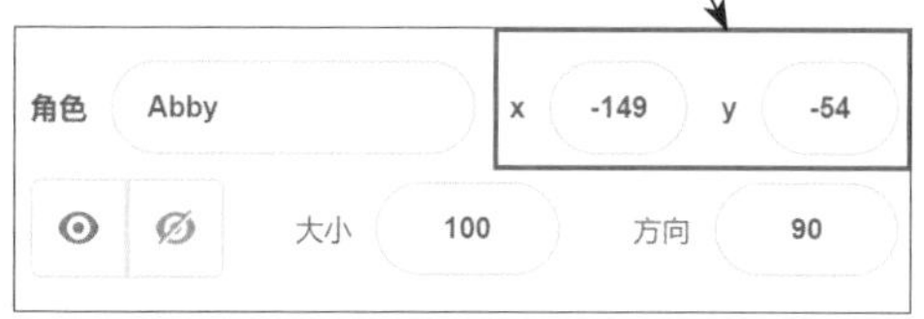

❹ 在舞台中显示设置后的“Abby”角色

6 上传自定义的“出租车”和“旅行人物”两个角色，在角色列表中更改角色的位置和大小。

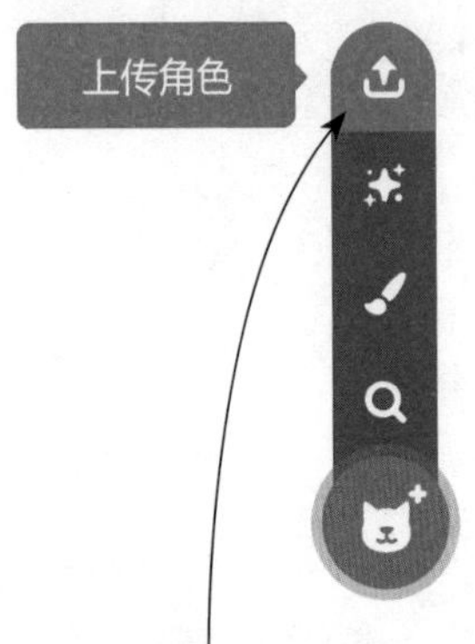

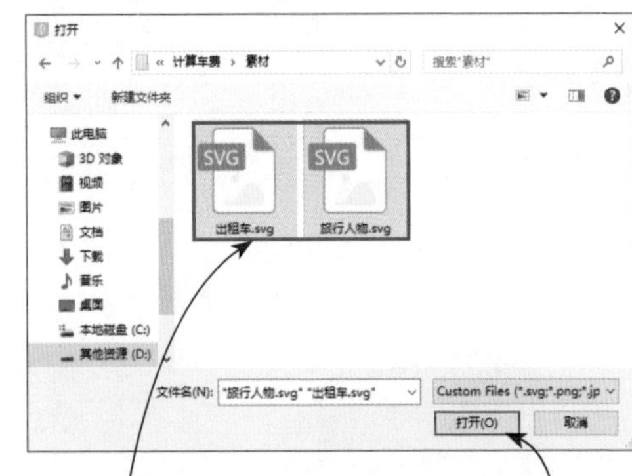

❶ 单击“上传角色”按钮

❷ 按住【Ctrl】键，依次单击“出租车”和“旅行人物”素材图像

❸ 单击“打开”按钮

❹ 设置“旅行人物”角色坐标 x 为 −31、y 为 −41，大小为 40

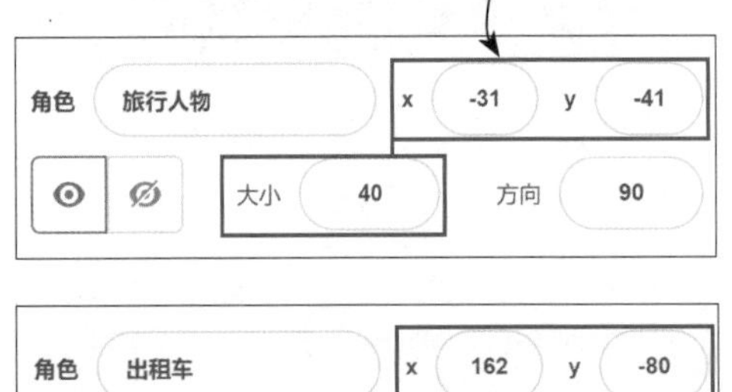

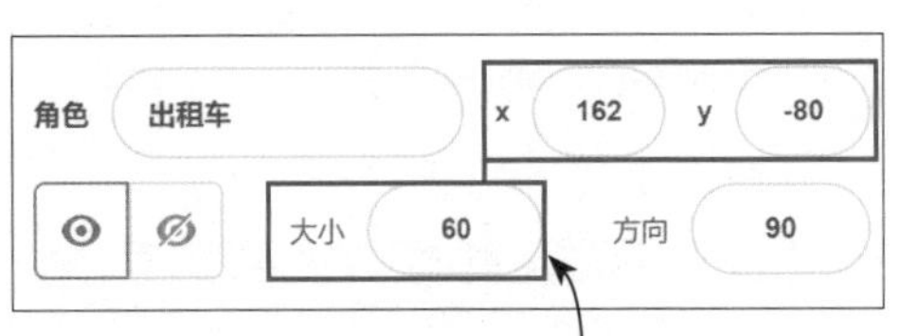

❺ 设置“出租车”角色坐标 x 为 162、y 为 −80，大小为 60

❻ 在舞台中显示设置后的“旅行人物”和“出租车”角色

7 选中“旅行人物”角色，为角色编写脚本。当单击🏴按钮时，隐藏角色；当切换为“Colorful City2”背景时，显示角色，并将角色移到舞台中间。

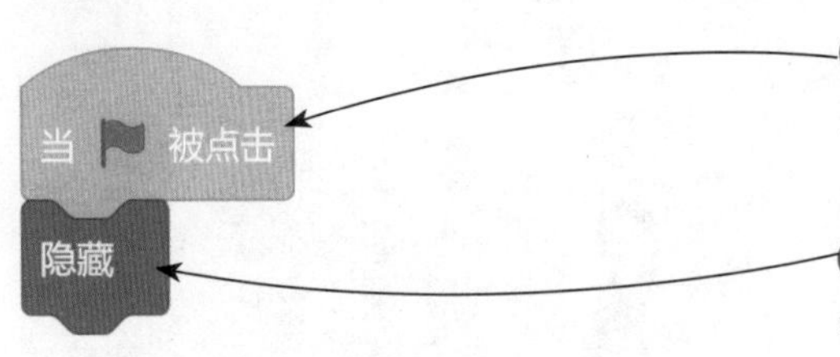

❶ 添加“事件”模块下的“当🏴被点击”积木块

❷ 添加“外观”模块下的“隐藏”积木块

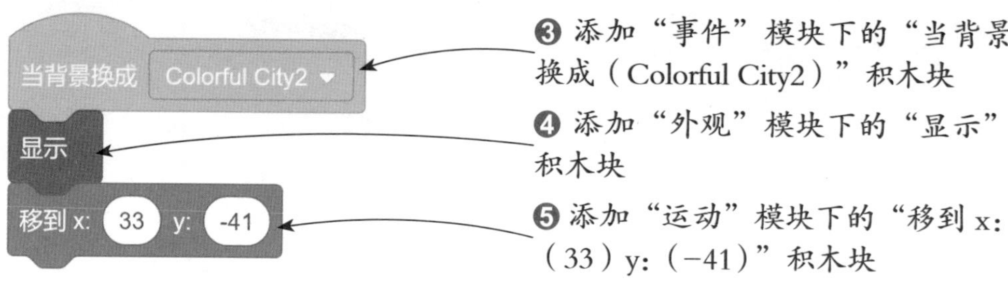

8 添加“等待（）秒”积木块，等待一定的时间，使“出租车”移动到“旅行人物”旁边。

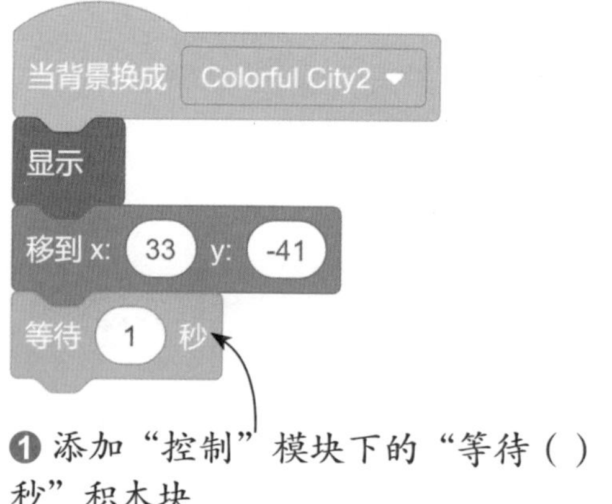

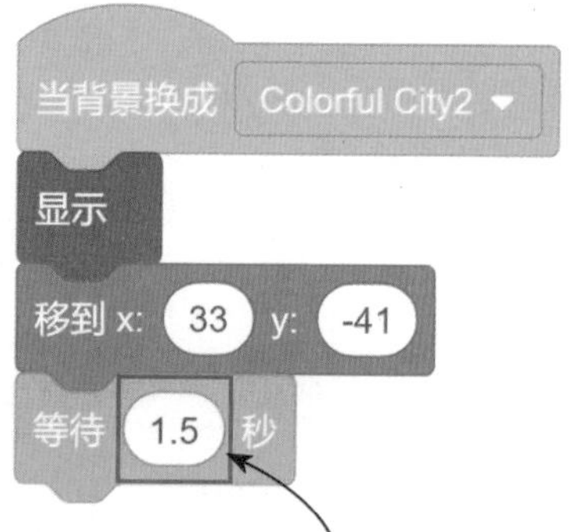

9 添加“重复执行（）次”积木块，让“旅行人物”向左移动到“出租车”的车门位置。

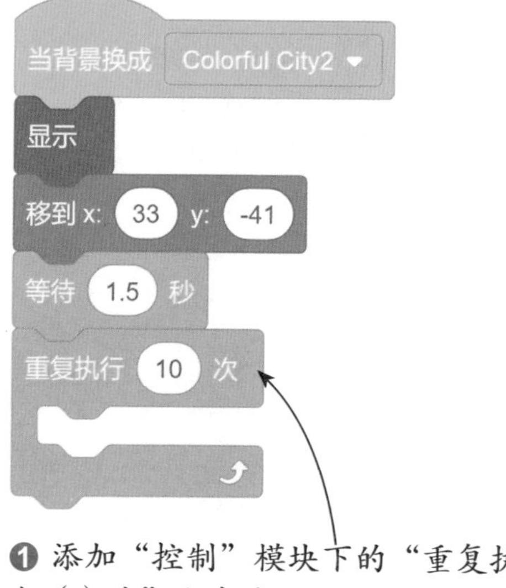

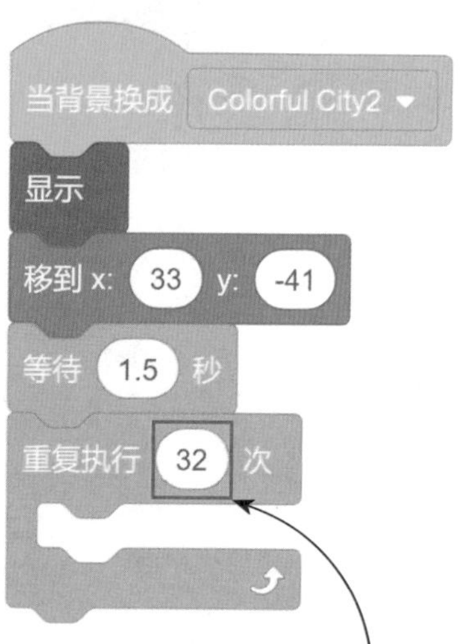

当背景换成 Colorful City2
显示
移到 x: 33 y: -41
等待 1.5 秒
重复执行 32 次
移动 10 步
❸ 添加“运动”模块下的“移动（ ）步”积木块
❹ 将“移动（ ）步”积木块框中的数字更改为 −2
当背景换成 Colorful City2
显示
移到 x: 33 y: -41
等待 1.5 秒
重复执行 32 次
移动 -2 步

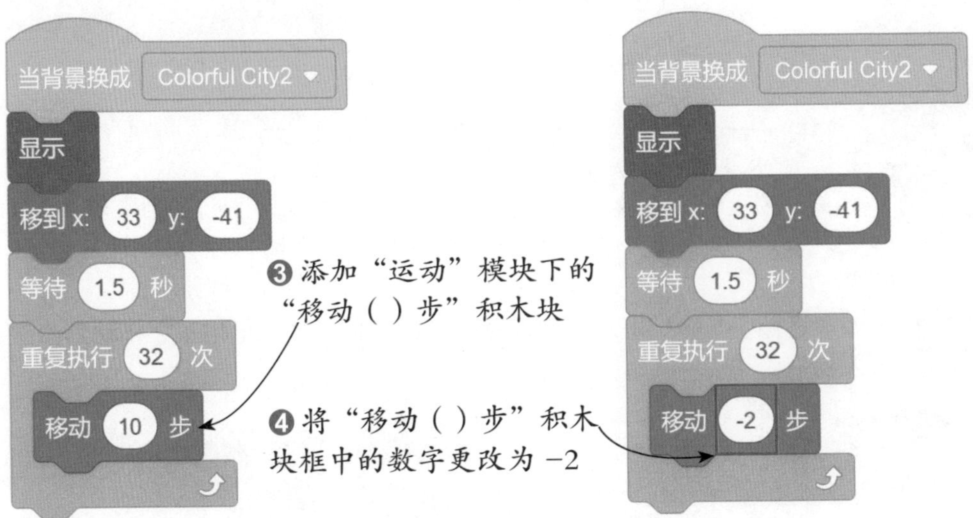

10 添加“等待（）秒”积木块，等待 0.5 秒后，隐藏“旅行人物”角色，表示其已经上车。

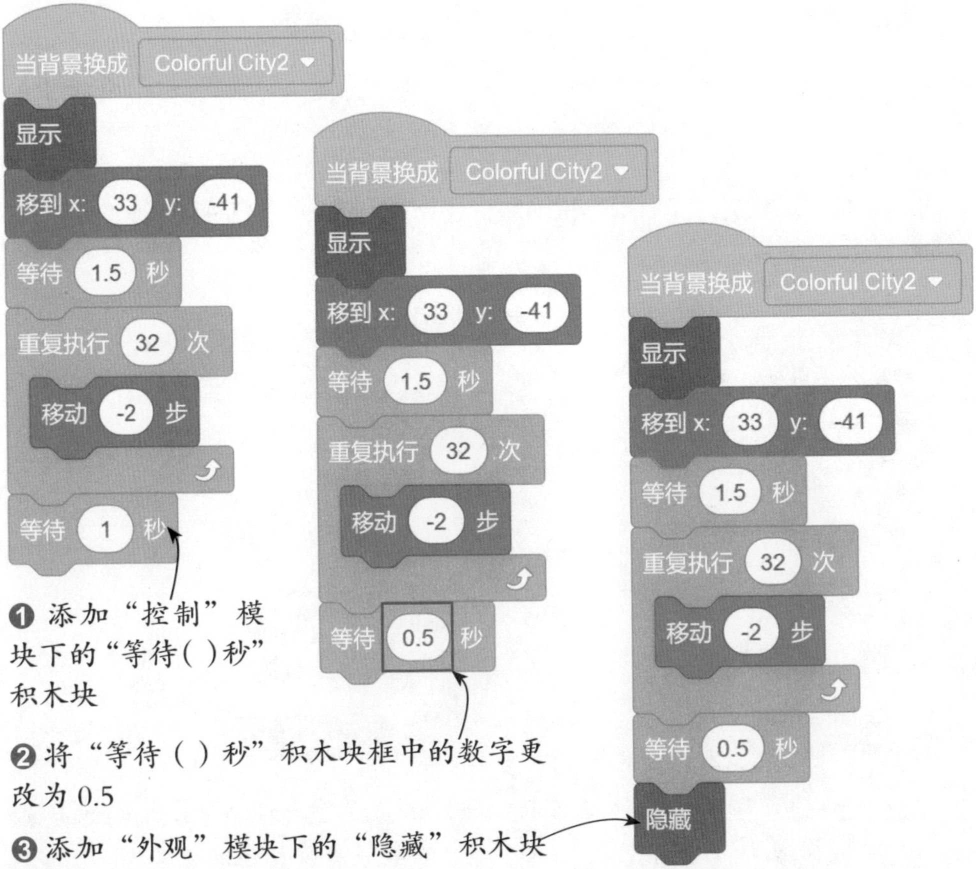

当背景换成 Colorful City2
显示
移到 x: 33 y: -41
等待 1.5 秒
重复执行 32 次
移动 -2 步
等待 1 秒
❶ 添加“控制”模块下的“等待( )秒”积木块
当背景换成 Colorful City2
显示
移到 x: 33 y: -41
等待 1.5 秒
重复执行 32 次
移动 -2 步
等待 0.5 秒
❷ 将“等待（ ）秒”积木块框中的数字更改为 0.5
当背景换成 Colorful City2
显示
移到 x: 33 y: -41
等待 1.5 秒
重复执行 32 次
移动 -2 步
等待 0.5 秒
隐藏
❸ 添加“外观”模块下的“隐藏”积木块

11 选中“出租车”角色，为角色编写脚本。当单击🏁按钮时，隐藏角色；当切换为“Colorful City2”背景时，显示角色，并将其移到舞台左侧。

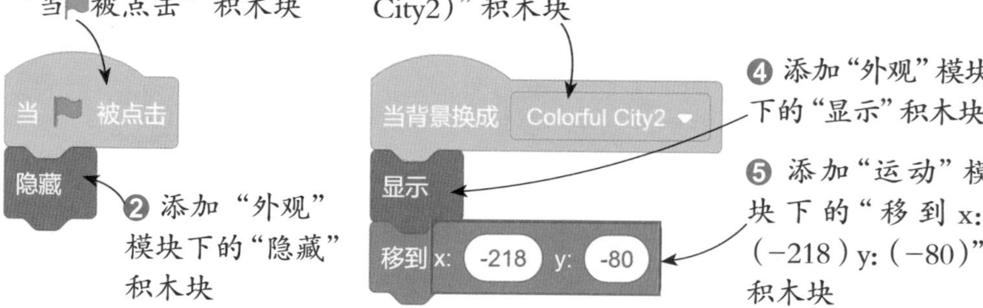

12 添加“重复执行直到()”积木块，让“出租车”不停地移动直到碰到“旅行人物”。

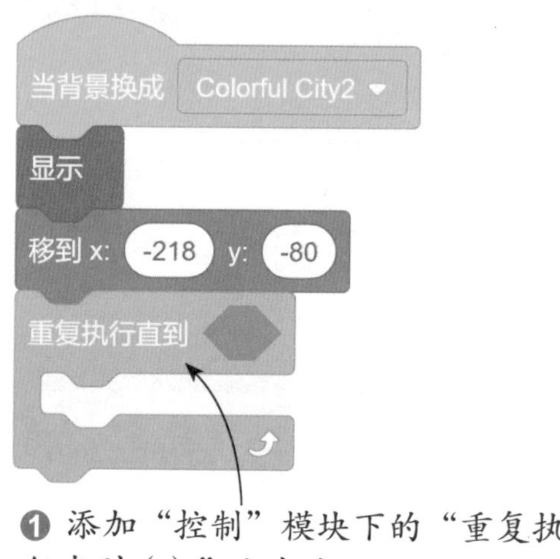

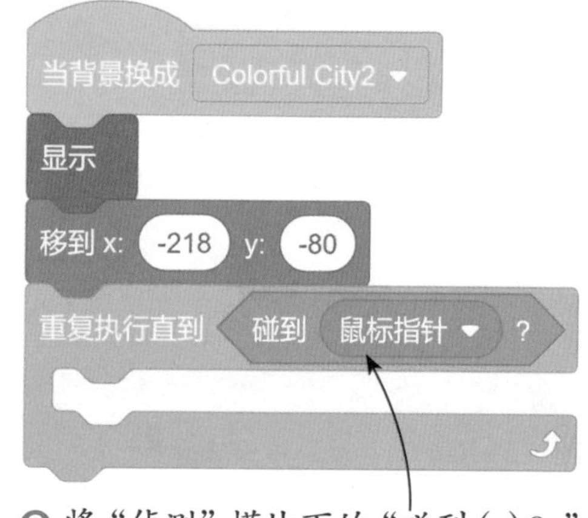

❸ 单击下拉按钮，在展开的列表中选择“旅行人物”选项

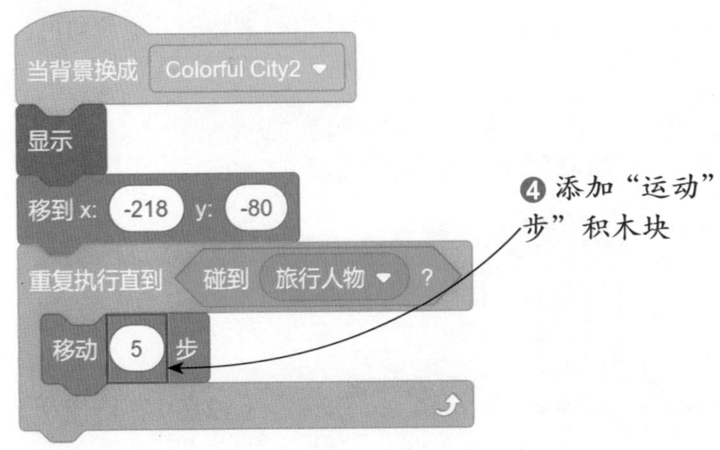

❹ 添加“运动”模块下的“移动（5）步”积木块

13 当“出租车”碰到“旅行人物”后，就停下来，等待“旅行人物”移动到车前并上车。

14 当“旅行人物”上车后，“出租车”继续向右移动，直到碰到舞台边缘。

添加“控制”模块下的“等待（3）秒”积木块

当背景换成 Colorful City2
显示
移到 x: -218 y: -80
重复执行直到 碰到 旅行人物 ?
移动 5 步
等待 3 秒
重复执行直到 碰到 旅行人物 ?
移动 5 步

❶ 复制“重复执行直到(碰到( )?)”积木组，粘贴到“等待（3）秒”积木块下方

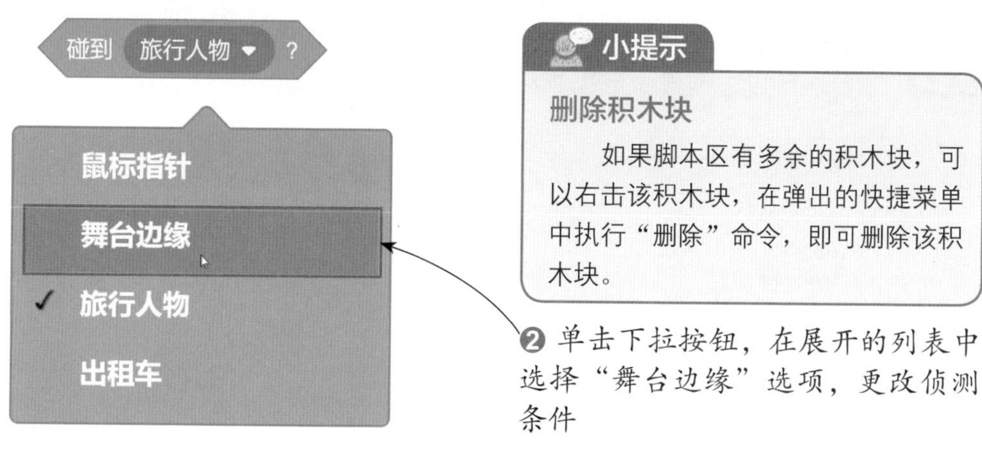

小提示

删除积木块

如果脚本区有多余的积木块，可以右击该积木块，在弹出的快捷菜单中执行“删除”命令，即可删除该积木块。

❷ 单击下拉按钮，在展开的列表中选择“舞台边缘”选项，更改侦测条件

15 当“出租车”碰到舞台边缘，广播“计算车费”消息，然后隐藏角色。

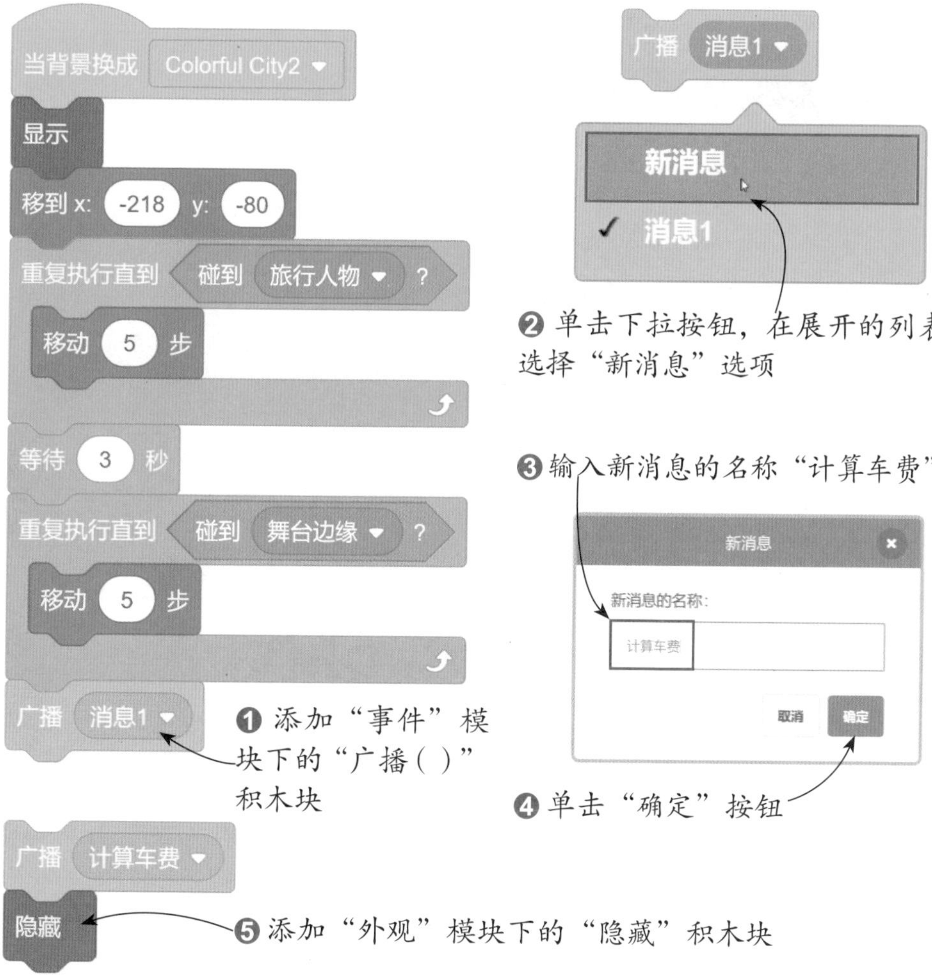

当背景换成 Colorful City2
显示
移到 x: -218 y: -80
重复执行直到 碰到 旅行人物 ?
移动 5 步
等待 3 秒
重复执行直到 碰到 舞台边缘 ?
移动 5 步
广播 消息1
广播 计算车费
隐藏

❶ 添加“事件”模块下的“广播( )”积木块

广播 消息1
新消息
消息1

❷ 单击下拉按钮，在展开的列表中选择“新消息”选项

❸ 输入新消息的名称“计算车费”

新消息
新消息的名称:
计算车费
取消 确定

❹ 单击“确定”按钮

❺ 添加“外观”模块下的“隐藏”积木块

16 选中“Abby”角色，为角色编写脚本。因为需要根据输入的路程计算车费，所以先创建“路程”和“车费”两个变量。

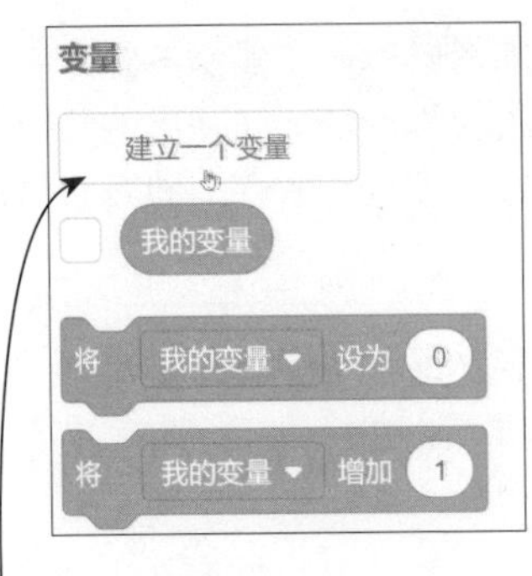

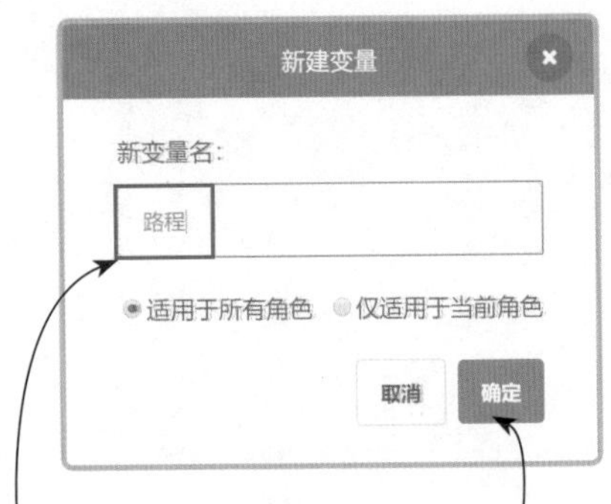

❶ 单击“变量”模块下的“建立一个变量”按钮

❷ 输入新变量名“路程”

❸ 单击“确定”按钮

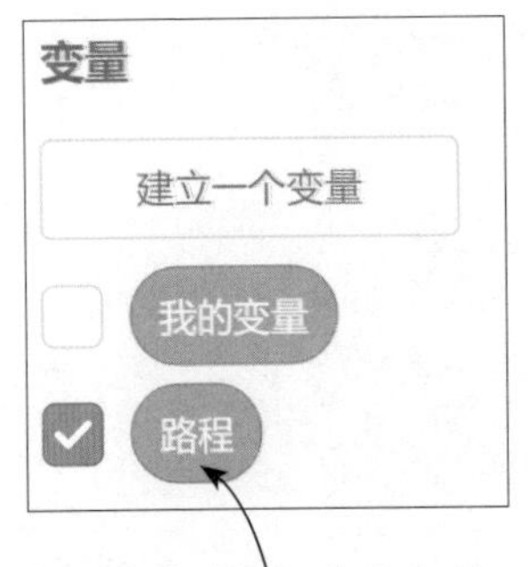

❹ 创建变量“路程”

❺ 继续创建变量“车费”，并单击变量前的复选框，取消勾选状态，隐藏变量

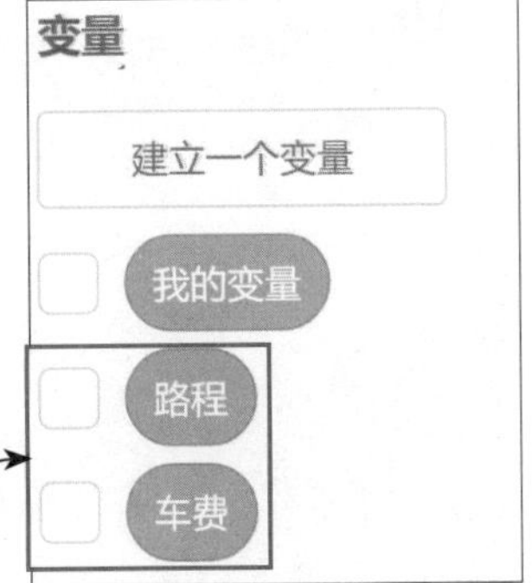

17 自制一个“计算”积木块，用于完成车费的计算。

❶ 单击“自制积木”模块下的“制作新的积木”按钮

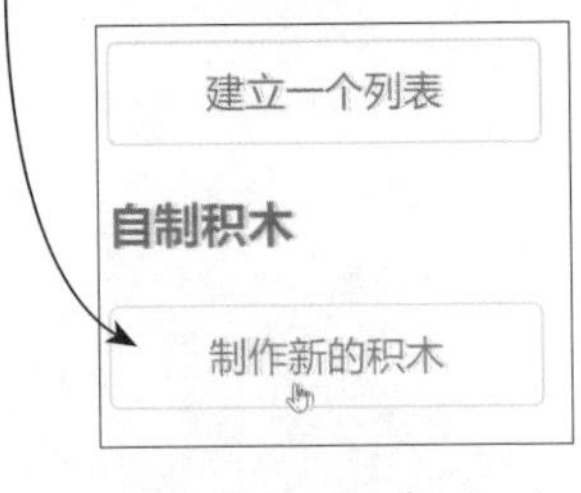

❷ 输入积木块名“计算”

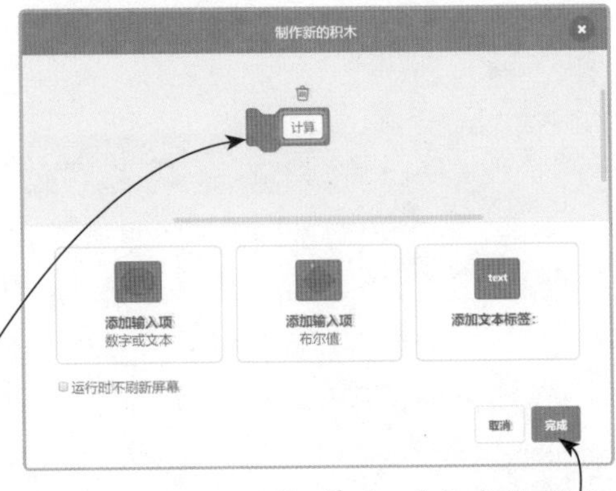

❸ 单击“完成”按钮

小提示

修改自制积木块

在“自制积木”模块下创建自制积木块后，如果需要修改积木块，如更改名称、添加输入项等，可以右击积木块，在弹出的快捷菜单中执行“编辑”命令，打开“制作新的积木”对话框，重新设置即可。

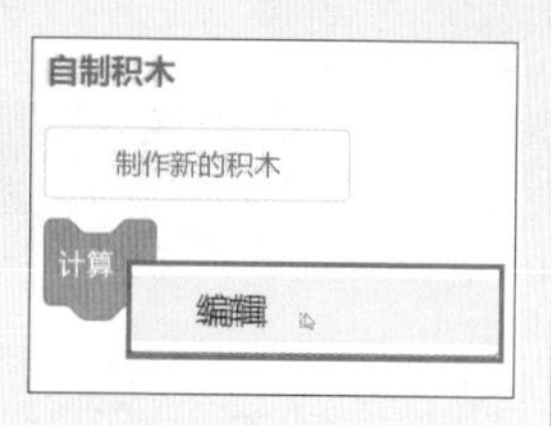

18 添加“如果……那么……”积木块，用于判断出租车行驶的路程，先将条件设置为路程小于或等于 2 公里。

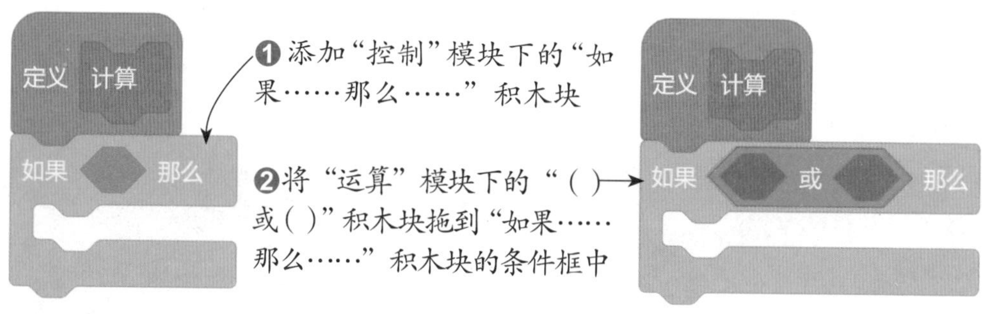

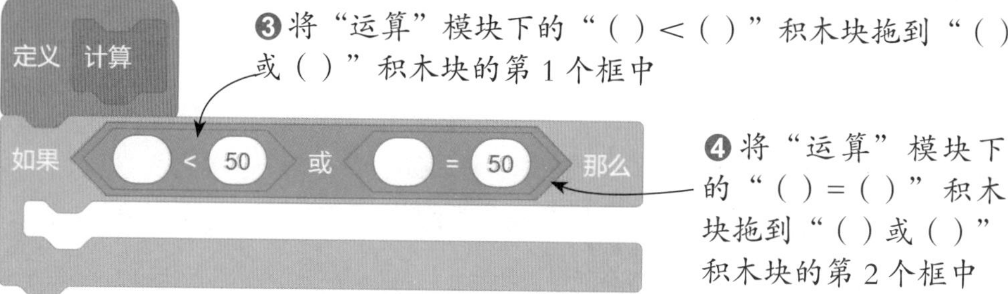

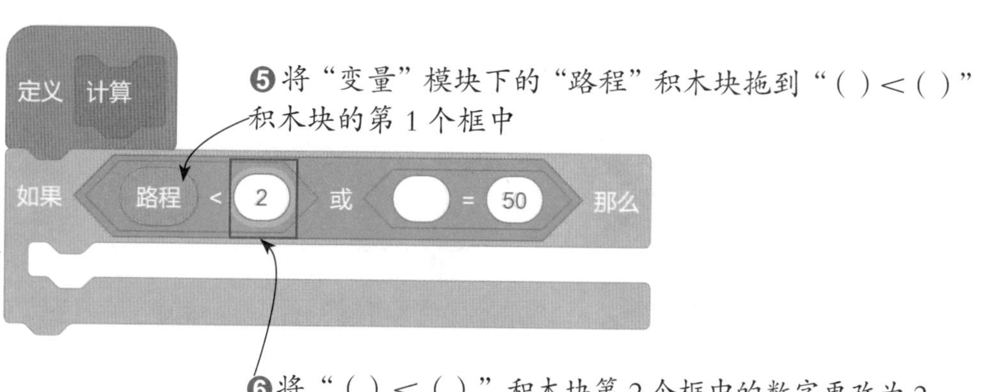

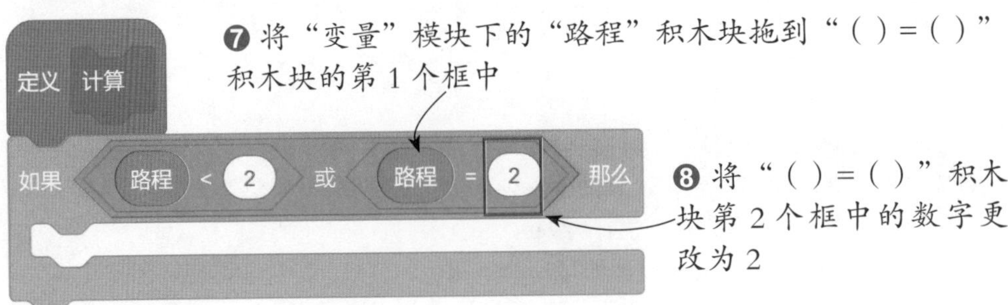

19 如果行驶的路程小于等于 2 公里，车费为基础价 10 元，并结束计算。

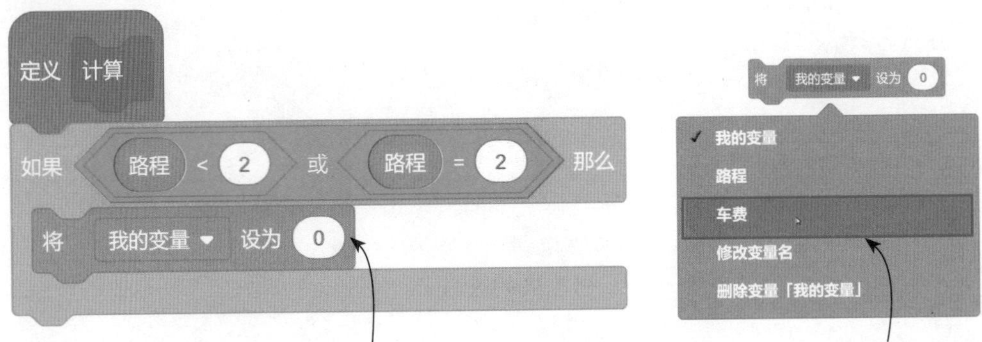

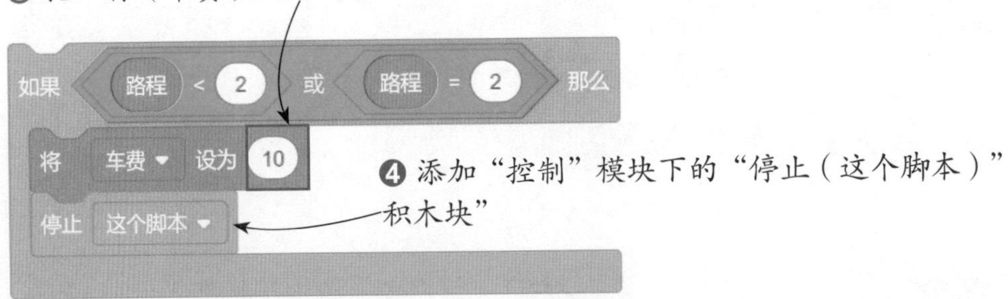

20 如果行驶的路程小于或等于 10 公里，前 2 公里的车费仍为基础价 10 元。

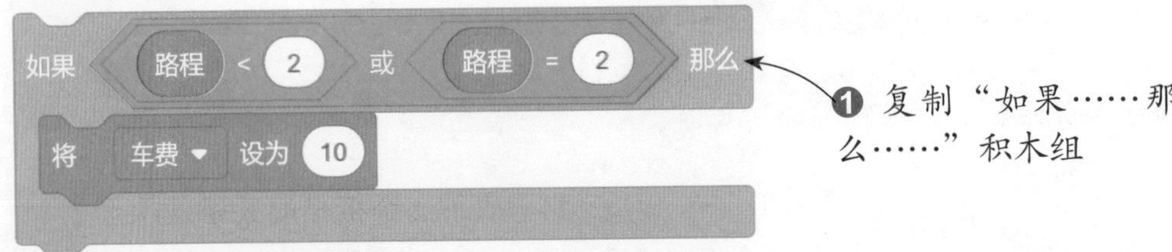

❷ 将“( ) ＜ ( )”积木块第 2 个框中的数字更改为 10

❸ 将“( ) = ( )”积木块第 2 个框中的数字也更改为 10

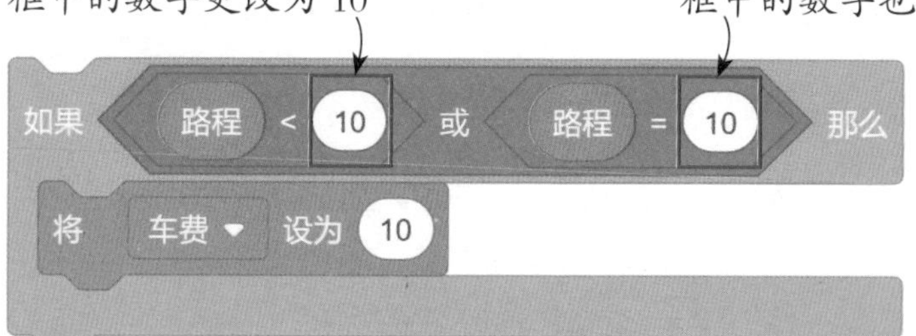

21 超出 2 公里的部分，按照每公里 1.8 元计算，用路程减去起步路程数 2 公里，算出公里数，再用公里数乘以每公里单价 1.8，算出超出 2 公里部分的费用，用这部分费用加上基础价 10 元即为总的车费。

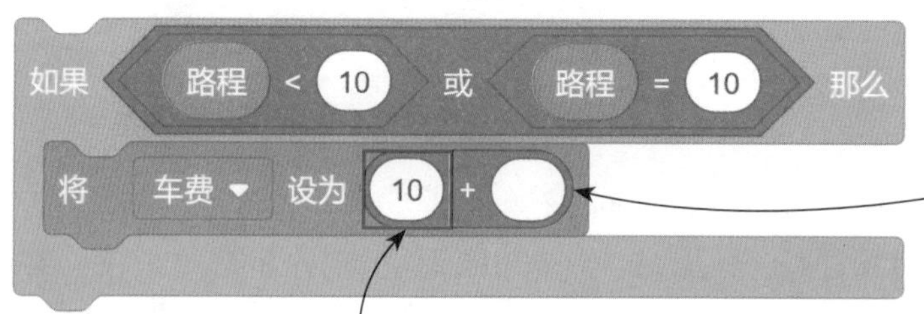

❶ 将“运算”模块下的“( ) + ( )”积木块拖到“将(车费) 设为 ( )”积木块的框中

❷ 在“( ) + ( )”积木块的第 1 个框中输入数字 10

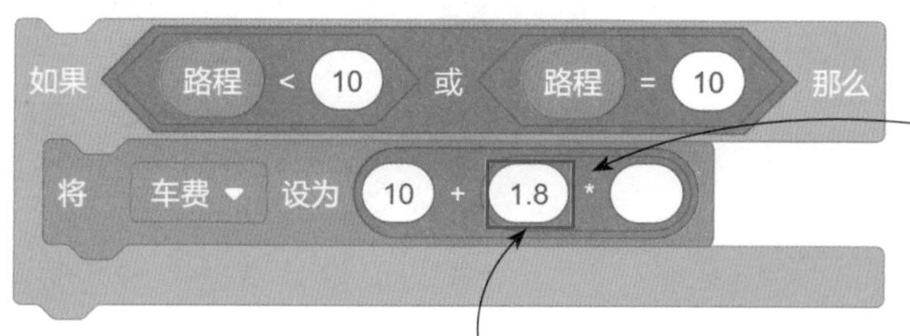

❸ 将“运算”模块下的“( ) ∗ ( )”积木块拖到“( ) + ( )”积木块的第 2 个框中

❹ 在“( ) ∗ ( )”积木块的第 1 个框中输入数字 1.8

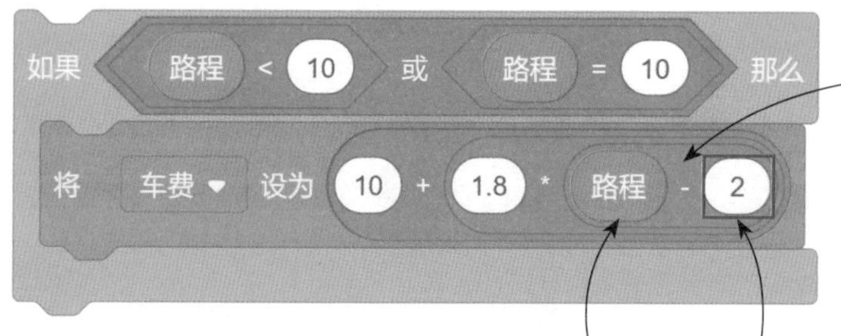

❺ 将“运算”模块下的“( ) − ( )”积木块拖到“( ) ∗ ( )”积木块的第 2 个框中

❻ 将“变量”模块下的“路程”积木块拖到“( ) − ( )”积木块的第 1 个框中

❼ 在“( ) − ( )”积木块的第 2 个框中输入数字 2

小提示

积木块的组合

Scratch 中积木块的组合方式有层叠式、嵌套式和镶嵌式 3 种。层叠式组合是将积木块一层层地叠放起来；嵌套式组合是将一些积木块嵌套进其他积木块的中间，如“重复执行”积木块的中间就需要嵌套其他积木块；镶嵌式组合是将一些积木块镶嵌到其他积木块的输入框或条件框中。

22 如果行驶的路程大于 10 公里，前 2 公里车费仍然为基础价 10 元。

❶ 添加“控制”模块下的“如果……那么……”积木块

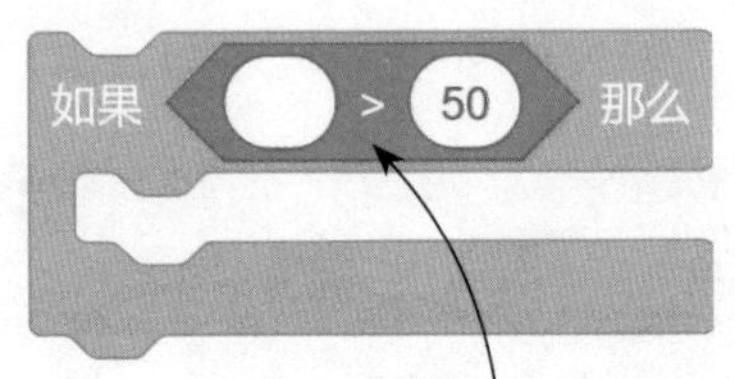

❷ 将“运算”模块下的“( )>( )”积木块拖到“如果……那么……”积木块的条件框中

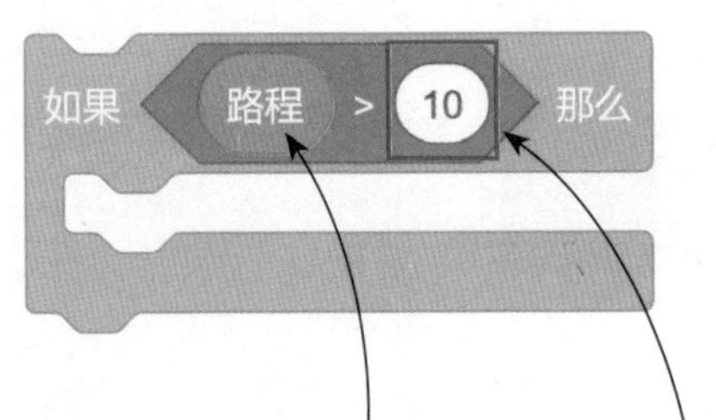

❸ 将“变量”模块下的“路程”积木块拖到“( )>( )”积木块的第 1 个框中

❹ 在“( )>( )”积木块的第 2 个框中输入数字 10

❺ 添加“变量”模块下的“将(车费)设为( )”积木块

❻ 将“运算”模块下的“( )+( )”积木块拖到“将(车费)设为( )”积木块的框中

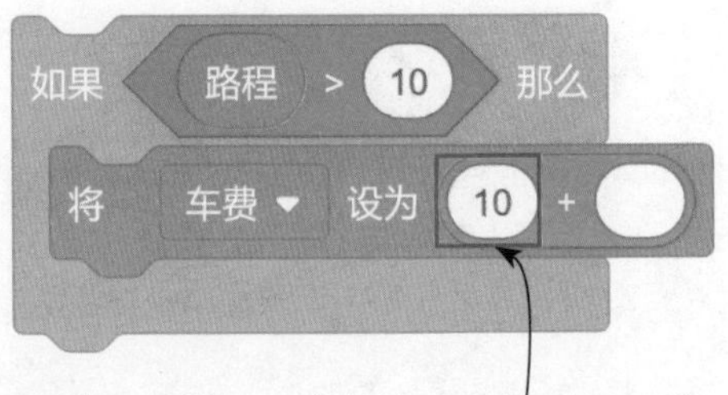

❼ 在“( )+( )”积木块的第 1 个框中输入数字 10

23 2 公里至 10 公里的部分按照 1.8 元每公里计算。用远程路程标准 10 公里减去起步公里数 2 公里，算出路程，再用路程乘以单价 1.8，算出这一段路程需要支付的车费。

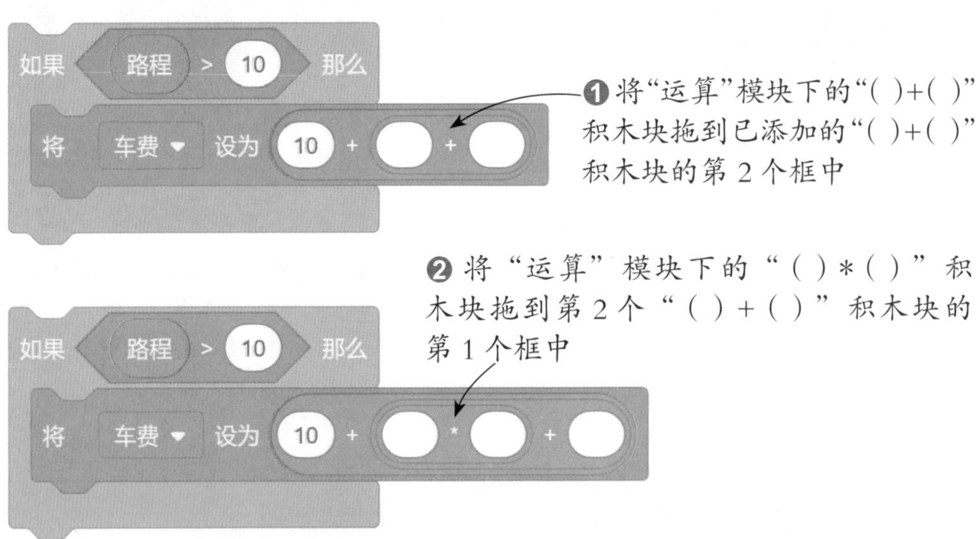

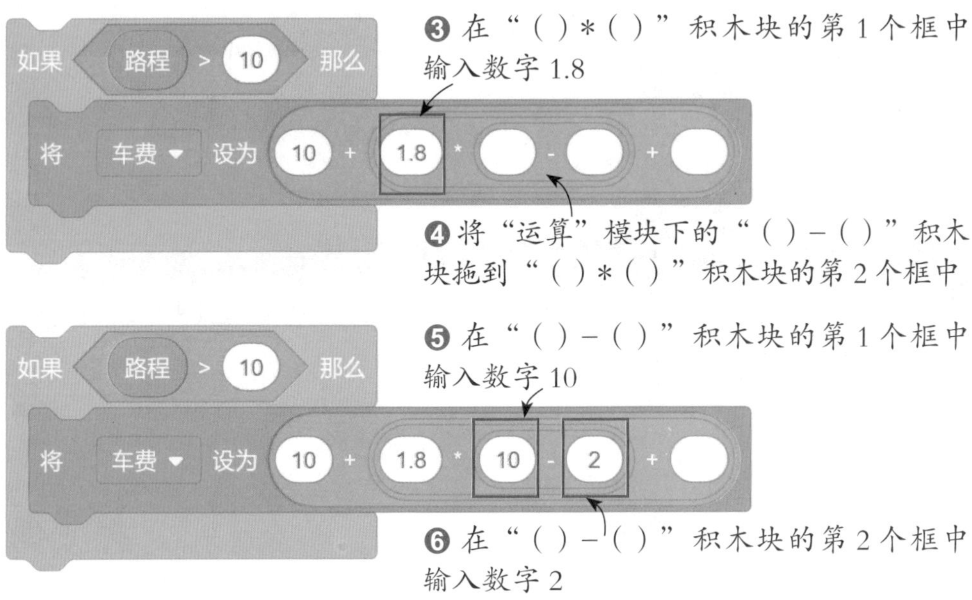

24 超出 10 公里的部分，会在原来的基础上加价 50%，因此每公里单价为 1.8×1.5 = 2.7 元。用路程减去远程路程标准 10 公里，算出公里数，再用公里数乘以单价 2.7 元，算出超出 10 公里部分需要支付的车费，最后将车费相加，就能得到总的车费。

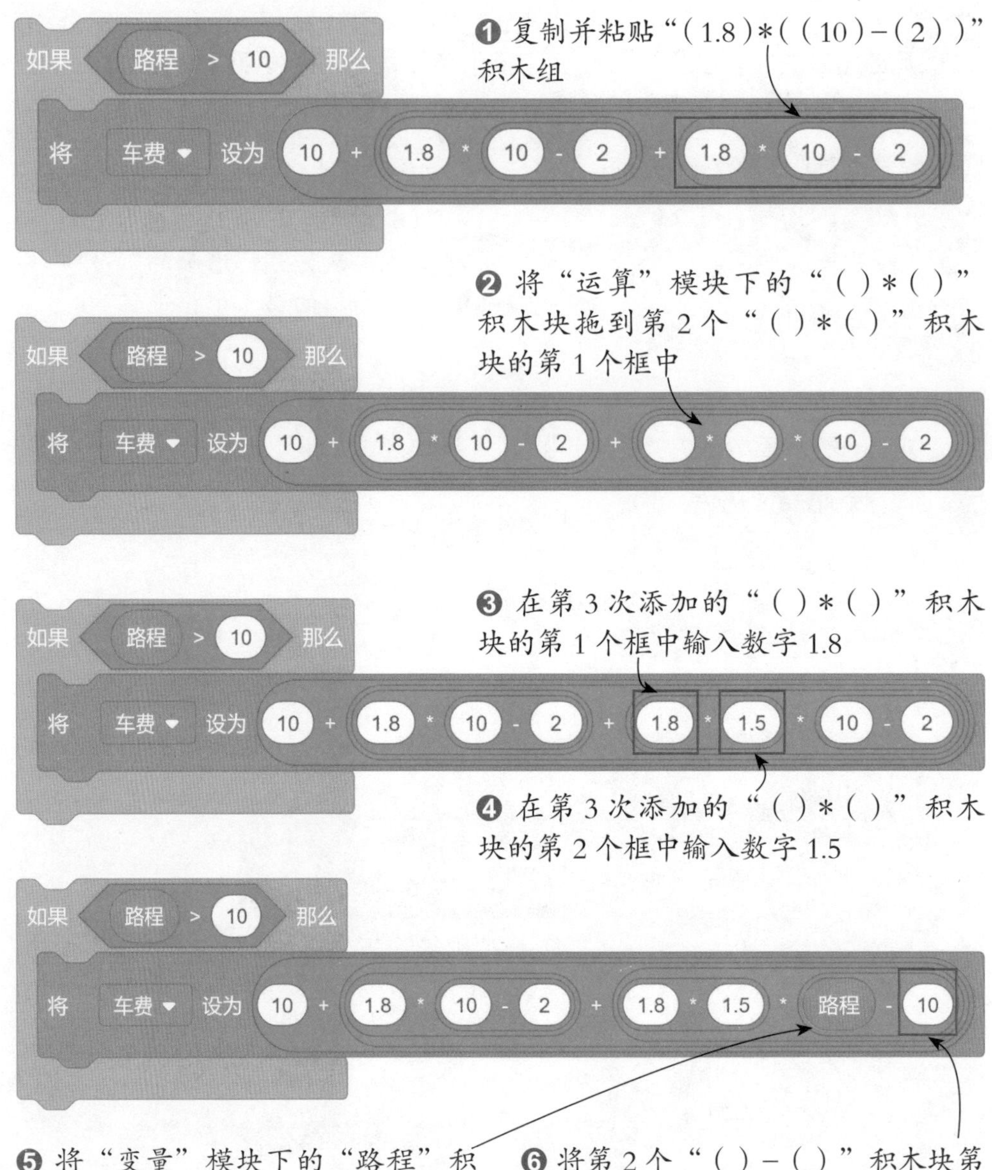

25 最后，把3个“如果……那么……”积木组组合在一起，得到完整的车费计算脚本。

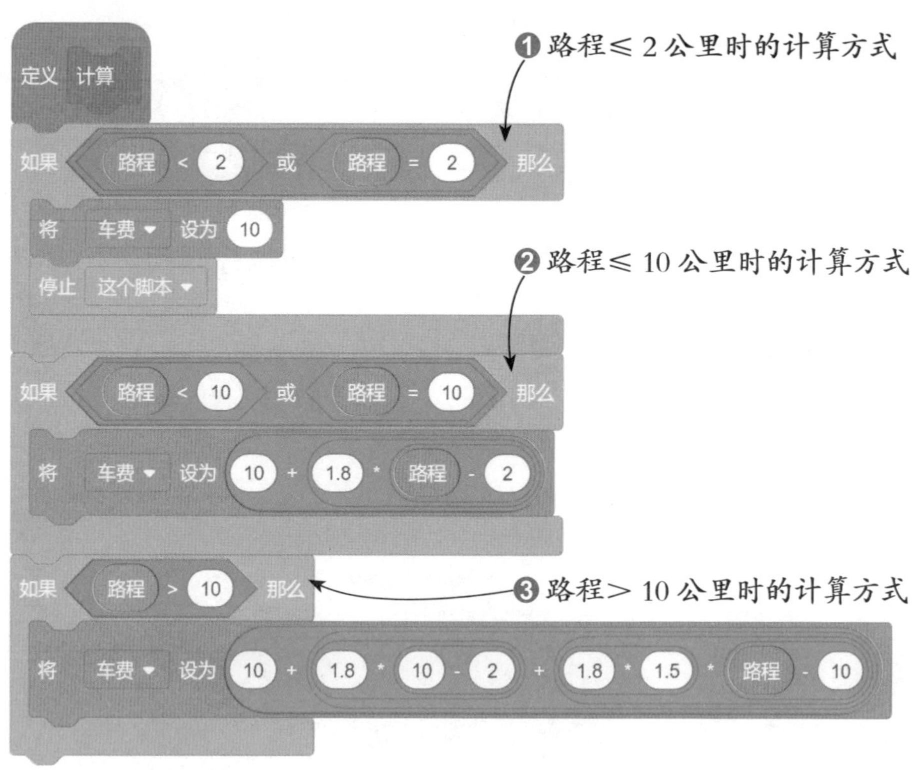

26 继续为“Abby”角色编写脚本。当单击🏴按钮时，隐藏角色和变量“车费”。

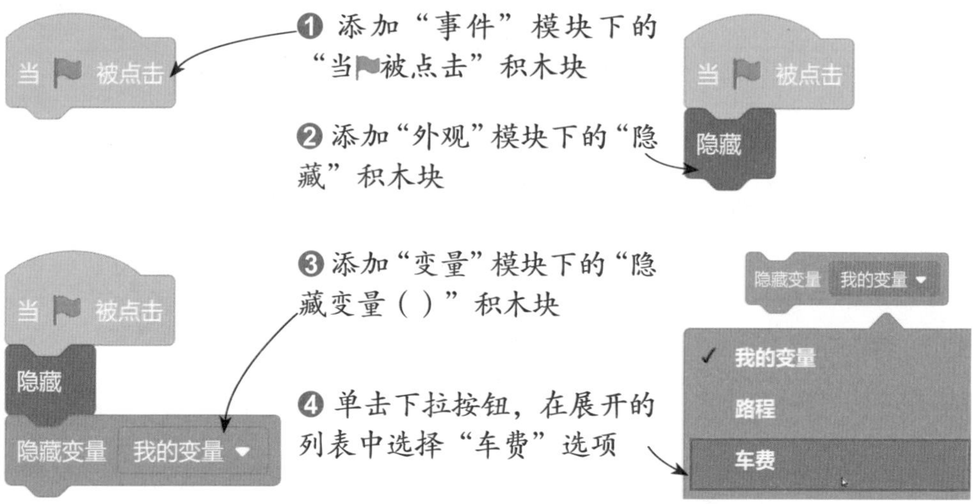

27 添加“当接收到（）”积木块，当角色接收到“计算车费”消息时，显示角色和变量“车费”。

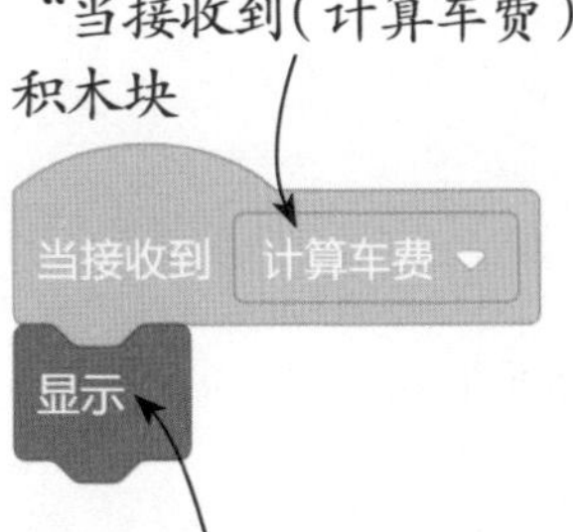

❶ 添加“事件”模块下的“当接收到(计算车费)”积木块

❷ 添加“外观”模块下的“显示”积木块

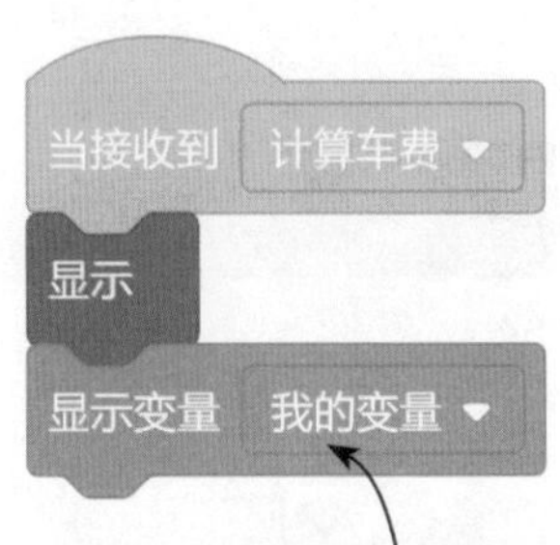

❸ 添加“变量”模块下的“显示变量( )”积木块

❹ 单击下拉按钮，在展开的列表中选择“车费”选项

28 在没有计算车费前，车费为 0 元，等待 1 秒后，询问“一共行驶了多少公里？”

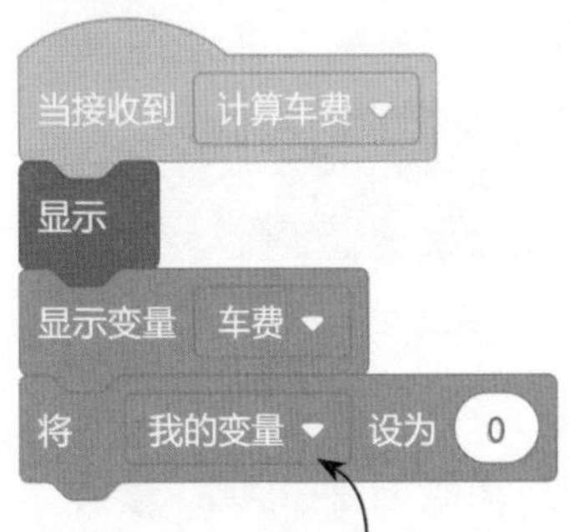

❶ 添加“变量”模块下的“将( )设为(0)”积木块

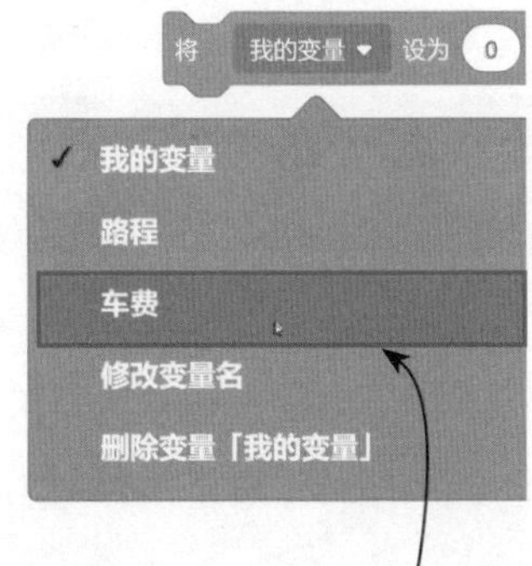

❷ 单击下拉按钮，在展开的列表中选择“车费”选项

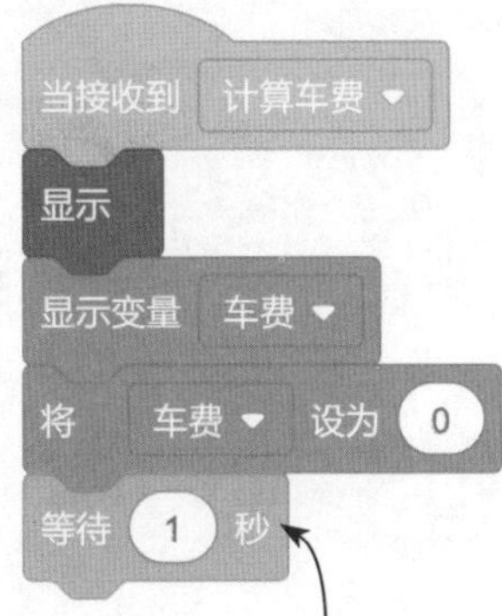

❸ 添加“控制”模块下的“等待(1)秒”积木块

❹ 添加“侦测”模块下的“询问( )并等待”积木块

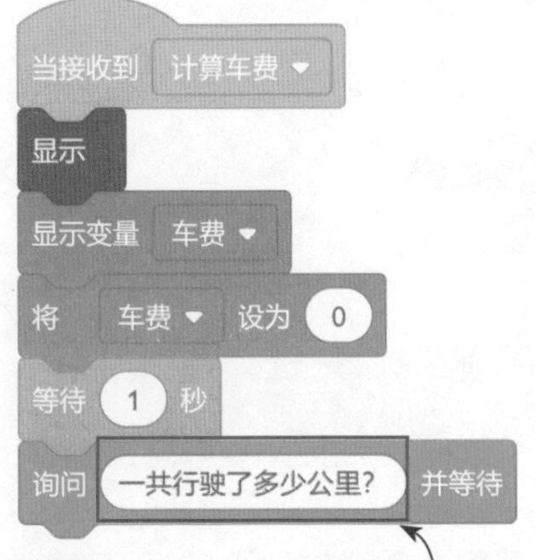

❺ 将“询问( )并等待”积木块框中的文字更改为“一共行驶了多少公里？”

29 当输入公里数后，将输入的数字赋给变量“路程”，添加“计算”积木块，计算需要支付的车费。

❶ 添加“变量”模块下的“将（ ）设为（ ）”积木块

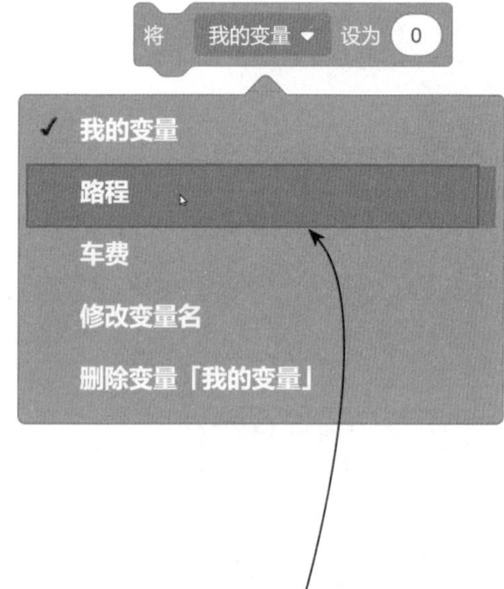

❷ 单击下拉按钮，在展开的列表中选择“路程”选项

❸ 将“侦测”模块下的“回答”积木块拖到“将（路程）设为（ ）”积木块的框中

❹ 添加“自制积木”模块下的“计算”积木块

30 让角色说出计算出的车费。

❶ 添加“外观”模块下的“说( )(2)秒”积木块

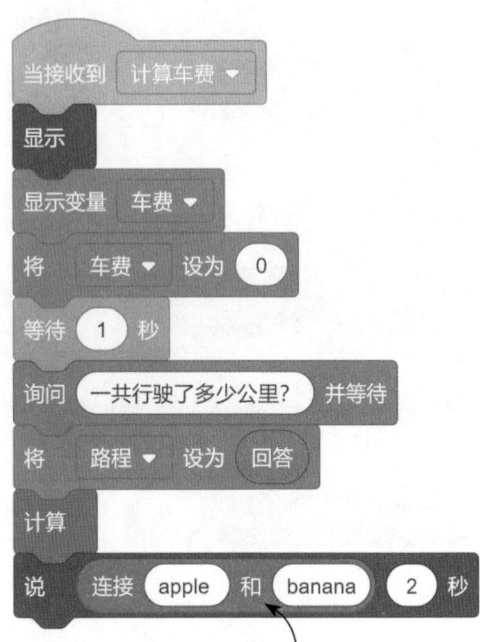

❷ 将“运算”模块下的“连接( )和( )”积木块拖到“说( )(2)秒”积木块的第1个框中

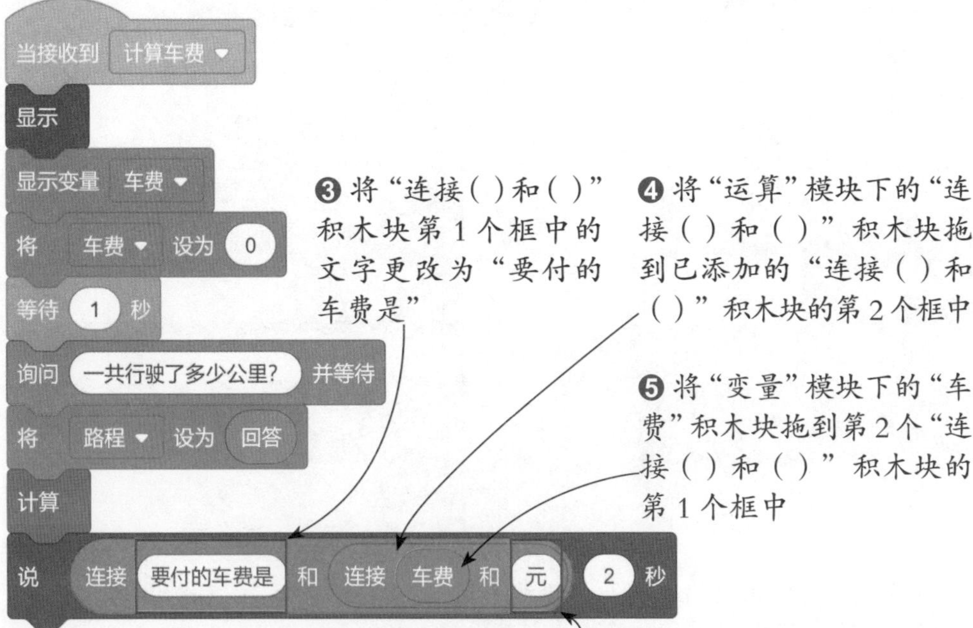

❸ 将“连接( )和( )”积木块第1个框中的文字更改为“要付的车费是”

❹ 将“运算”模块下的“连接( )和( )”积木块拖到已添加的“连接( )和( )”积木块的第2个框中

❺ 将“变量”模块下的“车费”积木块拖到第2个“连接( )和( )”积木块的第1个框中

❻ 将第2个“连接( )和( )”积木块第2个框中的文字更改为“元”

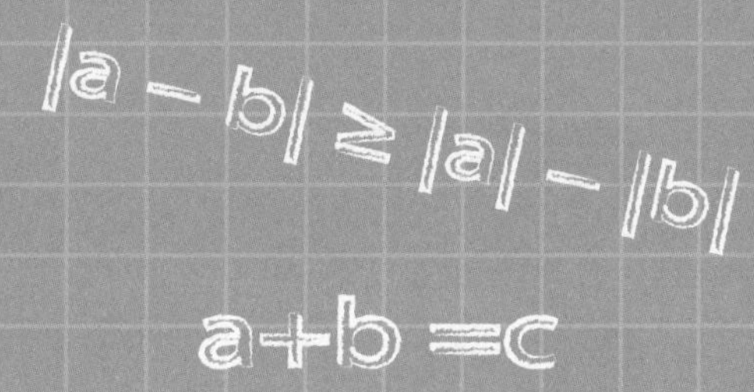

第 11 章

绘制二叉树

二叉树是一种特殊的树形结构，是一个由有限节点组成的集合，此集合由一个树根及其左、右两棵子树组成。简单地说，二叉树最多只能有两个子节点，即树的度数小于或等于 2。绘制二叉树时，我们用深度控制二叉树的层数，用长度控制树干的长度。

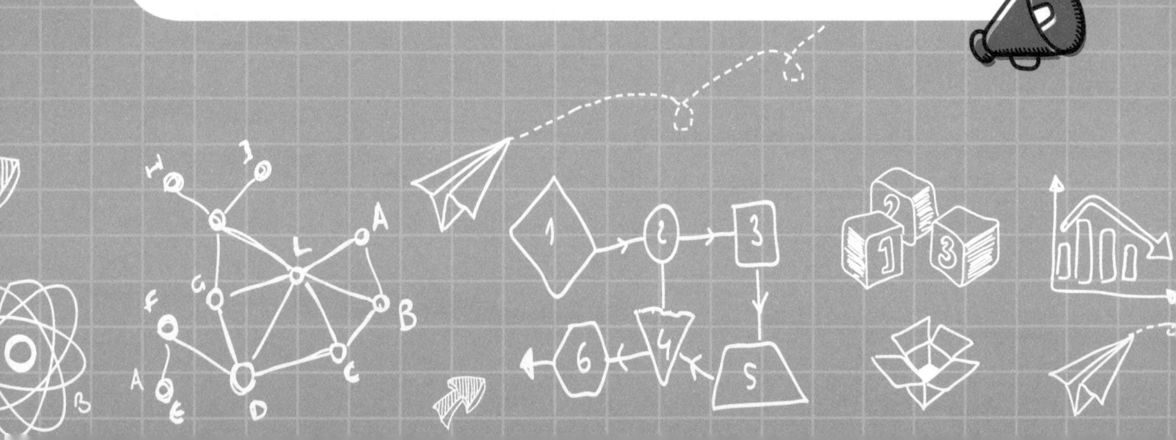

程序设定

当按下空格键时，以指定的位置为起点，绘制二叉树，下面分别用固定的长度及固定的深度对比二叉树的形态。

长度固定（75），不同深度：

深度=2	深度=4	深度=6	深度=8

深度固定（6），不同长度：

长度=20	长度=40	长度=60	长度=80

算法分析

二叉树的绘制将用到递归算法。递归算法是一种直接或间接调用自身函数或方法的算法。通过递归算法绘制二叉树的方法就是先绘制一个主干，然后绘制左侧分支，绘制小树（递归），再绘制右侧分支，绘制小树（递归）。绘制树的左、右两个分支时形成递归，通过不断调用相同的方法完成二叉树的绘制。

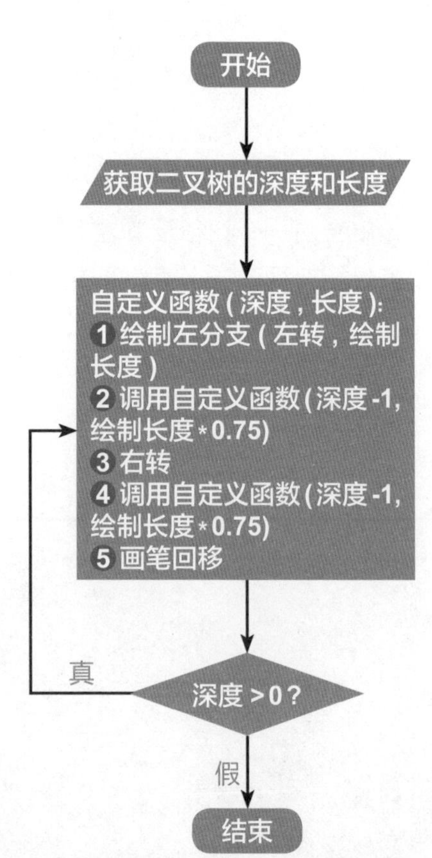

思路详解

二叉树的绘制分为主干的绘制和左、右两个分支的绘制。在绘制时，先创建自制积木，在积木块中加入“深度”和“长度”两个参数项，分别用

于控制二叉树的层数和树干的长度，然后判断深度是否大于0，当深度大于0时，重复执行调用自制积木块自身，重复绘制树的左、右两个分支。

创建变量“深度”和“长度”

创建变量“深度”，用于控制二叉树的层数，即包含的节点数；创建变量“长度”，用于控制二叉树树干的长度。

画笔初始化

添加扩展的“画笔”模块，利用该模块下的积木块控制画笔。先擦除舞台上的所有图案，再设置好画笔的颜色和粗细。

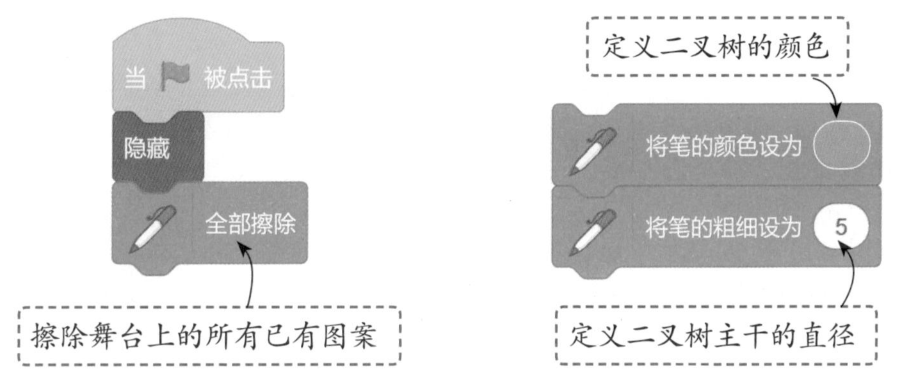

创建递归函数，设置重复条件

使用递归算法绘制二叉树时，将循环条件设置为当“深度”大于 0 时，循环绘制操作，当“深度”等于 0 时，跳出递归循环。

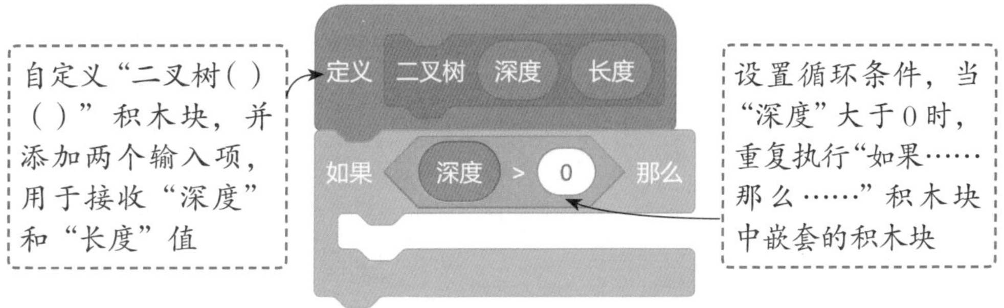

先落下画笔，根据接收到的树的“长度”值，移动与之相同的步数，画出二叉树的一条主干。

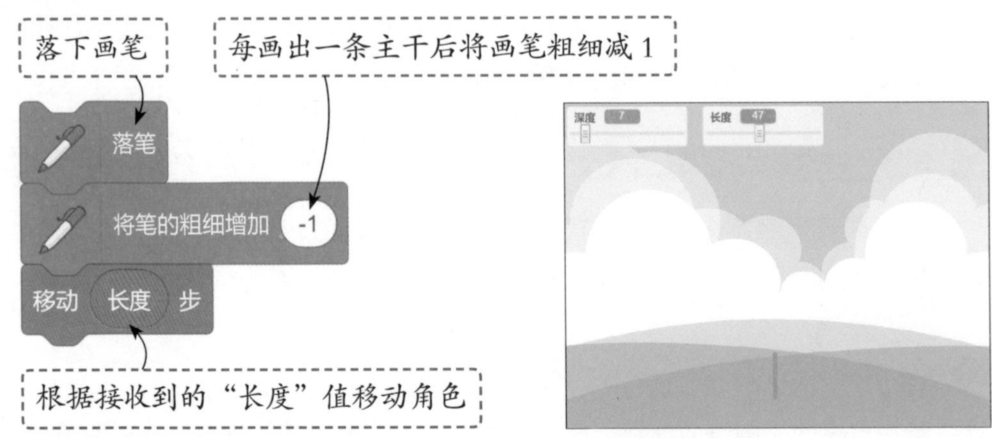

绘制出主干后，接着绘制主干左侧的分支。画左侧分支时，先向左旋转一定的角度，然后调用“二叉树（）（）”积木块，绘制左侧的分支。用绘制的左侧分支作为主干，继续绘制分支，直到完成所有左侧分支的绘制。

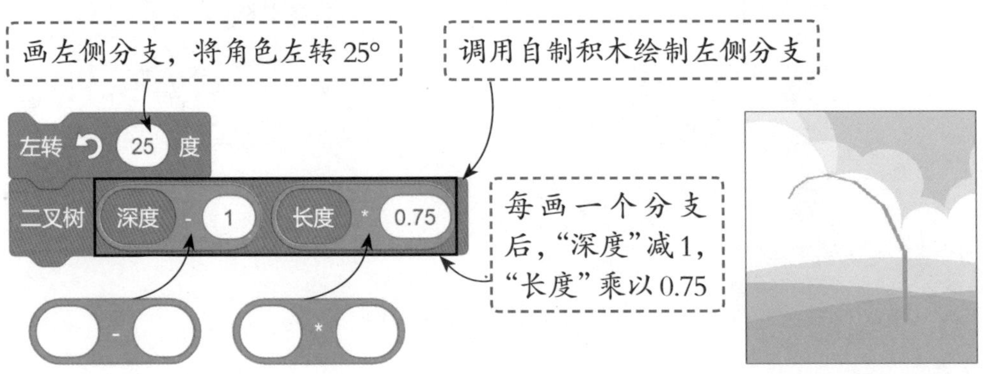

绘制好所有左侧分支后，再来绘制右侧分支。右侧分支的绘制会从子节点开始进行绘制，在绘制时将角色向右旋转，不过旋转的角度为左转角度的1倍，然后通过调用“二叉树（）（）”积木块，绘制右侧的分支。

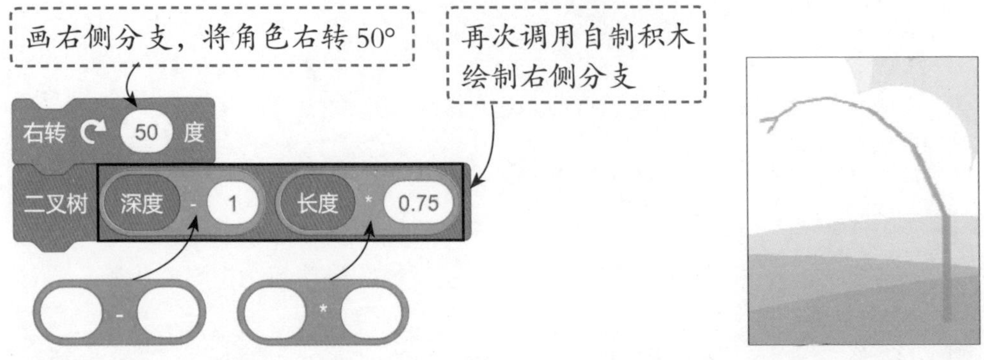

绘制了右侧分支后接下来就是下一个主干和分支的绘制。在绘制前，先要抬起画笔，然后向左旋转一定的角度，调整角色面向的方向，再重复执行移动、旋转和调用“二叉树（）（）”，继续进行更多分支的绘制。

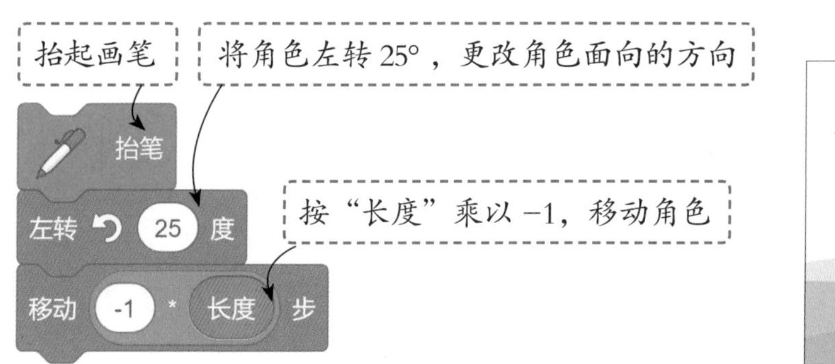

编程步骤

通过前面的分析，我们掌握了整个案例的设计思路及主要会用到的积木块，接下来就详细讲解这个程序的制作步骤。

1 创建新项目，上传自定义的“原野风景”背景，然后删除默认的“背景 1”。

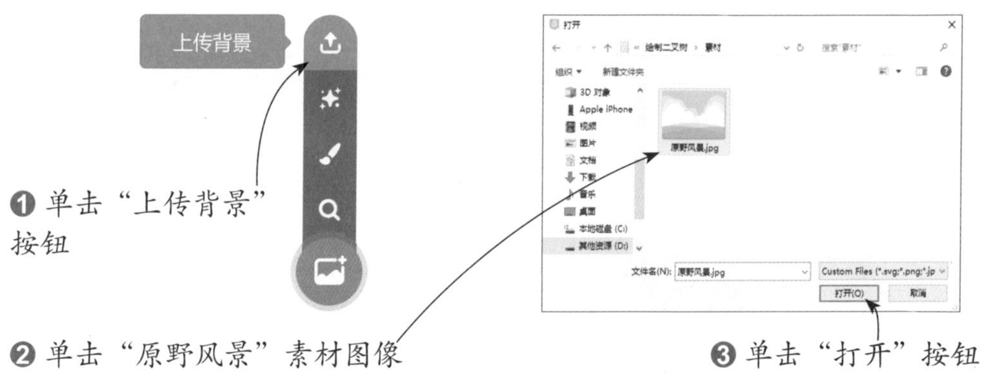

2 删除默认的“角色 1”，添加角色素材库中的“Pencil”角色，在“造型”选项卡下通过编辑造型调整画笔笔尖的位置，再在角色列表中调整角色在舞台上的位置。

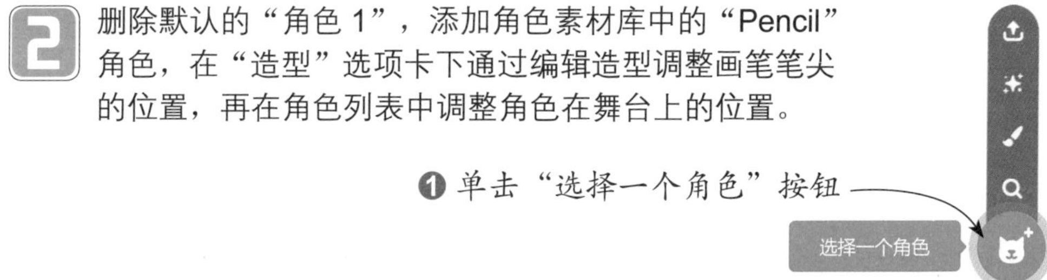

❷ 单击“Pencil”角色

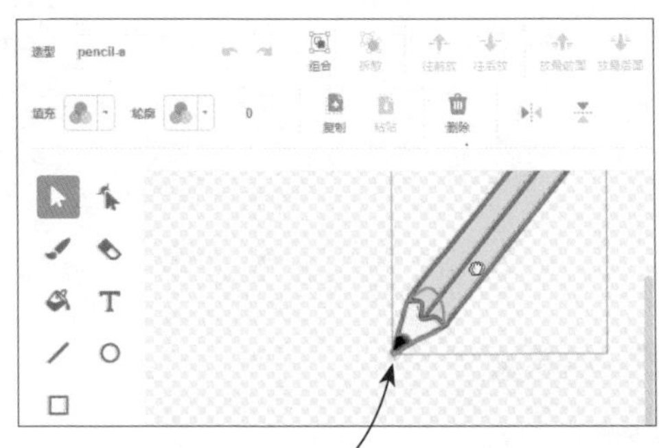

❸ 拖动调整笔尖位置

❹ 设置角色坐标 x 为 0、y 为 −140

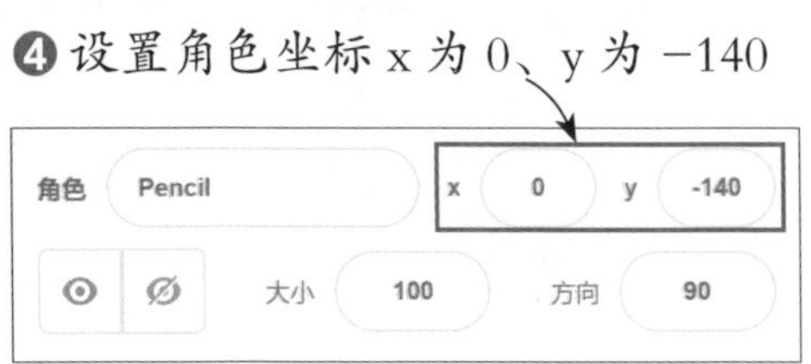

继续添加角色素材库中的“Abby”角色，然后调整角色的坐标，将角色移到舞台左侧。

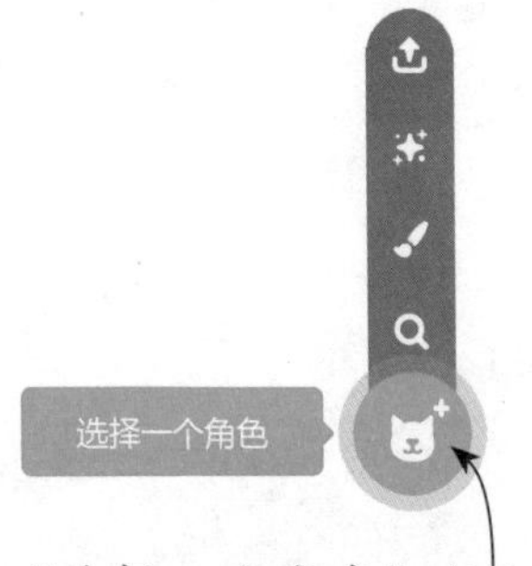

❶ 单击“选择一个角色”按钮

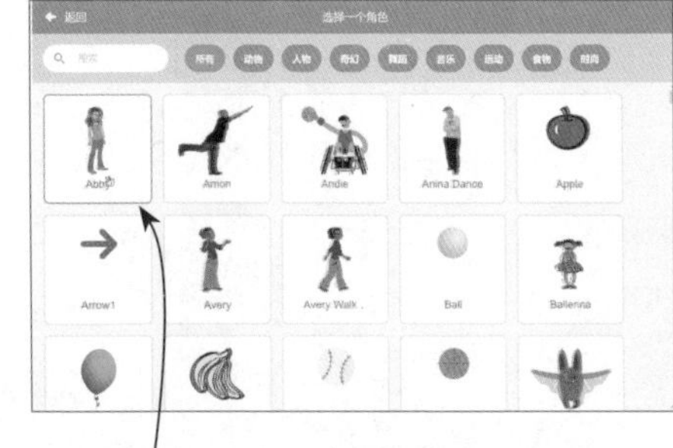

❷ 单击“Abby”角色

❸ 设置角色坐标 x 为 −124、y 为 −50

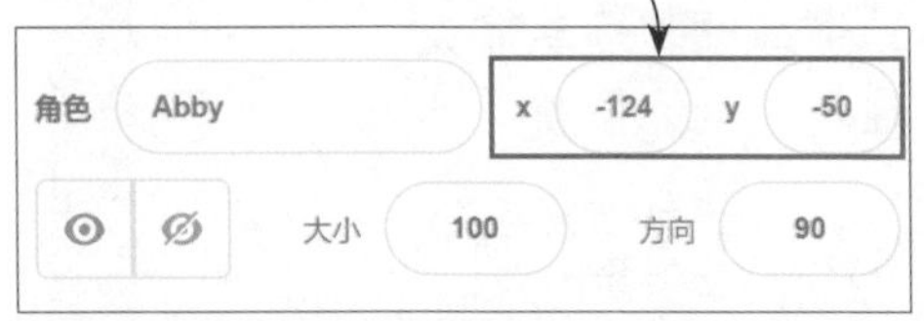

❹ 在舞台左侧显示添加的角色

4 创建“深度”和“长度”两个变量，并将两个变量以“滑杆”方式显示在舞台上方。

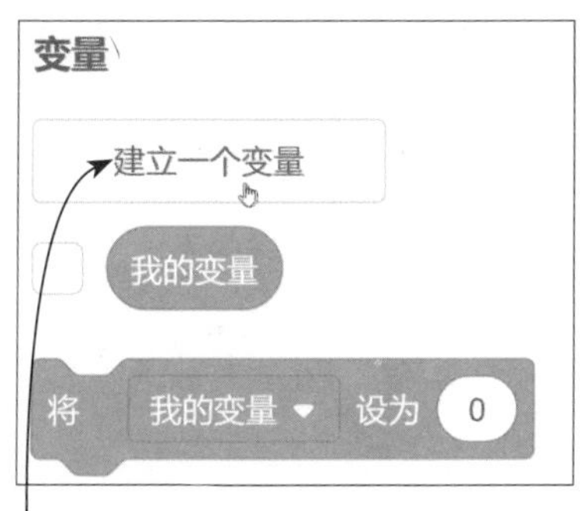

❶ 单击“变量”模块下的“建立一个变量”按钮

❷ 输入新变量名“深度”

❸ 单击“确定”按钮

❹ 创建变量“深度”，再用相同的方法创建变量“长度”

❺ 右击舞台上的变量“深度”，在弹出的快捷菜单中执行“滑杆”命令

❻ 将变量“深度”以“滑杆”方式显示出来

❼ 使用相同的方法以“滑杆”方式显示变量“长度”，并将其移到变量“深度”的右侧

5 选中“Abby”角色，为角色编写脚本。当单击🏴按钮时，显示角色。

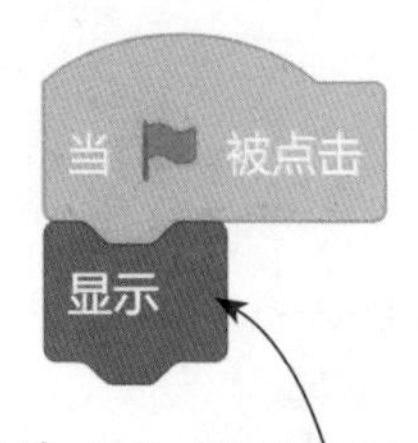

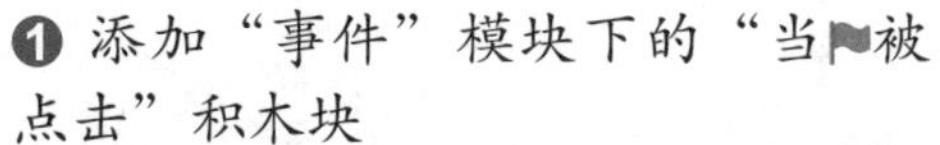

❶ 添加“事件”模块下的“当🏴被点击”积木块

❷ 添加“外观”模块下的“显示”积木块

6 添加“说（）（）秒”积木块，让角色说出二叉树的特点及绘制方法等，说完后隐藏角色。

❶ 添加“外观”模块下的“说（ ）（ ）秒”积木块

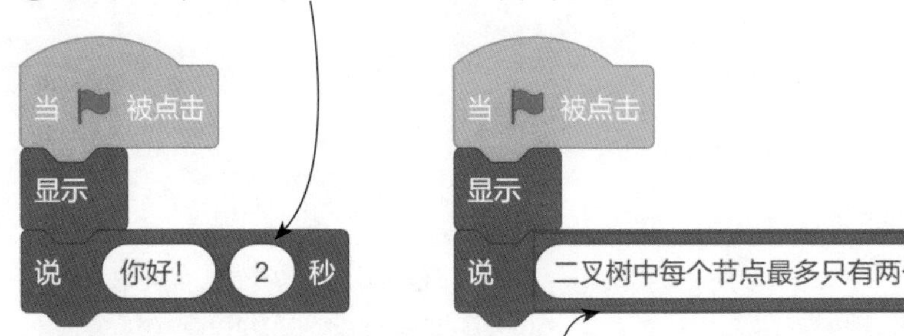

❷ 将“说（ ）（ ）秒”积木块第 1 个框中的文字更改为“二叉树中每个节点最多只有两个分支。”

❸ 将“说（ ）（ ）秒”积木块第 2 个框中的数字更改为 4

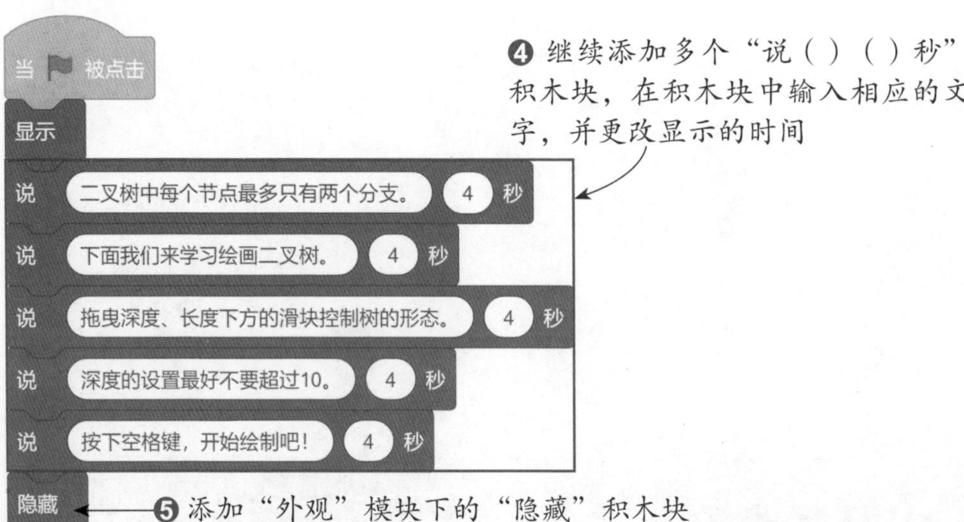

❹ 继续添加多个“说（ ）（ ）秒”积木块，在积木块中输入相应的文字，并更改显示的时间

❺ 添加“外观”模块下的“隐藏”积木块

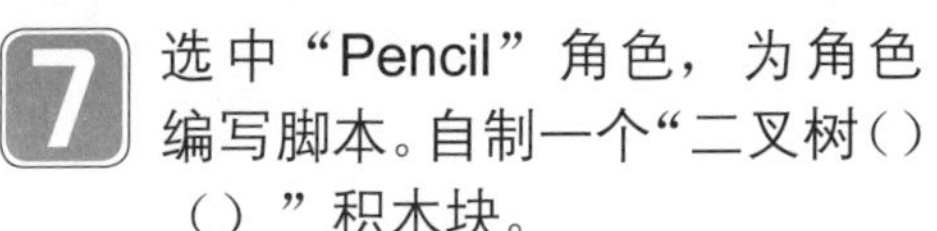

7 选中“Pencil”角色，为角色编写脚本。自制一个“二叉树()()”积木块。

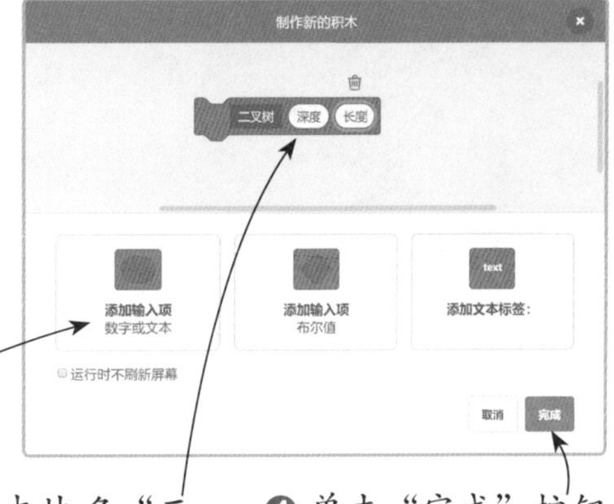

❶ 单击“自制积木”模块下的“制作新的积木”按钮

❷ 单击两次“添加输入项(数字或文本)”按钮

❸ 输入新积木块名“二叉树(深度)(长度)”

❹ 单击“完成”按钮

8 添加“如果……那么……”积木块，设置判断条件为“深度”值大于0。

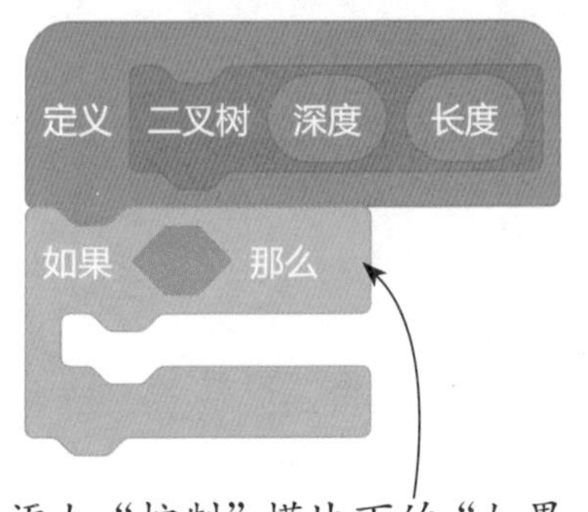

❶ 添加“控制”模块下的“如果……那么……”积木块

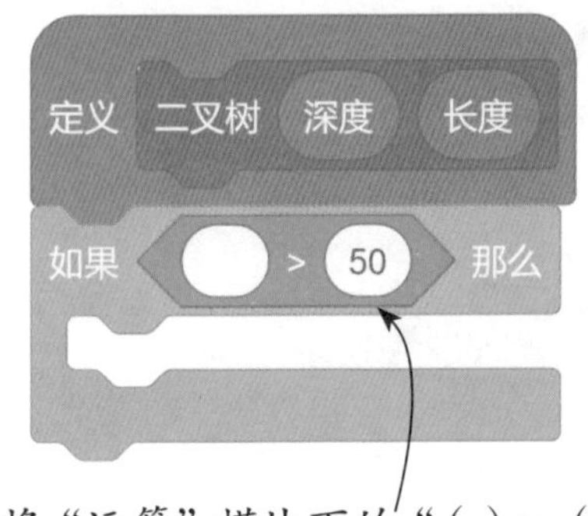

❷ 将“运算”模块下的“()>()”积木块拖到“如果……那么……”积木块的条件框中

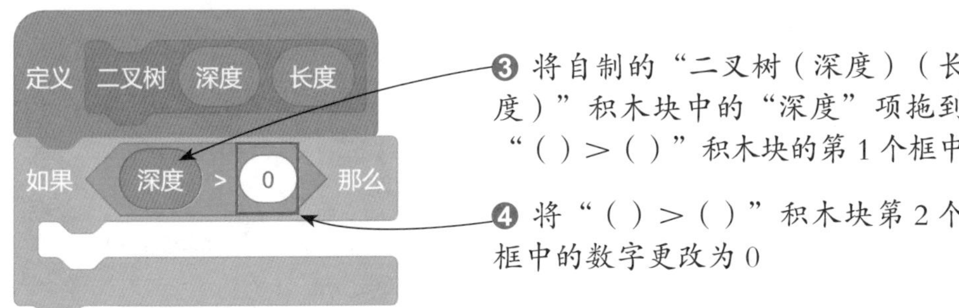

❸ 将自制的“二叉树(深度)(长度)”积木块中的“深度”项拖到“()>()”积木块的第1个框中

❹ 将“()>()”积木块第2个框中的数字更改为0

9 如果“深度”值大于0，落下画笔，并调整画笔粗细，按照接收到的“长度”值移动“Pencil”角色，绘制二叉树的主干。

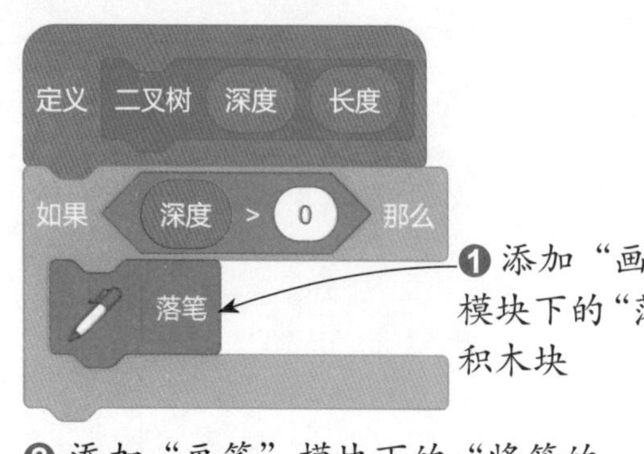

❶ 添加“画笔”模块下的“落笔”积木块

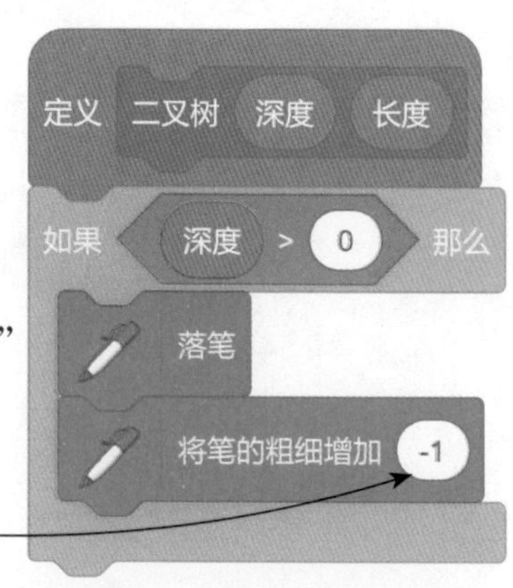

❷ 添加“画笔”模块下的“将笔的粗细增加（−1）”积木块

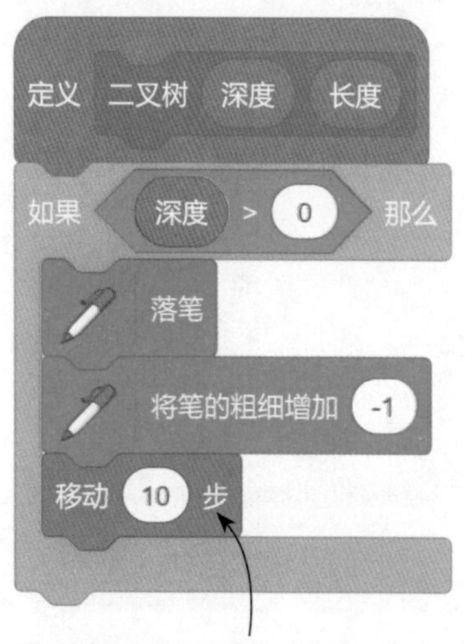

❸ 添加“运动”模块下的“移动（ ）步”积木块

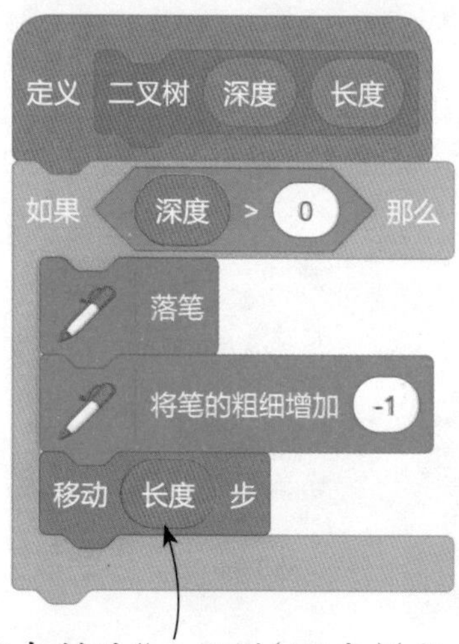

❹ 将自制的“二叉树(深度)(长度)”积木块中的“长度”项拖到“移动( )步”积木块的框中

10 绘制好主干后，开始绘制左侧分支。将角色左转 25°，递归调用“二叉树（深度）（长度）”积木块，绘制左侧分支，分支“长度”为“长度”乘以 0.75，分支“深度”为“深度”减 1。

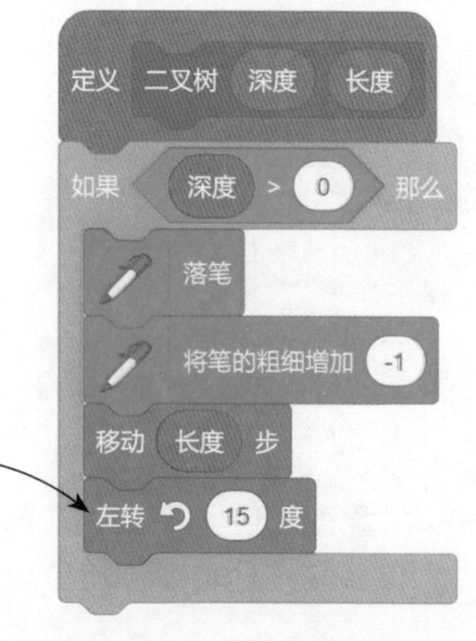

❶ 添加“运动”模块下的“左转（ ）度”积木块

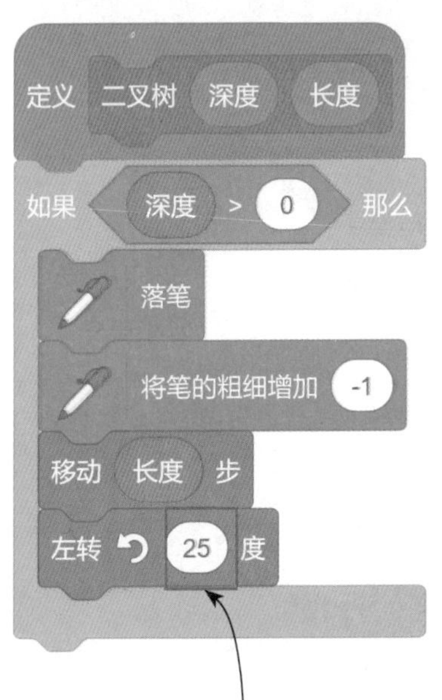

❷ 将“左转（ ）度”积木块框中的数字更改为 25

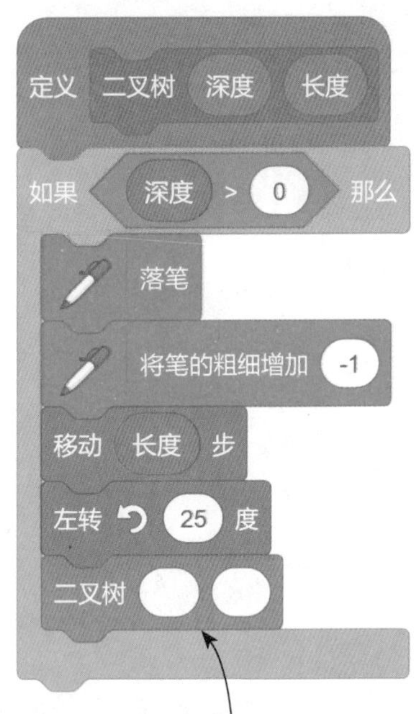

❸ 添加“自制积木”模块下的“二叉树（ ）（ ）”积木块

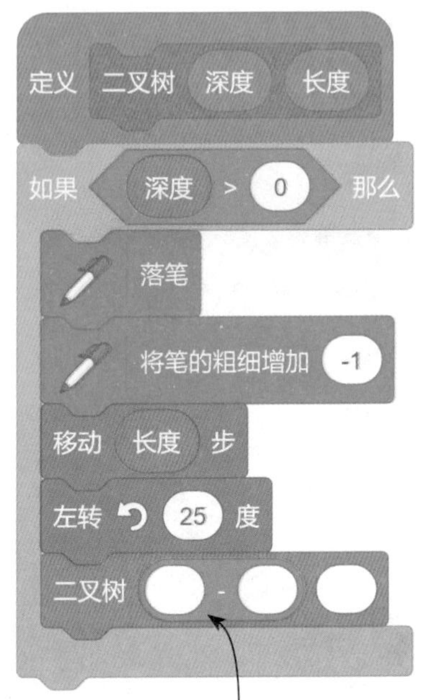

❹ 将“运算”模块下的“（ ）–（ ）”积木块拖到“二叉树（ ）（ ）”积木块的第 1 个框中

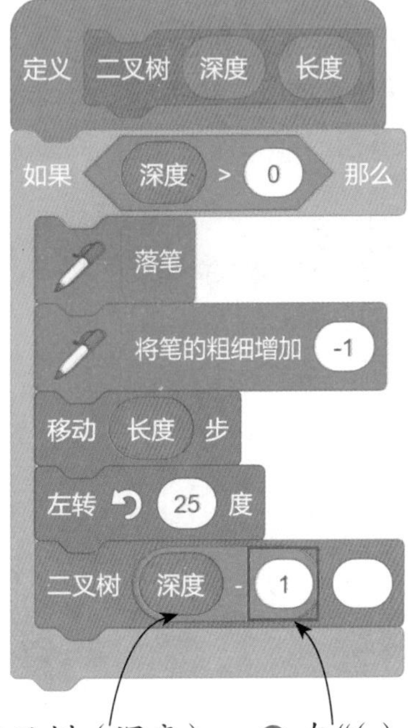

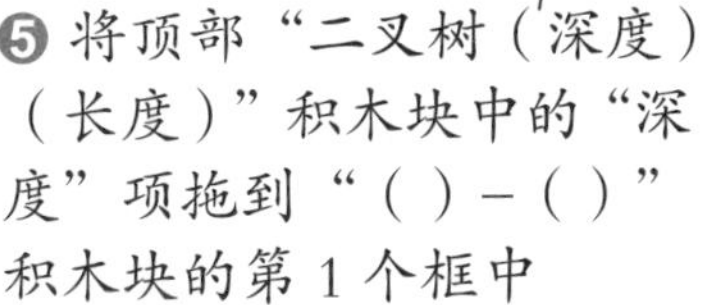

❺ 将顶部“二叉树（深度）（长度）”积木块中的“深度”项拖到“（ ）–（ ）”积木块的第 1 个框中

❻ 在“( )–( )”积木块的第 2 个框中输入数字 1

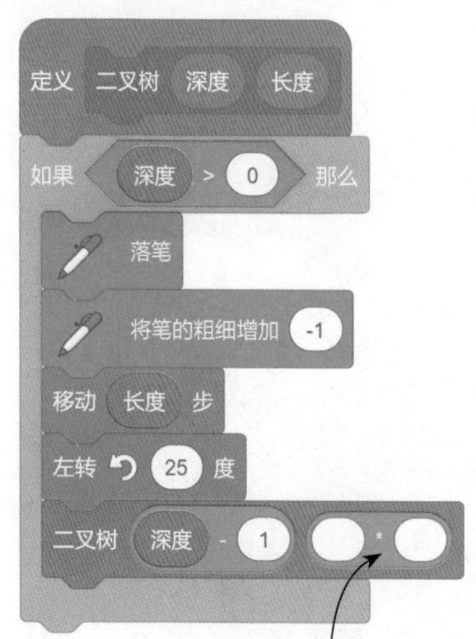

❼ 将“运算”模块下的“( )＊( )”积木块拖到“二叉树( )( )”积木块的第 2 个框中

❽ 将顶部“二叉树(深度)(长度)”积木块中的“长度”项拖到“( )＊( )”积木块的第 1 个框中

❾ 在“( )*( )”积木块的第 2 个框中输入数字 0.75

11 接下来绘制右侧分支。将角色右转 50°，再次递归调用“二叉树（深度）（长度）”积木块，分支“长度”同样为“长度”乘以 0.75，分支“深度”为“深度”减 1。

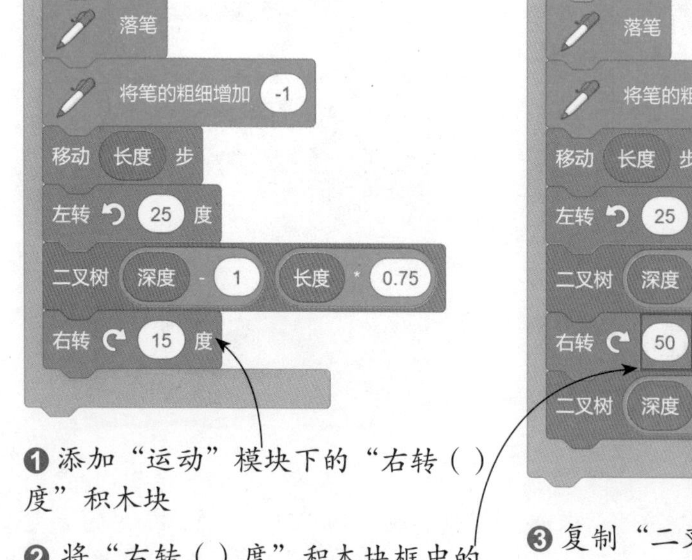

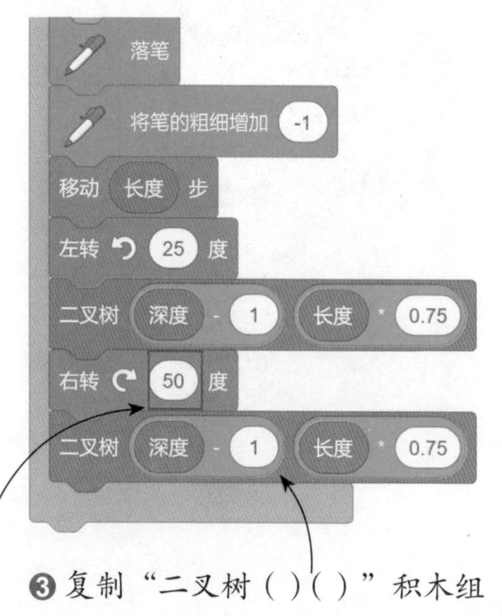

❶ 添加“运动”模块下的“右转( )度”积木块

❷ 将“右转( )度”积木块框中的数字更改为 50

❸ 复制“二叉树( )( )”积木组

12 绘制右侧分支后，抬起画笔，将角色左转 25°，然后移动角色，移动的步数为“长度”乘以 -1，即把角色移到分支中间位置。

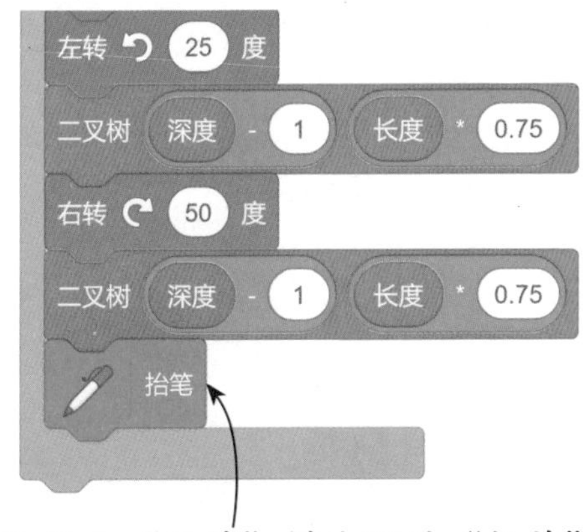

❶ 添加“画笔”模块下的“抬笔”积木块

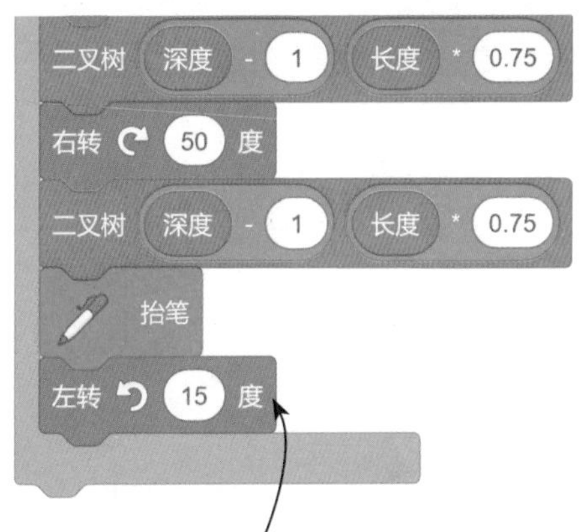

❷ 添加“运动”模块下的“左转（ ）度”积木块

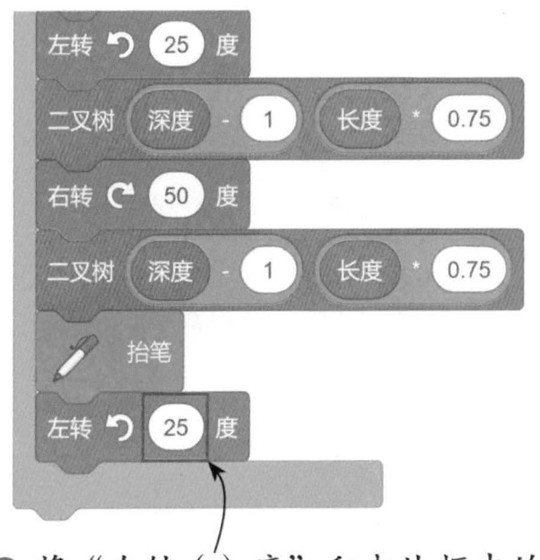

❸ 将“左转（ ）度”积木块框中的数字更改为 25

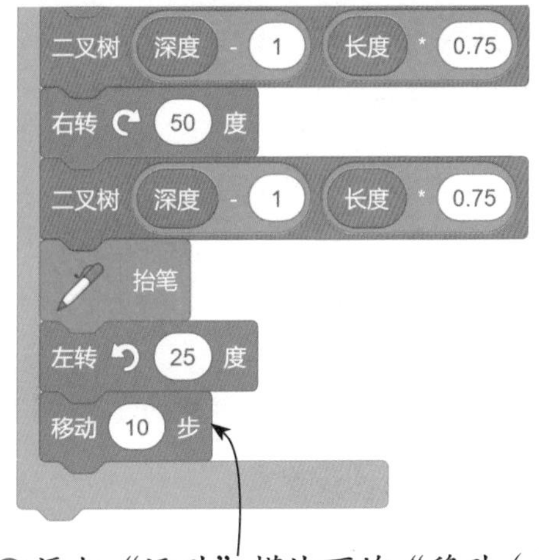

❹ 添加“运动”模块下的“移动（ ）步”积木块

小提示

为自制积木块添加参数

创建自制积木块时，除了需要输入积木块的名称，还可以在“制作新的积木”对话框中单击对应的按钮，为积木块添加数字、文本、布尔值等类型的参数。

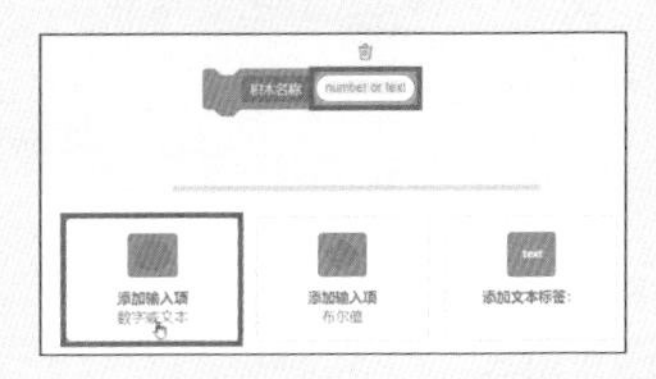

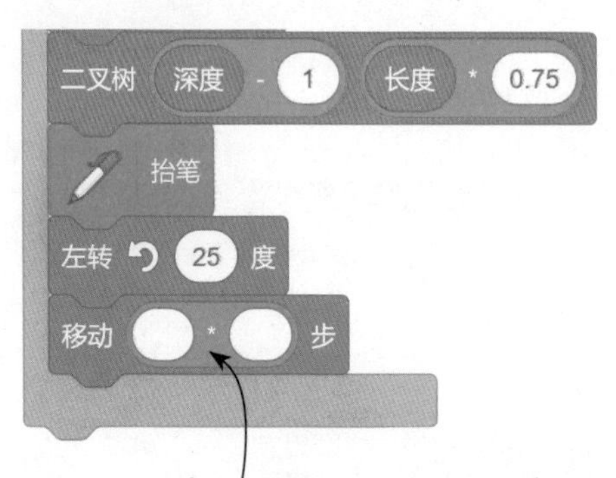

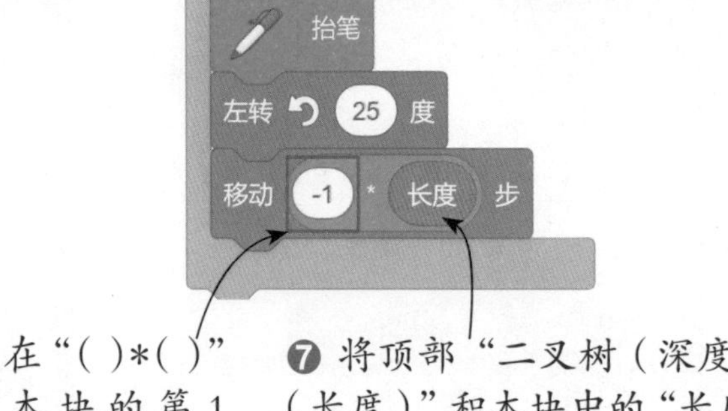

❺ 将“运算”模块下的“( )*( )”积木块拖到“移动( )步”积木块的框中

❻ 在“( )*( )”积木块的第1个框中输入数字 −1

❼ 将顶部“二叉树(深度)(长度)”积木块中的“长度”项拖到“( )*( )”积木块的第2个框中

13

继续为“Pencil”角色编写调用自制积木块绘画的脚本。当单击🏴按钮时，隐藏“Pencil”角色，擦除舞台上的全部图案。

❶ 添加“事件”模块下的“当🏴被点击”积木块

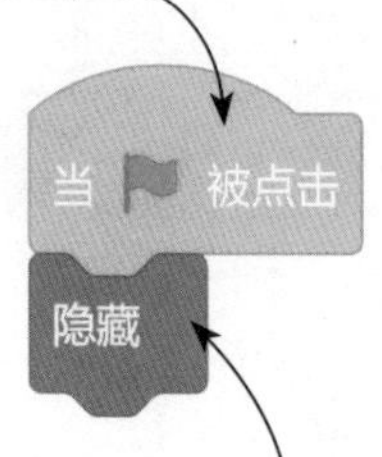

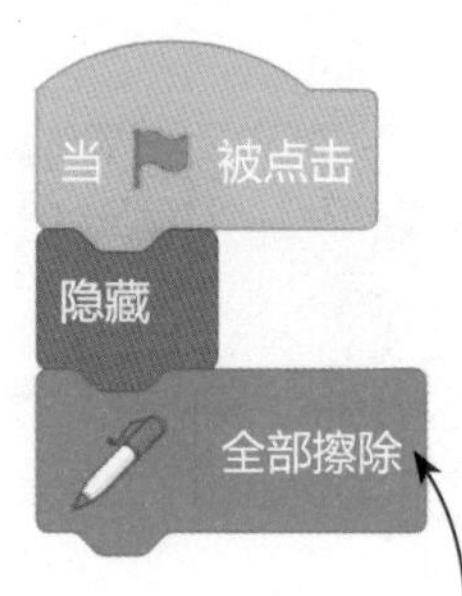

❷ 添加“外观”模块下的“隐藏”积木块

❸ 添加“画笔”模块下的“全部擦除”积木块

14

当按下空格键时，让角色面向舞台顶部，再把角色移到指定位置。

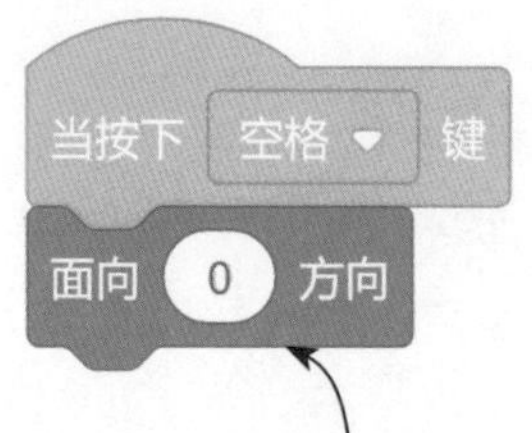

❶ 添加“事件”模块下的“当按下(空格)键”积木块

❷ 添加“运动”模块下的“面向(0)方向”积木块

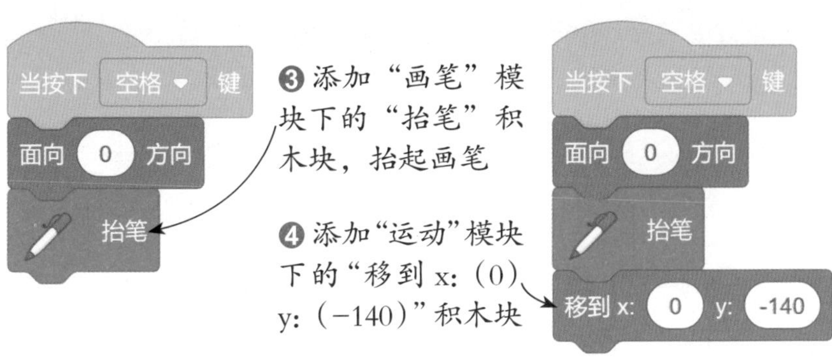

15 设置画笔颜色和粗细，控制二叉树的颜色和树干的粗细。

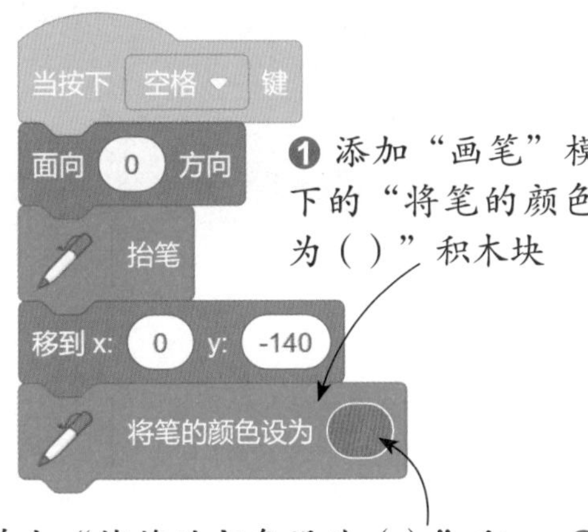

❶ 添加“画笔”模块下的“将笔的颜色设为（ ）”积木块

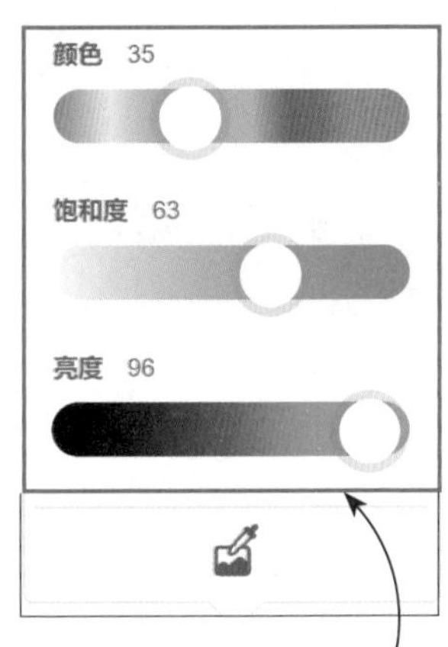

❷ 单击“将笔的颜色设为（ ）”积木块的颜色框

❸ 设置颜色为 35、饱和度为 63、亮度为 96

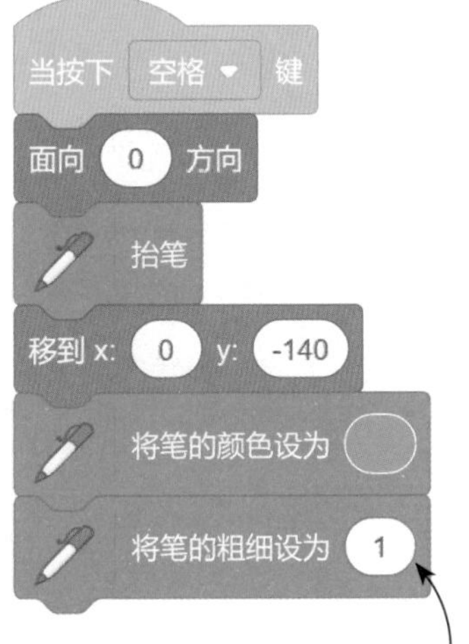

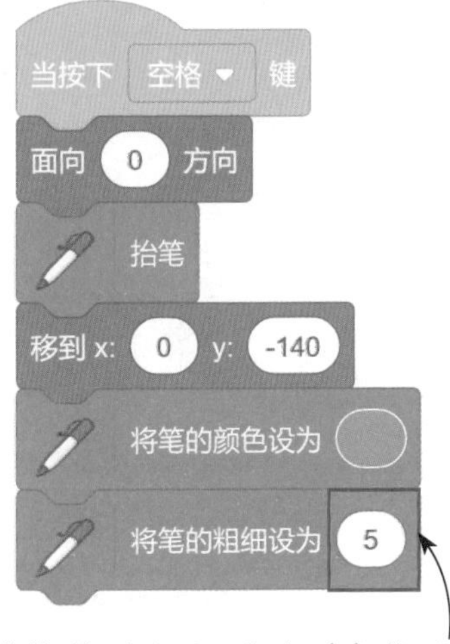

❹ 添加“画笔”模块下的“将笔的粗细设为（ ）”积木块

❺ 把“将笔的粗细设为（ ）”积木块框中的数字更改为 5

16 添加自制的“二叉树（）（）”积木块，根据接收到的“深度”值和“长度”值，绘制二叉树。

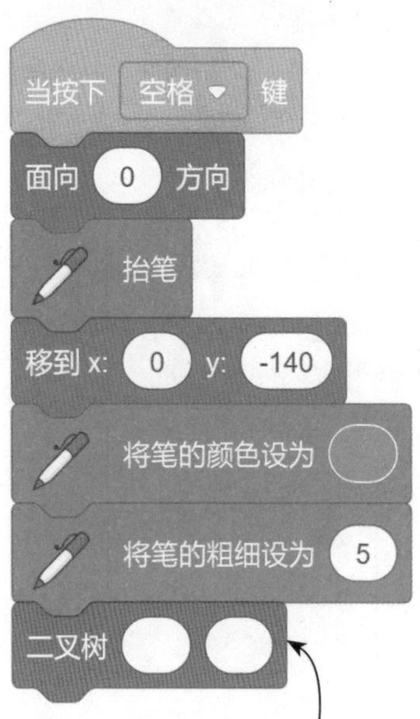

❶ 添加“自制积木”模块下的“二叉树（）（）”积木块

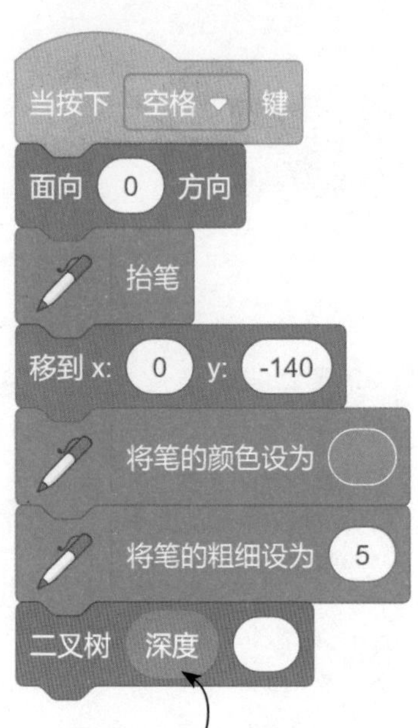

❷ 将“变量”模块下的“深度”积木块拖到“二叉树（）（）”积木块的第 1 个框中

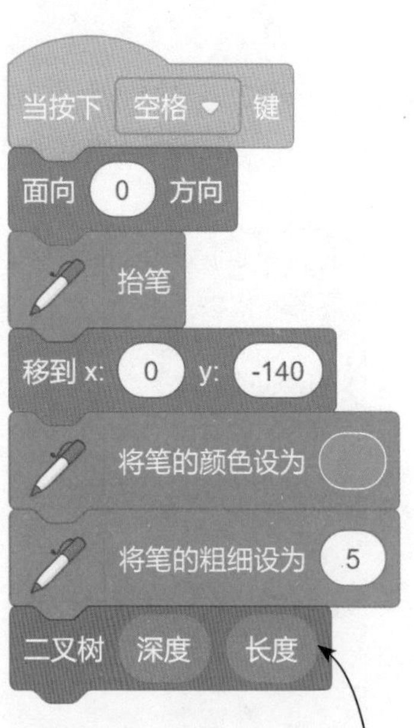

❸ 将“变量”模块下的“长度”积木块拖到“二叉树（）（）”积木块的第 2 个框中

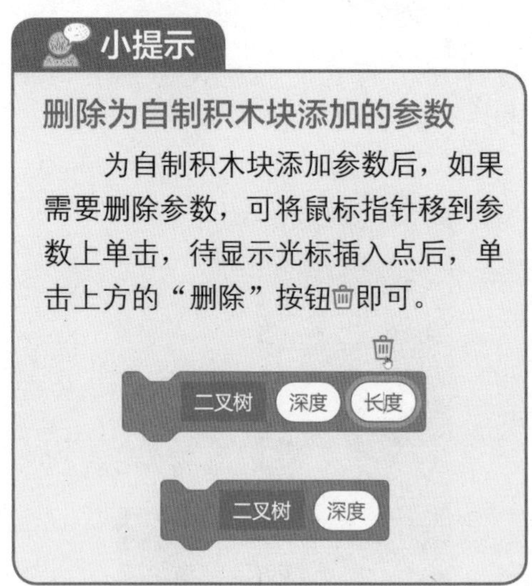